高职高专土木与建筑规划教材

建筑工程项目管理

杨霖华　吕依然　主　编

清华大学出版社
北　京

内 容 简 介

本书是全国高等院校土木与建筑类专业十三五"互联网+"创新规划教材之一，本书根据高职高专院校土木与建筑类专业的人才培养目标、教学计划、教学要求及"建筑工程项目管理"课程的教学特点和要求，参考相应的国家标准及管理制度编写而成。

本书根据高职高专教育的特点及市场需求，以"理论结合实训"思想为指导，立足于基本理论，结合大量的工程案例导入、图片、实例解析、实训工单、视频、音频等其他形式，系统、详细地对建筑工程项目管理的基本知识进行阐述。本书主要包括建设工程项目管理、建筑工程项目组织机构、建筑工程施工准备及管理、建筑工程项目流水施工、建筑工程施工组织设计、建筑工程施工进度管理、建筑工程项目成本管理、建筑工程项目质量管理、建筑工程项目合同管理、建筑工程项目风险管理、建设工程职业健康安全与环境管理、建筑工程项目资源管理、建设工程项目信息管理等内容。本书重点对建筑工程项目中比较重要的流水施工、施工组织设计、施工方案及施工进度、成本、质量、合同、风险等方面进行讲解，有效针对学生进行从浅入深、循序深入式教学，使学生可以学以致用、举一反三。

本书既可作为高职高专建筑工程技术、工程造价、工程管理、土木工程、工程监理及相关专业的教学用书，也可作为中专、函授及土建类工程技术人员的参考用书。本书除具有教材功能外，还兼具工具书的特点，也是建筑工程施工必备的资料用书。

图书在版编目(CIP)数据

建筑工程项目管理/杨霖华，吕依然主编. —北京：清华大学出版社，2019(2023.12 重印)
(高职高专土木与建筑规划教材)
ISBN 978-7-302-51163-2

Ⅰ. ①建… Ⅱ. ①杨… ②吕… Ⅲ. ①建筑工程—工程项目管理—高等职业教育—教材 Ⅳ. ①TU71

中国版本图书馆 CIP 数据核字(2018)第 209942 号

责任编辑：桑任松
封面设计：刘孝琼
责任校对：周剑云
责任印制：丛怀宇

出版发行：清华大学出版社
   网 址：https://www.tup.com.cn, https://www.wqxuetang.com
   地 址：北京清华大学学研大厦 A 座   邮 编：100084
   社 总 机：010-83470000   邮 购：010-62786544
   投稿与读者服务：010-62776969, c-service@tup.tsinghua.edu.cn
   质量反馈：010-62772015, zhiliang@tup.tsinghua.edu.cn
   课件下载：https://www.tup.com.cn, 010-62791865
印 装 者：三河市龙大印装有限公司
经 销：全国新华书店
开 本：185mm×260mm   印 张：17   字 数：407 千字
版 次：2019 年 3 月第 1 版   印 次：2023 年 12 月第 11 次印刷
定 价：49.00 元

产品编号：078033-01

前　　言

20 世纪 70 年代，项目管理学科飞速发展，项目管理的方法和技术不断细化、完善和提炼。项目管理主要集中于职业化发展，专业化的项目管理咨询公司出现并蓬勃发展。20 世纪 80 年代，项目管理作为一门学科日趋成熟。

工程建设项目是最普遍、最典型、最重要的项目类型，项目管理的手段和方法在工程建设领域有着广阔的应用空间。随着我国建筑市场的稳步发展，建筑工程项目管理的地位越来越重要，项目管理已成为每个项目必须分析的一项内容。项目管理在工程建设项目中的具体应用，为加速我国工程建设管理现代化步伐起着巨大的推动作用。如今，建筑工程项目管理课程是建筑工程类专业的专业基础课程之一，其理论知识是今后专业学习和从事工程建设领域相关工作必不可少的内容。通过本书的学习，可以使学生对项目管理中的施工准备管理、进度管理、成本管理、质量管理、合同管理、风险管理及施工组织设计等内容有基本了解。

本书作为建筑工程项目管理课程的专用教材，充分考虑了我国建筑行业的情况，针对高职高专培养技能型、应用型人才的特点，注重理论与实践相结合，坚持以应用为主、理论够用为度的理念，力求反映当前最全面、最先进的管理理念及管理模式。本书强调内容精练、形式多样、知识容量较大，最大化地接近现实中的施工项目管理。

本书在整体架构上做到内容上从基本知识入手，配有图片、二维码拓展；层次上由浅入深、循序渐进；实训上注重理论与实例的结合，每章必练；整体上主次分明，合理布局，力求把知识点简单化、生动化、形象化。

本书结合高职高专教育的特点，立足基本理论的阐述，注重实践技能的培养，开篇的案例导入为本章的内容学习做了一个铺垫，文中"案例教学法"的思想贯穿于整个编写过程，具有"实用性""系统性"和"清晰性"的特色。

本书与同类书相比具有的如下显著特点。

(1) 新：开篇导入案例及问题，文中图文并茂，生动形象，形式新颖。

(2) 全：每章知识点分门别类，包含全面。

(3) 层次分明：内容由浅入深，便于学习。

(4) 系统：知识讲解前呼后应，结构清晰，框架完整。

(5) 实用：理论和实际相结合，举一反三，学以致用。

(6) 配套资源丰富：除了必备的电子课件、PPT、每章习题答案、模拟测试 AB 卷外，本书还相应地配有拓展图片、讲解音频、延伸资源、现场视频、模拟动画等教学资料。读者可通过扫描二维码的形式再次展现工程项目管理的相关知识点，力求让初学者在学习时最大化、最有效、最快捷地接受新知识，从而达到学习目的。

本书由河南工程学院杨霖华任第一主编，由重庆建筑工程职业学院吕依然任第二主编，参与编写的人员还有郑州工业应用技术学院侯佳音，河南城建学院卫国祥、王小召，中煤邯郸特殊凿井有限公司张兴平、高利森，西华大学孙华，南水北调中线干线建设管理局河

南分局翟会朝。具体的编写分工为：杨霖华负责编写第 1 章、第 3 章、第 4 章，并负责全书的统筹；高利森负责编写第 2 章；侯佳音负责编写第 5 章；卫国祥负责编写第 6 章、第 7章；王小召负责编写第 8 章，吕依然负责编写第 9 章、第 13 章；孙华负责编写第 10 章；张兴平负责编写第 11 章，翟会朝负责编写第 12 章。在此对在本书编写过程中的全体合作者和帮助者表示衷心的感谢！

　　本书在编写过程中，得到了许多同行的支持与帮助，在此一并表示感谢。由于建筑行业发展很快，新规范、新制度不断涌现，而各行业技术标准不统一，且编者水平有限和时间紧迫，书中难免有错误和不妥之处，望广大读者批评指正。

编　者

建筑工程管理试卷 A.pdf

建筑工程管理试卷 A 答案.pdf

建筑工程管理试卷 B.pdf

建筑工程管理试卷 B 答案.pdf

目　录

电子课件获取方法.pdf

第1章　建设工程项目管理概述............1

1.1　建设工程项目及项目管理的概念.........2
　　1.1.1　建设工程项目的概念...................2
　　1.1.2　项目管理的概念.........................4
1.2　工程项目管理的内容及分类.........6
　　1.2.1　工程项目管理的内容.................6
　　1.2.2　项目管理的类型.........................7
1.3　工程项目管理的特点.........................9
　　1.3.1　工程项目管理的特点.................9
　　1.3.2　对工程项目管理企业的要求.....9
本章小结...11
实训练习...11

第2章　建筑工程项目组织机构............15

2.1　建筑工程项目管理组织概述.................16
　　2.1.1　建筑工程项目管理组织
　　　　　的概念.................................16
　　2.1.2　企业组织中的项目组织............16
2.2　建筑工程项目管理机构.................22
　　2.2.1　项目管理机构的组成................22
　　2.2.2　项目管理机构的作用................24
2.3　建筑工程施工项目经理部.................25
　　2.3.1　项目管理模式.........................25
　　2.3.2　项目经理部的组成................26
　　2.3.3　项目经理部的运作管理...........27
　　2.3.4　项目经理.................................28
2.4　案例分析...29
本章小结...30
实训练习...30

第3章　建筑工程施工准备及管理........35

3.1　建筑工程施工管理概述.................36
　　3.1.1　施工项目现场管理的概念........36
　　3.1.2　施工项目现场管理的
　　　　　基本内容.........................36

3.2　施工现场管理.................................38
　　3.2.1　施工前的准备.........................38
　　3.2.2　施工过程中的要求.................40
　　3.2.3　工程收尾工作.........................44
3.3　案例分析...49
本章小结...51
实训练习...51

第4章　建筑工程项目流水施工............55

4.1　流水施工的概念.............................56
　　4.1.1　流水施工的概念.................56
　　4.1.2　流水施工的特点.................56
4.2　流水施工的参数.............................57
　　4.2.1　工艺参数.........................57
　　4.2.2　时间参数.........................58
　　4.2.3　空间参数.........................61
4.3　流水施工的类型及计算.................63
　　4.3.1　流水施工的类型.................63
　　4.3.2　流水施工的计算.................64
4.4　案例分析...73
本章小结...74
实训练习...74

第5章　建筑工程施工组织设计............79

5.1　施工组织设计概述.............................80
　　5.1.1　施工组织设计概念.................80
　　5.1.2　施工组织设计作用..................80
　　5.1.3　施工组织设计分类.................81
5.2　施工组织设计的编制.........................82
　　5.2.1　施工组织设计的依据和
　　　　　基本原则.........................82
　　5.2.2　施工组织总设计的主要内容....83
　　5.2.3　单位工程施工组织设计.........85
　　5.2.4　分部(分项)施工组织设计........86

5.2.5 施工组织设计的编制和调整......87

本章小结..................................89

实训练习..................................89

第 6 章 建筑工程施工进度管理............93

6.1 施工进度管理概述..............94

6.1.1 施工进度管理的概念.............94

6.1.2 施工进度管理任务.................95

6.1.3 施工进度管理的影响因素......96

6.1.4 施工进度管理的原理和程序......97

6.1.5 施工进度管理的措施.............98

6.2 施工进度计划的编制..............99

6.2.1 施工进度计划编制依据和

原则....................................99

6.2.2 施工进度计划编制程序和

方法..................................100

6.3 施工进度管理..................102

6.3.1 施工进度计划的实施.............102

6.3.2 施工进度计划的检查.............104

6.3.3 施工进度计划的调整.............105

6.4 案例分析..................107

本章小结..................................109

实训练习..................................109

第 7 章 建筑工程项目成本管理..........113

7.1 施工项目成本控制的概念和特点......114

7.1.1 施工项目成本管理的概念.......114

7.1.2 施工项目成本管理的作用......115

7.2 施工项目成本预测与计划......116

7.2.1 施工项目成本预测.............116

7.2.2 施工项目成本计划.............119

7.3 施工项目成本控制..................122

7.3.1 施工项目成本控制的原则......122

7.3.2 施工项目成本控制的措施......123

7.3.3 施工项目成本控制的技术

方法..................................125

7.4 施工项目成本核算..................130

7.4.1 施工项目成本核算概述.........130

7.4.2 施工项目成本核算原则.........131

7.4.3 施工项目成本核算程序.........132

7.4.4 施工项目成本核算方法.........133

7.5 施工项目成本分析与考核......133

7.5.1 施工项目成本分析.............133

7.5.2 施工项目成本考核.............136

本章小结..................................137

实训练习..................................137

第 8 章 建筑工程项目质量管理..........141

8.1 建筑工程项目质量管理概述..............142

8.1.1 质量管理的概念.................142

8.1.2 工程项目质量管理的原则及

特征..................................143

8.2 建筑工程项目质量控制的内容和

方法..................................144

8.2.1 建筑工程项目质量控制的

内容..................................144

8.2.2 建筑工程项目质量控制的

方法..................................146

8.3 建筑工程项目质量改进和质量

事故的处理..........................150

8.3.1 建筑工程项目质量改进.........150

8.3.2 建筑工程项目质量事故的

处理..................................151

8.4 案例分析..................155

本章小结..................................156

实训练习..................................156

第 9 章 建筑工程项目合同管理..........159

9.1 合同管理基础..................160

9.1.1 合同的概述.....................160

9.1.2 合同的概念和特征.............160

9.1.3 合同的订立、关系主体和

内容..................................161

9.2 建筑工程合同管理..................164

9.2.1 建筑工程项目合同管理概述....164

9.2.2 建筑工程合同管理的目的及

任务..................................165

9.2.3 建筑工程合同的体系.............165

9.3 施工项目合同管理..............................167
    9.3.1 施工项目合同管理概念及
        内容..............................167
    9.3.2 施工项目合同的两级管理.......168
    9.3.3 施工项目合同的种类和
        内容..............................169
    9.3.4 施工项目合同的签订及
        履行..............................171
9.4 建筑工程项目索赔管理..............174
    9.4.1 建筑工程项目索赔概述..........174
    9.4.2 建筑工程项目索赔原则..........175
    9.4.3 建筑工程项目索赔程序与
        方法..............................175
    9.4.4 建筑工程项目反索赔..............177
9.5 案例分析..............................178
本章小结..............................180
实训练习..............................180

第 10 章　建筑工程项目风险管理.........185

10.1 建筑工程项目风险管理概述.............186
10.2 建筑工程项目风险的识别与评估.....186
    10.2.1 建筑工程项目风险的识别.....186
    10.2.2 建筑工程项目风险的评估.....189
10.3 建筑工程项目风险的控制与管理.....192
    10.3.1 建筑工程项目风险的控制.....192
    10.3.2 建筑工程项目风险的管理.....193
10.4 案例分析..............................195
本章小结..............................197
实训练习..............................197

**第 11 章　建设工程职业健康安全与
环境管理..............................201**

11.1 建设工程职业健康安全管理.............202
    11.1.1 建设工程职业健康安全
        管理的概述..................202
    11.1.2 建设工程职业健康安全管理
        体系的建立和运行..................205
11.2 建设工程安全生产管理.............207
    11.2.1 建设工程安全管理制度
        体系..............................207

    11.2.2 建设工程安全生产管理的
        措施..............................212
11.3 建设工程环境管理..............213
    11.3.1 建设工程环境管理的概述.....213
    11.3.2 建设工程环境管理体系的
        建立和运行..................215
11.4 案例分析..............................216
本章小结..............................217
实训练习..............................217

第 12 章　建筑工程项目资源管理.........221

12.1 建筑工程项目人员的管理.............222
    12.1.1 建筑工程项目人员管理
        概述..............................222
    12.1.2 工程项目人力资源管理.........223
    12.1.3 建筑工程项目人员管理
        存在的问题及解决方法.....228
12.2 建筑工程项目材料管理..............229
    12.2.1 建筑工程项目材料管理
        概述..............................229
    12.2.2 建筑工程物资管理重要
        内容..............................230
    12.2.3 建筑工程项目物资管理
        存在的问题及解决方法.....233
12.3 案例分析..............................236
本章小结..............................237
实训练习..............................237

第 13 章　建设工程项目信息管理.........241

13.1 建设工程项目信息管理概述.............242
    13.1.1 建设工程项目信息管理
        概念..............................242
    13.1.2 建设工程项目信息管理
        意义..............................242
    13.1.3 建设工程项目信息管理方法
        及信息收集..................243
13.2 建设工程项目信息管理系统.............247
    13.2.1 建设工程项目信息管理系统
        概述..............................247

13.2.2 建设工程项目信息管理系统
应用 248
13.3 基于 BIM 的工程项目管理信息系统
设计设想 252
13.3.1 基于 BIM 的工程项目管理
信息系统整体构想.................252
13.3.2 基于 BIM 的工程项目管理

信息系统的架构及功能 253
13.3.3 基于 BIM 的工程项目管理
信息系统的运行 255
本章小结 256
实训练习 256
参考文献 261

项目管理流程及规范.pdf

第 1 章　建设工程项目管理概述

01

【学习目标】

- 了解建设工程项目及项目管理的目标
- 熟悉项目管理的内容及分类
- 掌握项目管理的思路和方法

第 1 章　建设工程
　项目管理图片.pptx

【教学要求】

本章要点	掌握层次	相关知识点
建设工程项目及项目管理概念	1. 了解建设工程项目的概念 2. 了解项目管理的概念	建设工程项目
工程项目管理的内容及分类	1. 熟悉工程项目管理的内容 2. 掌握项目管理的类型	管理的内容及分类
工程项目管理的特点及意义	1. 掌握工程项目管理的特点 2. 了解工程项目管理的意义	管理的特点及意义

【项目案例导入】

　　甲设计院受市政府的委托，对某市新建污水处理厂项目进行可行性研究。在建设方案研究中，甲设计院通过方案比较，向市政府推荐了 X 厂址。为了合理布置工程总体空间和设施，甲设计院还对项目的总图运输方案进行了优化。该项目预计总投资 10 亿元，拟采用特许经营方式。通过招标，由 A 公司与 B 公司组成的联合体中标。A 公司为国内一家污水厂运营公司，技术力量雄厚，但资金不足；B 公司为国内一家基础设施投资公司，资金实力雄厚。中标后，该联合体决定成立一个项目公司来负责项目的融资、建设和运营。已知该项目的资金筹措方案为：A、B 公司分别出资股本金 1 亿元和 3 亿元，项目公司从银行贷款

6 亿元, 贷款利率为 7%。假设社会无风险投资收益率为 4%, 市场投资组合预期收益率为 12%, 污水处理行业投资风险系数为 1.1, 所得税税率为 25%。

 【项目问题导入】

1. 甲设计院在比选项目厂址时, 应考虑哪些因素?
2. 甲设计院在研究项目总图运输方案时, 应考虑哪几个方面的内容?
3. 对于市政府而言, 该项目采用特许经营项目融资具有哪些优点?

1.1 建设工程项目及项目管理的概念

1.1.1 建设工程项目的概念

1. 建设工程项目的概念

项目是指一系列独特的、复杂的并相互关联的活动, 这些活动有着一个明确的目标, 且必须在特定的时间、预算、资源限定内, 依据规范完成。

建设工程项目是指为完成依法立项的新建、改建、扩建的各类工程 (土木工程、建筑工程及安装工程等) 而进行的一组有起止日期且要达到规定要求, 由相互关联的受控活动组成的特定过程, 包括策划、勘察、设计、采购、施工、试运行、竣工验收和考核评测等。

建设工程项目.avi.

2. 建设工程项目的特点

建设工程项目具有唯一性、一次性、产品固定性、建设要素流动性、系统性、风险性等特征。

1) 唯一性

每个建设项目建设的条件、时间、地点等都有差别, 这就是工程项目的唯一性。唯一性又称单件性或独特性, 是项目最主要的特征。项目的唯一性从客观上体现了项目总是互不相同、不断变化的, 这就要求项目管理者不能用一成不变的组织方式和生产要素配置形式去管理项目, 必须专业、科学、灵活地进行项目管理。

建设工程项目的
概念.mp3

2) 一次性

一次性也称临时性, 是指每个项目都有其确定的起点和终点, 任务完成即是结束, 所有项目没有重复。项目的一次性决定了每个项目都有自己的生命发展过程, 都有其产生、发展和结束的时间, 且在不同的阶段都有特定的任务、程序和工作内容。

建设工程项目的
特点.mp3

3) 产品固定性

建筑产品在建造过程中直接与地基基础连接，因此，只能在固定的建造地点使用，而无法转移。这种一经建造就在空间固定的属性，叫作建筑产品的固定性。工程项目在受项目所在地的资源、人文、气候、环境等方面影响的同时，也会对当地环境产生影响，两者是相互的。

4) 建设要素流动性

工程的固定性决定了生产要素的流动性。

5) 系统性

系统性又称为整体性，一个项目是一个复杂开放的系统，它是人、技术、资源、时间、空间和信息等各种要素的集合，为实现一个特定的系统目标而形成的有机整体。一般来说，当某项任务的各种要素之间存在着某种密切关系时，各要素只有有机结合起来相互协助才能确保其目标的有效实现，这就需要将其作为一个项目来处理，客观上也就形成了一个系统。

6) 风险性

建设工程项目由于投资巨大、工程项目的一次性及建设时间长，实施中管理过程复杂，管理难度大等特点导致其不确定因素多、投资风险大。

项目的唯一性、产品的固定性和建设要素的流动性是工程建设项目的三个最基本特征，影响或决定了建设工程项目其他技术、经济和管理特征及其管理方式和手段，因而也是工程招标需要把握的三个基本因素。

3. 建设工程项目的组成

建设工程项目是指具有一个设计任务书和总体设计，经济上实行独立核算，管理上具有独立组织形式的工程项目。一个建设工程项目往往由一个或几个单项工程组成。

1) 单项工程

单项工程是指在一个建设项目中具有独立的设计文件，建成后能够独立发挥生产能力或工程效益的工程。它是建设工程项目的组成部分，应单独编制工程概预算。如：工厂中的生产车间、影剧院、办公楼、住宅、学校中的教学楼、宿舍等。

单位工程.mp3

2) 单位工程

单位工程是指具有独立的设计文件，可以独立组织施工，但建成后一般不能独立进行生产或发挥效益的工程。它是单项工程的组成部分。例如：一栋教学楼是一个单项工程，该教学楼的土建工程就是一个单位工程。建筑工程包括：土建工程、安装工程、采暖工程、电气照明工程等。

3) 分部工程

分部工程是单位工程的组成部分，它是按工程部位、设备种类和型号、使用材料以及工种的不同进一步划分出来的工程，主要用于计算工程量和套用定额时的分类。如：一般土建工程可按其主要部位划分为基础工程、主体工程、装饰装修工程和屋面工程等；设备安装工程可按其设备种类和专业不同划分为建筑采暖工程、建筑电气安装工程、通风与空调工程、电梯安装工程等。

4) 分项工程

分项工程是指单独地经过一定施工工序就能完成，并且可以采用适当计量单位计算的建筑或安装工程。分项工程是由专业工种完成的产品。它是分部工程的组成部分。如基础工程中的门窗工程、混凝土工程等。分项工程是建筑施工生产活动的基础，也是计量工程用工、用料和机械台班的消耗的基本单元，同时又是工程质量形成的基本过程。

分项工程.mp3

1.1.2 项目管理的概念

1. 项目管理的概念

项目管理就是项目的管理者，在有限的资源约束下，运用系统的观点、方法和理论，对项目涉及的全部工作进行有效的管理。即从项目的投资决策开始到项目结束的全过程进行计划、组织、指挥、协调、控制和评价，以实现项目的目标。

项目管理的概念.mp3

项目管理是指把各种系统、方法和人员结合在一起，在规定的时间、预算和质量目标范围内完成项目的各项工作。

2. 项目管理的职能

1) 策划职能

建设工程项目策划是把建设意图转换成定义明确、系统清晰、目标具体、活动科学、过程有效的，且富有战略性和策略性的、高智能的系统活动，是工程项目概念阶段的主要工作。建设工程项目策划的结果是其他各阶段活动的总纲。

2) 决策职能

决策是工程项目管理者在工程项目策划的基础上，通过调查研究、比较分析、论证评估等活动，得出结论性意见并付诸实施的过程。一个建设工程项目的每个阶段、每个过程，均需要启动，只有在做出正确决策以后的启动才有可能是成功的，否则就可能失败。

3) 计划职能

计划职能就是把项目活动全过程、全目标都列入计划，通过统一的、动态的计划系统来组织、协调和控制整个项目，使项目协调有序地达到预期目标。项目管理计划职能决定项目的实施步骤、搭接关系、起止时间、持续时间、中间目标、最终目标及措施。它是目标控制的依据和方向。

4) 组织职能

组织职能即建立一个高效率的项目管理体系和组织保证系统，通过合理的职责划分、授权，动用各种规章制度以及合同的签订与实施，来确保项目目标的实现。建设工程项目管理需要组织机构的成功建立和有效运行，才能发挥组织职能的作用。

5) 控制职能

项目的控制就是在项目实施的过程中，运用有效的方法和手段，通过不断分析、决策、反馈，来调整实际值与计划值之间的偏差，以确保项目总目标的实现。项目控制往往是通过目标的分解、阶段性目标的制定和检验、各种指标定额的执行以及实施中的反馈与决策来实现的。控制职能的作用在于按计划运行，随时搜集信息并与计划相比较，找出偏差并及时纠正，从而保证计划和目标的实现。控制职能是管理活动中最活跃的职能，所以工程项目管理科学中把目标控制作为最主要的内容，并对控制的理论、方法、措施、信息等做出了大量研究，故控制职能在理论和实践上均有丰富的建树，是项目管理中的精髓。

6) 协调职能

项目的协调管理，是在项目存在的各种结合部或界线之间，对所有的活动及力量进行联结、联合、调和，以实现系统目标的活动。项目经理在协调各种关系特别是主要的人际关系中，应处于核心地位。协调职能是控制的动力和保证，控制是动态的，协调可以使动态控制平衡、有理、有效。

7) 指挥职能

指挥职能是工程项目管理的重要职能。计划、组织、控制、协调等行为都需要强有力的指挥。工程项目管理依靠团队，团队要有负责人(项目经理)，负责人要进行指挥。他把分散的信息集中起来，变成指挥意图；他用集中的意志统一管理者的步调，指导管理者的行动，集合管理力量，形成合力。所以，指挥职能是管理的动力和灵魂，是其他职能无法替代的。

8) 监督职能

监督职能也是管理职能。建设工程项目管理需要监督职能，以保证法规、制度标准和宏观调控措施的实施。监督的方式有自我监督、相互监督、领导监督、权力部门监督、业主监督、司法监督和公众监督等。

【案例 1-1】　某市准备建设电子政务信息系统工程，总投资额约 500 万元，包括网络平台建设和业务办公应用系统开发。市政府通过招标，确定工程的承建单位是 A 公司，并按照《合同法》的要求与 A 公司签订了工程建设合同，并规定 A 公司可以将机房工程这样的非主体、非关键性子工程分包给具备相关资质的专业公司 B，B 公司将子工程转手给了 C 公司。在随后的应用系统建设过程中，监理工程师发现 A 公司提交的需求规格说明书质量较差，要求 A 公司进行整改。此外，机房工程装修不符合要求，要求 A 公司进行整改。项目经理小丁在接到监理工程师的通知后，对于第二个问题拒绝了监理工程师的要求，理由是机房工程由 B 公司承建，且 B 公司经过了建设方的认可，要求追究 B 公司的责任，而不是自己公司的责任。对于第一个问题，小丁把任务分派给程序员老张进行修改，此时，系统设计工作已经在进行中，程序员老张独自修改了已进入基线的程序，小丁默许了他的操作。老张在修改了需求规格说明书以后采用邮件通知了系统设计人员。合同生效后，小丁开始进行项目计划的编制，开始启动项目。

由于工期紧张，甲方要求提前完工，总经理比较关心该项目，询问项目的一些进展情况，在项目汇报会议上，小丁给总经理递交了进度计划，公司总经理在阅读进度计划以后，对项目经理小丁指出的任务之间的关联不是很清晰，要求小丁重新处理一下。在计划实施过程中，由于甲方的特殊要求，需要项目提前 2 周完工，小丁更改项目进度计划，项目最终按时完工。

假设你被任命为本项目的项目经理，请问你对本项目的管理有何想法，本项目有哪些地方需要改进？

1.2 工程项目管理的内容及分类

1.2.1 工程项目管理的内容

工程项目管理是项目管理的一个重要分支，它是指通过一定的组织形式，用系统工程的观点、理论和方法对工程建设项目生命周期内的所有工作，包括项目建议书、可行性研究、项目决策、设计、设备询价、施工、签证、验收等系统运作过程进行计划、组织、指挥、协调和控制，以达到保证工程质量、缩短工期、提高投资效益的目的。由此可见，工程项目管理是以工程项目目标控制(质量控制、进度控制和投资控制)为核心的管理活动。

工程项目管理的
内容.mp3

1. 工程项目时间(进度)管理

项目时间管理又称进度管理，是为了确保项目最终按时完成而进行的一系列管理过程，它包括具体活动界定、活动排序、时间估计、进度安排及时间控制等多项工作。"按时、保质地完成项目"是每一位项目经理最希望做到的，但工期拖延的事情却依旧时有发生，因而合理地安排项目的时间是项目管理中的一项关键内容，它的目的是保证按时完成工程项目，合理分配资源，达到最佳工作效率。

2. 工程项目成本管理

工程项目成本管理是根据企业的总体目标和工程项目的具体要求，在工程项目实施过程中，对项目成本进行有效的组织、实施、控制、跟踪、分析和考核等管理活动，以达到强化经营管理、完善成本管理制度、提高成本核算水平、降低工程成本的目的。成本管理是实现目标利润、

项目成本管理.mp3

创造良好经济效益的过程。建筑施工企业在工程建设中实行施工项目成本管理是企业生存和发展的基础和核心。在施工阶段通过搞好成本控制，来达到增收节支的目的，是项目经营活动中更为重要的环节，其程序如图 1-1 所示。

3. 工程项目质量管理

建设工程项目质量管理就是确定和建立质量方针、质量目标及职责，并在质量管理体系中通过质量策划、质量控制、质量保证和质量改进等手段来实施和实现全部质量管理职能的所有活动。项目管理的其他内容详见右侧二维码。

扩展资源 1.pdf

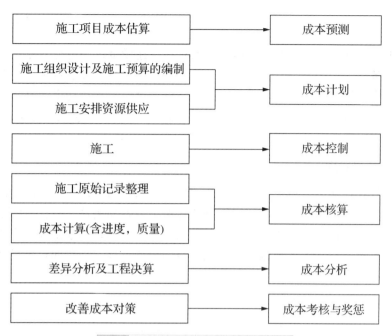

图 1-1 工程项目成本管理程序示意图

1.2.2 项目管理的类型

由于建设工程项目周期中各阶段的任务和实施主体不同，所以构成了不同类型的项目管理，主要包括业主方的项目管理、设计方的项目管理、施工方的项目管理、供货方的项目管理和工程总承包方的项目管理，如图 1-2 所示。

项目管理的类型.mp3

项目各参与方项目管理的目标和任务、涉及阶段				
各参与方	利益	涉及阶段	目标	任务
业主方	服务于业主的利益	涉及整个实施阶段	项目有三大目标 投资目标是指项目的总投资目标 进度目标是指项目动用或交付使用的时间目标	三管三控一协调 其中安全管理是最重要的任务
设计方	项目的整体利益和设计方本身的利益	涉及整个实施阶段主要在设计阶段	设计的三大目标及 项目的总投资目标	三管三控一协调 设计成本及投资控制
供货方	项目的整体利益和供货方本身的利益	涉及整个实施阶段主要在施工阶段	自身的三大目标	三管三控一协调
建设项目工程总承包方	项目的整体利益和工程总承包方本身的利益	涉及整个实施阶段	自身三大目标及项目的投资目标、安全目标 注意P15：其项目管理的主要内容	三管三控一协调 总投资控制和成本控制
施工方	项目的整体利益和施工方本身的利益	涉及整个实施阶段主要在施工阶段	自身的三大目标(成本、进度、质量)、安全目标 注意P15：不管是施工总包还是施工总包管理都对现场分包合同规定的工期和质量目标负责	三管三控一协调

图 1-2 项目管理的类型示意图

1. 业主方项目管理

业主方项目管理是指由项目业主或委托人对项目建设全过程进行的监督与管理。业主方项目管理服务于业主的利益，其项目管理的目标包括项目的投资目标、进度目标和质量目标。其中投资目标指的是项目的总投资目标；进度目标指项目动用的时间目标，即项目交付使用的时间目标；项目的质量目标不仅涉及施工的质量，还包括设计质量、材料质量、设备质量和影响项目运行或运营的环境质量等。

2. 设计方项目管理

设计方项目管理即设计单位受业主委托承担工程项目的设计任务，以设计合同所界定的工作目标及其责任义务作为工程设计管理的对象、内容和条件。设计方的项目管理主要服务于项目的整体利益和设计方本身的利益。其项目管理的目标包括设计方的成本目标、设计方的进度目标、设计方的质量目标以及项目的投资目标。项目的投资目标能否实现与设计工作密切相关。

3. 施工方项目管理

施工方作为项目建设的参与方，其项目管理主要服务于项目的整体利益和施工方本身的利益。施工方的项目管理工作主要在施工阶段进行，但也涉及了设计准备阶段、设计阶段、动用前准备阶段和保修期。

4. 建设物资供货方的项目管理

供货方的项目管理是指为确保项目管理的目标(包括供货方的成本目标、供货的进度目标和供货的质量目标)得以顺利实现而进行的一系列管理工作。供货方的项目管理主要服务于项目的整体利益和供货方本身的利益。其项目管理的目标包括供货方的成本目标、供货方的进度目标和供货方的质量目标。

5. 建设项目总承包(或称建设项目工程总承包)方的项目管理

承包商的项目管理是指承包商为完成合同约定的任务，在项目建设的相应阶段对项目有关活动进行计划、组织、协调、控制的过程。项目总承包方的管理目标包括项目的总投资目标和总承包方的成本目标、项目的进度目标和项目的质量目标。建设项目总承包方的项目管理工作涉及项目实施阶段的全过程，即设计前的准备阶段、设计阶段、施工阶段、动用前准备阶段和保修期。

【案例1-2】 小王参加希赛网的 CMM 培训以后，被公司任命为项目管理部经理。项目管理部是公司新设的部门，主要任务是监督和管理各个项目组，并对项目总监和公司总经理负责。

在日常工作中，小王发现，很多项目组成员并不重视自己领导的项目管理部。他们只听从项目经理、项目总监和公司总经理的话，对项目管理部门提出的合理化建议置之不理，项目管理部门要求他们定期提交的报告和材料经常拖延，定期组织的汇报会也常常缺席。

项目管理部门由于得不到足够有效的数据和材料，所以无法及时知道各个项目组的实际情况，无法做出正确的统计结果和决策，无法正确指导各个项目组的实际工作。故项目管理部对各个项目组提出的建议往往与他们的意愿相左，项目管理部向上级提交的材料和各个项目组向上级提交的材料也经常不符，这种情况使项目管理部遭到项目组和上级主管两方面的反感，处境极其被动。在软件企业中，项目管理部门究竟有没有存在的价值，试说明原因？

1.3　工程项目管理的特点

1.3.1　工程项目管理的特点

1. 工程项目管理是一种一次性管理

项目的一次性特征决定了项目管理的一次性特点。在项目管理过程中一旦出现失误，就很难纠正，从而导致严重的损失，所以项目管理的一次性成功是很困难的。因此，对项目中的每个环节都应该进行严密管理，认真选择项目经理，配备项目人员和设置项目管理机构。

2. 工程项目管理是一种全过程的综合性管理

工程项目的生命周期是一个有机成长的过程。项目各阶段有明显的界线，同时又相互有机衔接，不可间断，这就决定了项目管理是对项目生命周期全过程的管理，如对项目可行性研究、勘察设计、招标投标、施工等各阶段全过程的管理。在每个阶段中又包含有进度、质量、成本、安全的管理。因此，项目管理是全过程的综合性管理。

3. 工程项目管理是一种约束性强的控制管理

工程项目管理的一次性特征，以及其明确的目标(成本低、进度快、质量好)、限定的时间和资源消耗、既定的功能要求和质量标准，决定了约束条件的约束强度比其他的项目管理更高。因此，工程项目管理是强约束管理。这些约束条件是项目管理的条件，也是不可逾越的限制性条件。工程项目管理的重要特点在于工程项目管理者，如何在一定时间内，在不超过这些限定条件的前提下，充分利用这些条件，去完成既定任务，达成预期目标。

工程项目管理的
特点.mp3

工程项目管理与施工管理和企业管理不同。工程项目管理的对象是具体建设项目，施工管理的对象是具体工程项目，虽然都具有一次性特点，但管理范围不同，前者是建设全过程，后者仅限于施工阶段。而企业管理的对象是整个企业，管理范围涉及企业生产经营活动的各个方面。

1.3.2　对工程项目管理企业的要求

工程项目管理是建筑市场发展到一定阶段的必然产物，随着社会分工日益细化，专业化程度日益提高，因此建筑市场的规范也得到大大提

工程项目管理的
意义.mp3

升。目前，从理论上讲，业主方可以自行完成项目管理中的部分任务，但是从技术管理、经济管理、合同管理、组织协调等多项业务职能上，业主的能力与专业机构的能力是无法对比的。对投资方的业主而言要配备各专业齐全的基建班子，是人力、物力所不允许的，而且是十分困难的事情。正因为这样，工程项目管理企业的出现，为投资方业主提供了可以解决这些困难的途径。这也是工程项目管理得以发展的基础。而一个以质量监督为主要职能的工程监理企业，也势必要向工程项目管理转型和发展。

1. 建立高素质的人才队伍

项目管理从项目建议书阶段就开始了，历经可行性研究、设计、招标、施工招标、项目实施、竣工验收、试运行和项目后评估等一系列过程，因此对人才的要求，特别是高智能、高素质人才要求十分苛刻。监理企业要过渡和转型成为项目管理公司就要在人才的培养和引进上下大功夫，要建立合理的人才结构、采取积极的措施、引进急需的人才去实现专业功能配套，功能补全。除此之外，还应进行不同类型的培训，如对员工的项目管理基本知识培训和着重实务实用的专题性培训以及实用外语能力培训等，提高员工的能力。通过以上这些手段，来建立起一支具有复合型和开拓型能力的、懂设计和管理的高素质人才队伍。

2. 建立标准和工作规范

各个企业都有自己项目管理的唯一标准和工作规范。项目管理不同于工程监理，它除了自身完成相应的专业服务外，还要担当起项目策划以及在工程建设全过程中负起组织协调等作用。因此项目管理企业应建立具有自己特色并且更为严谨的业务标准和工作规范。这些标准和规范应该和企业自身的内部基本管理制度结合起来，体现自己企业的文化和精神，同时还要成为企业员工的业务手册，成为保证企业正常运作的另一重要资源。

3. 努力开拓市场

目前在我国的建筑市场上不可能将项目管理企业所承担的工作全部交给监理公司来完成，即使已经从监理公司转型过来的项目管理公司也不可能全部接手工程项目的全部管理。但是作为有实力的建筑监理公司承担这些，则是今后的发展方向。除上述应该建设好的内涵部分外，还应加大对业主的宣传力度，主动开拓市场，主动向业主方介绍项目管理的全过程，管理的内容、意义，以及委托项目管理公司进行专业化管理的必要性，这些宣传和市场开拓，对政府投资或者是私人投资的业主方均要实施，使他们逐渐明白项目管理对一个建筑项目的重要性和意义。

【案例 1-3】 某银行信息系统工程项目通过公开招标方式确定承建单位，大田信息技术有限公司通过竞标赢得工程合同。合同约定，工程项目的开发周期预算为 36 周。由于银行对于应用软件质量要求很高，公司也非常重视工程质量，因此安排有资深资历的高级工程师张工全面负责项目实施。张工对工程项目进行了了解，他认为此工程项目质量、进度的关键在于银行业务定制应用软件的开发。除工程整体的开发计划外，张工还针对应用软件开发制定了详细的开发计划，定制应用软件的开发周期为 36 周。在软件编码及单元测试工作完成之后，张工安排软件测试组的工程师编制了详细软件测试计划、测试用例，包括集成测试、功能测试、性能测试、安全性测试。

　　张工在安排软件测试任务的时候，在动员软件开发小组时宣讲："软件测试环节是软件系统质量形成的主要环节，各开发小组，特别是测试小组，应重视软件系统测试工作。"因此，张工安排给测试组进行测试的时间非常充足，测试周期占整个软件系统开发周期的40%，约 14.5 周。在软件系统测试的过程中，张工安排了详细的测试跟踪计划，统计每周所发现软件系统故障数量，以及所解决的软件故障。根据每周测试的结果分析，软件系统故障随时间的推移呈明显的下降趋势，第 1 周发现约 100 个故障，第 2 周发现约 90 个故障，第 3 周发现 50 个故障，……，第 10 周发现 2 个故障，第 11 周发现 1 个故障，第 12 周发现 1 个故障。于是张工断言软件系统可以在完成第 14 周测试之后顺利交付给用户，并进行项目验收。若你是本项目的总工，你将怎样改进工作，以提高软件系统开发的质量，保证工程项目按期验收？

本 章 小 结

　　近年来在建设行业，项目管理随着各种制度、法规的发展和完善，地位变得越来越重要，因此建设工程行业的从业人员都应该比较全面地学习建设工程项目管理的相关知识。本章从建设工程项目的基本概念开始，随后又依次介绍了工程项目管理的内容、分类、特点等内容，对项目管理从各方面进行了详细的阐述，方便学生的学习。

实 训 练 习

一、单选题

1. 项目的特征不包括(　　)。
　　A. 一次性　　　　　B. 唯一性　　　　　C. 冲突性　　　　　D. 系统性
2. 一栋教学楼属于(　　)。
　　A. 分项工程　　　　B. 分部工程　　　　C. 单位工程　　　　D. 单项工程
3. 每个项目都有其确定的起点和终点，任务完成即是结束，所有项目没有重复是指项目的(　　)。
　　A. 系统性　　　　　B. 唯一性　　　　　C. 风险性　　　　　D. 一次性
4. 在项目管理的几个职能中，(　　)是目标控制的依据和方向。
　　A. 计划职能　　　　B. 策划职能　　　　C. 组织职能　　　　D. 控制职能
5. 供货方项目管理的目标包括供货方的成本目标、供货方的进度目标和供货方的(　　)。
　　A. 质量目标　　　　B. 投资目标　　　　C. 财务目标　　　　D. 销售额目标
6. 工程项目管理的管理范围是(　　)。
　　A. 施工阶段　　　　B. 建设全过程　　　C. 设计阶段　　　　D. 维修阶段

二、多选题

1. 在建设工程项目管理中，管理目标中包含项目总投资目标的单位有(　　)。

  A. 建设工程项目总承包单位   B. 业主委托的工程咨询单位

  C. 业主委托的工程监理单位   D. 设计单位

  E. 施工单位

2. 工程建设项目施工招标文件一般包括(　　)。

  A. 投标邀请书   B. 评标办法

  C. 采用工程量清单招标的，应当提供工程量清单

  D. 资格预审文件   E. 设计图纸和技术条款

3. 供货方项目管理的目标包括(　　)。

  A. 供货的成本目标   B. 供货的进度目标

  C. 供货的质量目标   D. 项目的投资目标

  E. 项目的质量目标

4. 施工方项目管理的目标包括(　　)。

  A. 施工的成本目标   B. 施工的进度目标

  C. 施工的质量目标   D. 项目的投资目标

  E. 项目的质量目标

5. 文明施工的意义有(　　)。

  A. 促进企业综合管理水平   B. 适应现代化施工的客观要求

  C. 代表企业的形象   D. 有利于员工的经济收入

  E. 有利于提高施工队伍的整体素质

三、简答题

1. 工程项目管理的内容包括哪些？
2. 简单介绍工程项目管理的分类。
3. 工程项目控制的内容。

第 1 章　课后答案.pdf

实训工作单

班级		姓名		日期	
教学项目			建设工程项目管理概述		
任务	项目管理的概念、内容、特点		学习资源	课本、课外资料、现场讲解、教师讲解	
学习目标			了解项目管理的内容、类型、特点		
其他内容					
学习记录					
评语				指导老师	

第 2 章　建筑工程项目组织机构 02

【学习目标】

- 了解建筑工程项目管理组织的概念
- 熟悉建筑工程项目管理机构的组成和作用
- 掌握企业组织中的几种组织形式以及特点
- 了解项目经理部的构成和项目经理部的运作管理

第 2 章　建筑工程项目
组织机构.pptx

【教学要求】

本章要点	掌握层次	相关知识点
建筑工程项目管理组织概述	1. 了解建筑工程项目管理组织的概念 2. 熟悉企业组织中的项目组织	工程项目管理组织
建筑工程项目管理机构	1. 掌握项目管理机构的组成 2. 掌握项目管理机构的作用	项目管理机构
建筑工程施工项目经理部	1. 熟悉项目管理模式 2. 熟悉经理部的组成及运作管理 3. 了解关于项目经理的相关知识	施工项目经理部

【项目案例导入】

　　某公司由于常年承接大量的建设工程项目，所以该企业采用了在总经理领导下的项目式组织作为公司组织管理模式。该公司按生产规模成立了 9 个项目部，每个项目部都按项目施工管理的要求配备了相应的职能部门，如工程部、质检部、安全部……每个部门都配备了专业技术人员，负责本部门的工作，项目部负责公司不同项目的实施。在日常管理中，公司为了提高其整体经济效益，实现资源的有效配置，由公司来协调项目部的资源配置，根据各个项目的不同情况灵活地调配特殊的专业人员、专有设施设备。从公司的角度看，这是很科学的管理措施，但是项目部为了自己的利益暗中抵制公司的调遣，采取一种宁取勿予的态度。

【项目问题导入】

本案例中所出现的问题是不是公司人员技术的缺陷，为什么每个人的思想或者工作不能统一？工程项目组织机构在这里能起到什么作用？

2.1 建筑工程项目管理组织概述

2.1.1 建筑工程项目管理组织的概念

"组织"一词，其含义比较宽泛，人们通常所用的"组织"一般有两个意义，其一为"组织工作"，表示一个过程的组织，对行为的筹划、安排、协调、控制和检查，如组织一次会议，组织一次活动；其二为结构性组织，是人们(单位、部门)为某种目的以某种规则形成的职务结构或职位结构，如项目组织、企业组织。

总承包组织
机构.avi

本书中的"项目组织"是指为完成特定的项目任务而建立起来的，从事项目具体工作的组织。该组织是在项目寿命期内临时组建的，是暂时的，只是为完成特定的目的而成立的。工程项目是由目标产生工作任务，由工作任务决定承担者，由承担者形成组织。

施工项目管理组织是指为实施施工项目管理建立的组织机构，以及该机构为实现施工项目目标所进行的各项组织工作的简称。施工项目管理组织是根据项目管理目标通过科学设计而建立的组织实体。一个以合理有效的组织机构为框架所形成的权力系统、责任系统、利益系统、信息系统是实施施工项目管理及实现最终目标的保证。作为组织工作，它则是通过利用该机构所赋予的权力以及所具有的组织力、影响力，在施工项目管理中，合理配置生产要素，协调内外部及人员间关系，发挥各项业务职能的能动作用，确保信息畅通，推进施工项目目标的优化实现等全部管理活动。

2.1.2 企业组织中的项目组织

1. 寄生式项目组织形式

1) 寄生式项目组织的基本形式

寄生式项目组织是一种弱化的非正式的项目组织形式。项目组织的功能和作用很弱，项目经理对项目组织成员没有正规的指令权、指挥权

寄生式项目
组织.mp4

和决策权。对各参加部门，项目领导人仅作为一个联络小组的领导，主要从事收集、处理和传递信息，以及提供咨询的工作。而与项目相关的决策主要由企业领导做出，所以项目

经理对项目目标不承担责任。

项目经理可能是某个副总裁(如项目 A、B);有时项目可能落实给一个职能部门(如项目 C),它又被称为职能(或专业)部门中的项目组织。

2) 寄生式项目组织的应用

对于项目很少出现、项目小且项目任务不太重要的企业可建立如图 2-1 所示的项目管理组织。

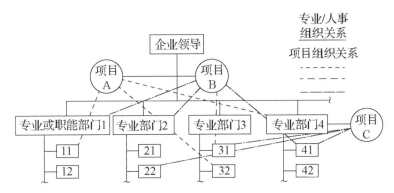

图 2-1　项目管理组织图

这种项目组织不需要组织规则,项目组成员都是兼职的。发生矛盾和冲突时,一般通过组织协调解决。在矩阵式组织中,当弱矩阵式的组织达到顶点时即为寄生式的组织。这种形式在采用职能型组织形式的公司内部经常被采用,企业为解决某些专门问题,如开发新产品、设计公司信息系统、重新设计办公场所、完善公司的规章制度、进行技术革新和解决某个行政问题而组成的协调式的工作机构等。此外,在高等院校中一般科研项目也都采用这种组织形式。

3) 寄生式项目组织的优点

(1) 由于项目寄生于企业组织之上,不需要建立新的组织机构,对企业原组织机构影响小。

(2) 项目管理成本较低。它适用于低成本、低经济风险、规模小,且项目各参加者之间界面处理方便,时间和费用压力不大的项目。

寄生式项目组织
的优缺点.mp4

4) 寄生式项目组织的缺点

(1) 项目经理没有组织上的权力,无法对最终目标负责,项目目标无法保证。不同职能之间的协调困难,常常会引起因组织摩擦、互相推诿和因多头指挥而带来混乱。

(2) 由于项目由职能部门负责,常常比较狭隘、不全面。项目中的决策可能有助于项目经理自己所处的职能部门,而不反映整个项目的最佳利益和公司的总目标。

(3) 对环境变化的适应性差。

(4) 项目管理作为一项附带工作,它没有挑战性,因此企业和项目的人员对它都不重视,限制了管理人员的发展。

(5) 存在其他方面对项目的非正式影响,有拖延决策的危险,缺少对项目的领导和有序的项目实施,无法进行有效的控制。项目组织本身无力解决争执,必须由企业上层解决。

2. 独立式项目组织形式

1) 独立式项目组织的应用

它是对寄生式项目组织的硬化,即在企业中成立专门的项目机构(或部门),独立地承担项目管理任务,对项目目标负责。这种组织模式如图2-2所示。

独立式项目组织
形式概述.mp4

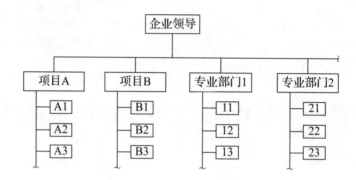

图 2-2 独立式项目组织形式

在企业组织里,每个项目就如同一个微型公司那样运作,所以这种组织形式有时被称为"企业中的企业"。在项目过程中,项目组成员完全进入项目,不再承担职能部门的任务,项目结束后,项目组织解散或重新构成其他项目组织。

专职的项目经理专门承担项目管理职能,对项目组织拥有完全的权力,完成项目目标所需的资源,如人力、材料、设备等完全归项目经理全权指挥,并由他承担项目责任。项目管理权力集中,与其他项目或企业其他部门相比较,没有优先权的问题。这种项目自身的组织形式一般为线性组织。在矩阵式项目组织中,强矩阵达到顶点则转变为独立式的项目组织。

2) 优点

(1) 完全集中了项目参加者的力量于项目实施上,能独立地为项目工作,决策简单、迅速,对项目受到的外界干扰反应迅速、协调容易、内部争执较少,可避免权力争执和资源分配的争执。它具有直线式组织的优点,可以加强领导,统一指挥。指令唯一,项目目标能得到保证。组织任务、目标、权力、职责透明且易于落实。

(2) 独立的项目组织的设置能迅速有效地对项目目标和顾客需要做出反应,更好地满足顾客的要求。

(3) 这种组织形式适用于企业进行特别大的、持续时间长的项目,或要求在短时间内完成且费用压力大、经济性要求高的项目。

3) 缺点

(1) 独立的项目组织效率低,成本高昂。

由于各项目自成系统,需要组织、办公用地、设施及测量仪器等。但由于项目过程的不均匀性会造成不能充分利用这些人力、物力、财力资源,带来不良的经济后果。例如项目需要某种专业人员,但仅在部分时间内,间断性地每天只有 4 个小时的专业工作量,不过因为项目都是独立的，组织成员完全属于自己的项目，则必须配置一个专业人员。由于不同项目组织的成员不能共享知识或专业技能，因此造成了资源的浪费。

如果企业同时进行多个项目，采用独立的项目组织会存在大量的资源重复配置的情况，企业会一直处于资源紧张的状态。此外项目拖延会造成在该项目上资源的闲置。

(2) 由于项目任务是波动不均衡的，由此带来资源计划和供应的困难。

特别在项目开始时要从原职能部门调出人员，项目结束又将这些人员推向原职能部门，这种人事上的波动不仅会影响原部门的工作，而且会影响项目组织成员的组织行为。他们会比职能组织中的人员更能感到失业的威胁、专业上的停滞不前以及个人发展的问题，这会影响他们的工作积极性。如果企业经常承担这样的项目，则要求企业职能部门能弹性地适应不断变化的项目任务。

(3) 难以集中企业的全部资源优势进行项目。

企业同时承接许多项目，不可能向每个项目都派出最强的专业人员和管理人员，因此企业会长期处于资源的高度缺乏状态中。

(4) 组织可变性和适应性不强。

由于每个项目都建立一个独立的组织，故在该项目建立和结束时，会对原企业组织产生冲击，所以组织可变性和适应性不强。

通常纯独立式的项目组织是不存在的，也是行不通的，除了特殊的军事工程，如"两弹一星"工程，对项目组织进行全封闭式管理就属于这种情况。

3. 直线式项目组织

1) 直线式组织形式的应用

通常独立的项目和单个中小型的工程项目都会采用直线式组织形式。这种组织结构形式与项目的结构分解图有较好的对应性。如一般中小型的建筑工程项目组织经常采用如图2-3 所示的直线式项目组织形式。

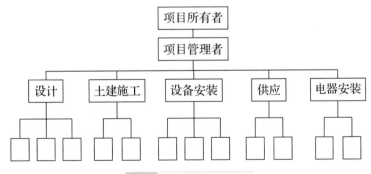

图 2-3　直线式组织形式

2) 直线式项目组织的优点

(1) 保证单头领导，每个组织单元仅向一个上级负责，一个上级对下级直接行使管理和监督的权力即直线职权，一般不能越级下达指令。项目参加者的工作任务、责任、权力明确，指令唯一，这样可以减少扯皮和纠纷，协调方便。

(2) 它具有独立的项目组织的优点。特别是，项目经理能直接控制资源，向客户负责。

(3) 信息流通快，决策迅速，项目容易控制。

(4) 组织结构形式与项目结构分解图式基本一致。这使得目标分解和责任落实比较容易，不会遗漏项目工作，组织障碍较小，协调费用低。

(5) 项目任务分配明确，责权利害关系清楚。

3) 直线式项目组织的缺点

总体上，直线式项目组织具有与独立式项目组织相似的缺点。

(1) 当项目比较多、比较大时，每个项目对应一个组织，使企业资源不能达到合理使用。

(2) 项目经理责任较大，一切决策信息都集中于他处，这要求项目经理能力强、知识全面、经验丰富，否则决策较难、较慢，容易出错。

(3) 不能保证企业部门之间信息流通速度和质量，且权力争执会使项目和企业部门间合作困难。例如工程施工单位发现设计问题不直接找设计单位，必须先找项目经理再转达设计单位；设计变更后，先交项目经理，再到达施工单位。

(4) 企业的各项目间缺乏信息交流，项目之间的协调、企业的计划和控制比较困难。

(5) 在直线式组织中，如果专业化分工太细，会造成多级分包，进而造成组织层次的增加。

4. 矩阵式项目组织

1) 矩阵式组织形式

矩阵式项目组织形式通常应用在以下两种情况：

(1) 企业同时承担许多项目的实施和管理，各个项目起始时间不同，规模及复杂程度也有所不同，如工程承包公司。此外在灵活的小组式且工作任务很多的企业中也使用矩阵式项目组织结构。

矩阵式组织形式
的应用.mp4

(2) 进行一个特大型项目的实施，而这个项目可分为许多自成体系、能独立实施的子项目。将各子项目看作独立的项目，则相当于进行多项目的实施。

由于同时进行许多项目的实施，企业组织要能适应项目规模、复杂程度、工期、任务的变化，适应很多项目对有限资源的竞争，这就要求这些项目尽可能有弹性地存在于企业组织中，而矩阵式组织形式是十分有效的，如图 2-4 所示。

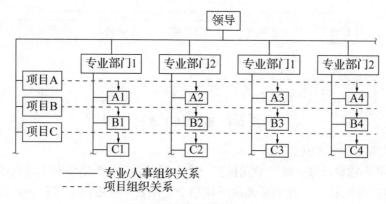

图 2-4　矩阵式组织形式

这种项目组织一般可划分为两类部门：

① 按专业任务分类的工作部门。主要负责职能管理和企业资源的分配与利用，做各种规划、决策，该类工作部门具有与专业任务相关的指令权。

② 按产品对象即项目(或子项目)分类的部门。该类工作部门主要围绕项目对象工作，对项目的目标负责，协调项目各工作环节及项目过程中各部门间的关系，具有与项目相关的指令权。

矩阵式组织是由原则上价值相同的两个领导系统的叠合，由双方共同工作，完成项目任务，使部门利益和项目目标一致。在两个系统的集合处存在界面，需要具体划分双方的责任、任务，以处理好两个系统之间的关系。通常项目领导主要负责何时、干什么的问题，解决任务的变更和工期问题，而专业组织主要解决怎样干和谁干的问题，对专业或职能工作负责。

2) 矩阵式组织的优点

(1) 能够形成以项目任务为中心的管理。矩阵式组织能集中全部的资源(特别是技术力量)为各项目服务，使项目目标能够得到保证，能够迅速反映和满足顾客要求，且对环境变化有比较好的适应能力。

(2) 由于各种资源统一管理，矩阵式组织能达到最有效地、均衡地、节约地、灵活地使用资源，特别是能最有效地利用企业的职能部门人员和专门人才。它能够形成全企业统一指挥，协调管理的局面，进而能保证项目和部门工作的稳定性和效率。一个公司项目越多，虽然增加了计划和平衡的难度，但上述这种效果越显著，在另一方面又可保持项目间管理的连续性和稳定性。

(3) 在矩阵式组织中，项目组成员仍归宿于一个职能部门，这不仅保证组织的稳定性和项目工作的稳定性，而且使得人们有机会在职能部门中通过参加各种项目，获得专业上的发展，拥有丰富的经验和阅历。

(4) 矩阵式组织结构富有弹性，有自我调节的功能，能更好地适用于动态管理和优化组合，适用于时间和费用压力大的多项目和大型项目的管理。例如某个项目结束，仅影响专业部门的计划和资源分配，而不影响整个组织结构。

(5) 矩阵组织结构、权力与责任关系趋向于灵活，在能保证项目经理对项目最有力的控制前提下，充分发挥各专业职能部门的作用，保证有较短的协调、信息和指令的途径。决策层—职能部门—项目实施层之间的距离最小，沟通速度快。

(6) 组织上打破了传统的以权力为中心的思想，树立了以任务为中心的思想。这种组织的领导不是集权的，而是分权的、民主的、合作的，所以管理者的领导风格必须变化。组织的运作必须是灵活的公开的。人们信息共享，需要互相信任与承担义务，容易接受新思想，整个组织氛围符合创新的需要。各部门独立于它的上级领导，有较大的决策空间，工作具有挑战性，同时组织的运行过程也是管理人员的培训过程。

矩阵组织能同时兼顾产品(或项目)和专业职能活动，职能部门和项目组共同承担项目任务，共同工作，各参加者独立地追求不同部门和不同项目利益的平衡，能够发挥双方的积极性，所以它综合了项目组织和职能组织的优点。

(7) 在这种组织形式中促进人们互相学习，交流知识和信息，促进良好的沟通。

(8) 组织层次少，具有大跨度组织的优点。

3) 矩阵式组织的缺点

(1) 存在组织上的双重领导，双重职能，双层汇报关系，双重的信息流、工作流和指令界面。这要求有熟练的、严密的组织规范和措施，否则极易产生混乱和职能争执，甚至会出现对抗状态。矩阵结构运行中存在项目领导和部门领导的界面，双方容易产生争权、扯皮和推卸责任现象。所以必须严格区分两大类工作(项目的和部门的)的任务、责任和权力，划定界限。这样会造成管理组织程序复杂，管理规范化和程序化要求高的问题。

(2) 由于存在双重领导，所以信息处理量大，会议多，报告多。

(3) 必须具有足够数量的经过培训的强有力的项目领导。

(4) 由于许多项目同时进行，导致项目之间会出现竞争专业部门资源的情况。一个职能部门同时管理几个项目的相关工作，因此它的资源的分配问题是关键。由于项目间的优先次序不易解决，所以带来协调上的困难。由于要争夺有限的资源(如资金、人力、设备)，职能经理与项目经理之间容易发生矛盾，项目经理要花许多精力和时间周旋于各专业部门之间，以求搞好人事关系。由于存在部门和项目权力上的差别，这会造成项目经理或部门领导的越权，以及双方的矛盾，界面管理的难度和复杂性增加等问题。

(5) 采用矩阵式的组织结构会导致对已建立的企业组织规则产生冲击，如职权和责任模式、生产过程的调整、后勤系统、资源的分配模式、管理工作秩序、人员的评价等。更进一步，会对企业的管理习惯、组织文化产生冲击。

(6) 需要很强的计划性与控制系统，由于项目上对资源数量与质量的需求高度、频繁地变化，难以准确估计，可能会因此造成混乱、低效率的情况，使项目的目标受到损害。

(7) 矩阵组织成功的关键是准确的项目工作结构分解和定义，而且项目结构分解应适用于项目的组织结构。要建立起正式的职责、权限和义务关系，需要完备的组织规则、程序，明确的职权划分，同时企业管理和项目管理必须规范化、标准化。

【案例 2-1】 A 公司由于近几年业务发展迅速，原来处理业务的方式已经显得越来越不合时宜，因此，经过公司董事会研究决定，在公司推行一套管理软件，用管理软件替代原有的作业方式，同时，请公司副总经理负责此项目的启动。副总经理在接到任务后，就开始了项目的启动工作。经过前期的一些工作后，副总经理任命小丁为该项目的项目经理，小丁组建了项目团队，并根据项目前期的情况，开始进行项目的计划。项目进行了一半，由于公司业务发展的需要，公司副总经理要求小丁提前完工，作为项目经理，小丁对项目进行了调整，保证了项目的提前完工。如果你作为项目前期的负责人，在接到任务后将如何启动项目？

2.2 建筑工程项目管理机构

2.2.1 项目管理机构的组成

在工程项目中有两种工作过程。

1. 专业性工作过程

为完成项目对象所必需的专业性工作过程，如产品设计、建筑施工、安装、技术鉴定等，这些工作一般由专业承包公司承担。

2. 项目管理过程

项目管理的两种
层次过程.mp4

项目管理过程又分两个层次：一方面是在这些专业性工作的形成及实施过程中所需的计划、协调、监督、控制等一系列项目管理工作；另外一方面是在项目的立项、实施过程中的决策和宏观控制工作。

与此相对应项目组织大致有三个层次。

1) 项目所有者或项目的上层领导者

该层是项目的发起者，可能包括企业经理、对项目投资的财团、政府机构、社会团体领导等。他居于项目组织的最高层，对整个项目负责，最关心的是项目整体经济效益。

项目所有者组织一般又分为两个层次，战略决策层(投资者)和战略管理层(业主)。投资者通常会委托一个项目管理主持人，即业主，由他承担项目实施全过程的主要责任和任务。业主通过确立目标、选择不同的战略方案、制订实现目标的计划，通过对项目进行宏观控制保证项目目标的实现。例如：

(1) 做项目战略决策，如确定生产规模，选择工艺方案；

(2) 做总体计划，确定项目组织战略；

(3) 根据项目任务的委托，选择项目经理和承包单位；

(4) 批准项目目标和设计，批准实施计划等；

(5) 确定资源的使用，审定和选择工程项目所用材料、设备和工艺流程等；提供项目实施的物质条件、与环境的协调和必要的官方批准；

(6) 决定各子项目的实施次序；

(7) 对项目进行宏观控制，给项目组以持续的支持等。

2) 项目管理者，即项目组织层

项目管理者通常是一个由项目经理领导的项目经理部(或小组)。项目管理者由业主选定，为业主提供有效的、独立的管理服务，负责项目实施中具体的事务性管理工作。项目管理者的主要责任是实现业主的投资意图，保护业主利益，保证项目整体目标的实现。

3) 具体项目任务的承担者，即项目操作层

项目操作层包括承担项目工作的专业设计单位、施工单位、供应商和技术咨询工程师等，他们构成项目的实施层，他们的主要任务和责任如下。

(1) 参与或进行项目设计、计划和实施控制；

(2) 按合同规定的工期、成本、质量完成自己承担的项目任务，为完成自己的责任进行必要的管理工作，如：质量管理、安全管理、成本控制、进度控制；

(3) 向业主和项目管理者提供信息和报告；

(4) 遵守项目管理规则。

当然项目组织中还有可能包括上层系统(如企业部门)的组织，对项目有合作或与项目相关的政府、公共服务部门等。

在项目的不同阶段，上述三个层次的人员承担项目的任务也不同。在项目的前期策划阶段，主要由投资者、业主承担目标设计和高层决策工作，在该阶段的后期(主要在可行性

研究中)会有项目组织或咨询工程师加入；项目一旦立项，工作的重点则移至项目组织层和设计单位，但上层也要参与方案的选择；在施工阶段，项目任务是"战术"性的，项目组织层及项目实施层进入工作高潮；在交工和试运行阶段三个层次的人员都有较大的投入。

2.2.2 项目管理机构的作用

项目管理机构的
作用.mp4

1. 组织机构是施工项目管理的组织保证

项目经理在启动项目管理之前，首先要做好组织准备，建立一个能完成管理任务，且使项目经理指挥灵便、运转自如、效率高的项目组织机构——项目经理部，其目的就是为了提供进行施工项目管理的组织保证。一个好的组织机构，可以有效地完成施工项目管理目标，有效地应付环境的变化，有效地供给组织成员生理、心理和社会需要，使组织系统正常运转，产生集体思想和集体意识，完成项目管理任务。

2. 形成一定的权力系统，以便进行统一指挥

权力由法定和拥戴产生。"法定"来自于控权，"拥戴"来自于信赖。法定和拥戴都会产生权力和组织力。组织机构的建立首先是以法定的形式产生权力。权力是工作的需要，是管理地位形成的前提，是组织活动的反映。没有组织机构，便没有权力，也没有权力的运用。权力取决于组织机构内部是否团结一致，越团结，组织就越有权，越有组织力，所以施工项目机构的建立常伴随着授权，以便项目管理组织使用权力实现施工项目管理目标。项目组织进行管理时要合理分层，层次多，权力分散；层次少，权力集中，所以要在规章制度中把施工项目管理组织的权力阐述明白，固定下来。

3. 形成责任制和信息沟通体系

责任制是施工项目组织中的核心问题。没有责任也就不能称其为项目管理的机构，也就不存在项目管理。一个项目组织能否有效地运转，取决于是否有健全的岗位责任制。施工项目组织的每个成员都应肩负一定责任，责任是项目组织对每个成员规定的一部分管理活动和生产活动的具体内容。

信息沟通是组织力形成的重要因素。信息产生的根源在组织活动之中，如：下级(下层)以报告的形式或其他形式向上级(上层)传递信息；同级不同部门之间为了相互协作而横向传递信息。越是高层领导，越需要信息，越要深入下层获得信息。原因就是领导离不开信息，有了充分的信息，才能进行有效决策。

综上所述，组织机构非常重要，在项目管理中是一个重点。一个项目经理只要建立了理想有效的组织系统，那么他的项目管理就成功了一半。

【案例 2-2】 某工程进入施工阶段后，为保证后续施工连续进行，必须事先采购大量的材料。当工程部的职员将材料采购计划报给主管工程财务的人员时，工程财务人员认为大量地提前采购材料加大了资金成本，这将影响到财务部资金管理目标的实现。因此他们拒绝为提前采购提供资金，为此工程部与财务部之间产生了严重的分歧。与此同时，项目经理也很快地对人事部门的工作产生了意见，他抱怨人事部门在人员安排上不及时，有时

在人员数量的安排上不能满足项目施工的需要，甚至开始怀疑他们的工作效率了，而人事部门的工作人员则感到很委屈，他们认为造成上述情况的责任在工程部，因为工程部没有及时给人事部提供人力资源计划。人事部经理认为，项目经理只从有利于项目的角度考虑问题，而他们则必须根据公司整体运作情况来进行人员调配，而不是只服务于一个项目。结合上下文，分析此案例的项目机构运作系统有什么不足，应该怎么做？

2.3　建筑工程施工项目经理部

2.3.1　项目管理模式

在项目初期，业主就必须确定采用什么样的项目管理模式，包括上述项目管理任务的分配与委托，采用什么样的项目管理组织形式。项目管理模式的确定必须依据业主的项目实施战略和项目的分标方式。

项目管理的
模式.mp4

1. 业主全权管理

项目所有者委托一个业主代表，并成立以业主为首的项目经理部来进行整个项目的管理工作。这种模式下业主直接管理承包商、供应商和设计单位，过去我国许多单位的基建处采用的就是这种管理模式。

2. "设计—施工—供应"总承包方式

当工程采用"设计—施工—供应"总承包方式时，由工程的总承包商来负责项目上具体的管理工作，业主仅承担项目的宏观管理与高层决策。

3. 监理制度

采用监理制度时，业主将项目管理工作以合同形式委托出去，由监理工程师作为业主的代理人，在工程中行使合同(监理合同和承包合同)赋予的权力，直接管理工程。最典型的是按照 FIDIC 合同规定，确定工程师的工作和权力。在这样的项目中，业主主要负责项目的宏观控制和高层决策，一般不直接与承包商接触。业主也可以限定监理工程师的权力，赋予监理工程师部分权力或监理工程师在执行某些权力时必须经业主同意。

4. 混合式的管理模式

业主将有些管理工作和权力收归己有，委派业主代表或工程师与监理工程师共同工作。这在我国近阶段的工程建设监理中特别常见，例如：投资控制的权力、合同管理的权力，经常由业主承担或双方共同承担。

在我国的施工合同文本中定义"工程师"的角色可能有两种人：

(1) 业主派驻工地履行合同的代表；

(2) 监理单位委派的总监理工程师。

业主可以同时委派他们在现场共同工作。实质上我国有大量的工程采用这种管理模式。在英国，按照 NEC 合同确定的项目管理模式也属于这一类，如图 2-5 所示。

其中，监理工程师仅仅负责工程的职能检查与监督，提供质量报告。而项目经理作为业主代表负责整个工程的项目管理工作。

5. 代理型 CM(CM/Agency)承包模式

CM 承包商接受业主的委托从而进行整个工程的施工管理，业主直接与工程承包商和供应商签订合同，CM 单位主要从事管理工作，与设计、施工、供应单位没有合同关系，如图 2-6 所示，这种形式在性质上属于管理工作承包。

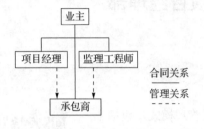

图 2-5　共同管理模式图

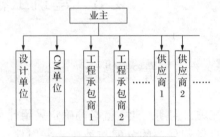

图 2-6　代理型承包模式

2.3.2　项目经理部的组成

对常规的项目设置项目经理部或项目小组时，它们的组织或人员设置一般与所承担的项目管理任务相关。对中小型的工程项目，管理小组通常有：项目经理、专业工程师(土建、安装、各专业设备等方面技术人员)、合同管理人员、成本管理人员、信息管理员、秘书等。有时还可能有负责采购、库存管理、安全管理、计划等方面的人员。

一般项目管理小组职能不能分得太细，否则不仅信息多，管理程序复杂，组织成员能动性小，而且容易造成摩擦。

对大型的、特大型的项目，常常必须设置一个管理集团(如项目指挥部)，项目经理下设各个部门，如计划部、技术部、合同部、财务部、供应部、办公室等。例如某大型工程项目经理部的结构，如图 2-7 所示。

项目经理部的组成.mp4

项目经理部的组成.avi

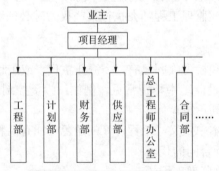

图 2-7　项目经理部结构图

2.3.3　项目经理部的运作管理

项目经理部的
运作管理.mp4

建设有效的组织是项目经理的首要职责，它是一个持续的过程，需要项目经理有领导技巧，以及对组织结构、组织界面、权力结构和激励的理解。

(1) 成立项目经理部。它应结构健全，包容项目管理的所有工作。建立项目经理部要选择合适的成员，他们的能力和专业知识应是互补的，形成一个联合的工作群体。项目经理部要保持最小规模，最大可能地使用现有部门中的职能人员。

(2) 项目经理部成立后，项目经理要向项目成员介绍项目经理部的组成，成员刚开始会有许多激动、希望、怀疑、焦急和犹豫等情绪。项目经理的目标是要把人们的思想和力量集中起来，真正形成一个组织，使他们了解项目目标和项目组织规则，并公布项目的工作范围、质量标准、预算及进度计划的标准和限制等内容。

(3) 项目经理要明确和磋商经理部中的人员安排，宣布对成员的授权，指出职权使用的限制和注意问题。其次对每个成员的职责及相互间的活动进行明确定义和分类，使成员知道，各岗位有什么责任，该做什么，如何做，什么结果，需要什么。最后确定项目管理工作规范，各种管理活动及优先级关系，沟通渠道等。

(4) 项目管理者各方只有有效的符合计划要求的投入，上层领导才能积极支持项目。随着项目目标和工作已经明确，成员们开始执行分配到的任务，开始推进工作。由于任务可能比预计的更繁重、更困难，成本或进度计划的限制可能比预计更紧张，会产生许多矛盾。

这时候，项目经理要与成员们一起参与解决问题，共同做出决策，要能接受和容忍成员的任何不满，做导向工作，解决矛盾。

项目经理应创造一种有利的工作环境，激励人们朝预定的目标共同努力，鼓励每个人都把工作做得很出色。项目管理需要采取参与、指导和顾问式的领导方式，为项目组提供导向和教练作用，项目经理只需要分解目标、提出要求和限制、制订规则，由组织成员自己决定怎样完成任务。

(5) 项目经理部成员过于频繁的流动不利于组织的稳定，没有凝聚力，造成组织摩擦大，效率低下等问题。如果项目管理任务经常出现，尽管它们时间、形式不同，则应设置相对稳定的项目管理组织机构，这样能较好地解决人力资源的分配问题。项目经理不断地积累项目工作经验，使项目工作(管理)专业化，而且项目组成员都为老搭档，彼此适应，协调方便，容易形成良好的项目文化。

(6) 为了确保项目管理的需求，项目经理部应对管理人员有一整套招聘、安置、报酬、培训、提升、考评计划。项目经理应按照管理工作职责确定应做的工作内容、所需要的才能和背景知识，以此确定对人员的教育程度、知识和经验等方面的要求。如果预计到由于这种能力要求在招聘新人时会遇到困难，则应给予充分的准备时间进行培训。在现代工程中要对项目组成员进行特殊的经常性的培训，以确保知识的及时更新。

2.3.4 项目经理

1. 项目经理的重要性

项目经理部是项目组织的核心,而项目经理领导着项目经理部工作。所以项目经理居于整个项目的核心地位,他对整个项目经理部以及对整个项目都起着举足轻重的作用。工程实践证明,一个强的项目经理领导一个弱的项目小组,比一个弱的项目经理领导一个强的项目小组项目成就会更大。

项目经理的
重要性.mp4

在现代工程项目中,由于工程技术系统更加复杂化,工程实施难度加大,业主越来越趋向把选择的竞争移向项目前期阶段,从过去的纯施工技术方案的竞争,逐渐过渡到设计方案的竞争,到现在的以管理为重点的竞争。业主在选择项目管理单位和承包商时十分注重对他们的项目经理的经历、经验和能力的审查,并将这作为定标授予合同的指标之一,赋予一定的权重。而许多项目管理公司和承包商将项目经理的选择、培养作为一个重要的企业发展战略。

2. 现代工程项目对项目经理的要求

由于项目经理对项目的重要作用,人们对他的知识结构、能力和素质的要求越来越高,因此也对项目经理提出了许多要求和标准,这些要求和标准几乎达到苛刻的程度。实践证明,纯技术人员是不能胜任项目经理工作的。按照项目和项目管理的特点,对项目经理有如下几个基本要求。

1) 素质

在市场经济环境中,项目经理的素质是最重要的,特别是专职的项目经理。他不仅应具备一般领导者的素质,还应符合项目管理的特殊要求。

(1) 项目经理必须具有良好的职业道德,必须有工作的积极性、热情和敬业精神,勇于挑战,勇于承担责任,努力完成自己职责的工作态度。

(2) 项目经理应全心全意地管理工程。不能因为项目是一次性的,与业主是一锤子买卖,管理工作不好定量评价和责难,而怠于自己的工作职责。

(3) 项目经理应具有创新、发展精神,有强烈的管理愿望,勇于决策,勇于承担责任和风险,并努力追求工作的完美,追求高的目标,不安于现状。

(4) 项目经理为人诚实可靠,讲究信用,有敢于承担错误的勇气,言行一致,正直,办事公正,公平,实事求是,他的行为应以项目的总目标和整体利益为出发点,应以没有偏见的方式工作,正确地执行合同、解释合同,公平公正地对待各方利益。

(5) 任劳任怨,忠于职守。在项目组织中,项目管理者处于一个特殊的角色,处于矛盾的焦点,业主和承包商常常都不能理解他。由于责权利不平衡,项目经理要做好工作是很艰难的,可能各方面对他都不满意。

本条要求的几种示例详见右侧二维码。

扩展资源 2.pdf

2) 能力

(1) 项目经理应具有长期的工程管理的工作经历和经验,特别是同类项目成功的经历,且对项目工作有成熟的判断能力、思维能力、随机应变能力。他的技术技能被认为是最重要的，但又不能是纯技术专家，他需要对项目开发过程和工程技术系统的机理有成熟的理解，能预见到问题，能事先估计到各种需要，具有很强的综合能力。

(2) 项目经理应有处理人事关系的能力。项目经理职务是个典型的低权力的领导职位。他的领导必须主要靠影响力和说服力，而不是靠权力和命令。由于项目组织的特点，他能采取的激励措施是很有限的，他的行为必须能充分利用合同和项目管理规范赋予的权力才行。

(3) 项目经理应有较强的组织管理能力，例如：能胜任小组领导工作，知人善任，敢于授权；能协调好各方面的关系，善于人际交往；能处理好与业主(或顾客)的关系，设身处地地为他人考虑；与企业各部门有较好的人际关系，能够与外界交往，与上层交往；工作具有计划性，能有效地利用好项目时间；善于解决矛盾与冲突；具有追寻目标和跟踪目标的能力。

(4) 项目经理应有较强的语言表达能力、谈判技巧和说服能力，在国际项目中有外语应用能力。

(5) 项目经理在工程中能够发现问题，提出问题，能够从容地处理紧急情况，具有应付突发事变的能力，以及对风险、对复杂现象的抽象能力和抓住关键问题的能力。

(6) 由于项目是常新的，所以项目经理必须具有应变能力，工作需要灵活性。项目经理还要具有个人领导风格的可变性，能够适应不同的项目和不同的项目组织。

(7) 综合能力。项目经理应对整个项目系统做出全面观察并能预见到潜在的综合问题。

3) 知识

项目经理通常要接受过大学以上的专业教育，必须具有专业知识，一般来自工程的主要专业，如土木工程或其他专业工程方面的专家，要接受过项目管理的专门培训或再教育，否则很难在项目中被人们接受和真正介入项目。同时项目经理需要广博的知识面，能够对所从事的项目迅速设计出解决问题的方法、程序，能抓住问题的关键、主要矛盾，识别技术和实施过程逻辑上的联系，具有系统的知识概念。目前发达国家有一整套项目经理教育培训的途径和方法，有比较好的、成熟的经验。

2.4　案 例 分 析

【背景】

某钢厂改造其烧结车间，由于工期紧，在确定施工单位的第二天，施工单位还未来得及任命项目经理和组建项目经理部，业主就要求施工单位提供项目管理规划，施工单位在不情愿的情况下提供了一份针对该项目的施工组织设计，其内容深度满足管理规划要求，但业主不接受，再次要求施工单位提供项目管理规划。

【问题】

1. 业主一定要求施工单位提供项目管理规划，其要求是否一定正确？

2. 项目管理规划是指导项目管理工作的纲领性文件，请简述施工项目管理规划的规划目标及内涵。

【答案】

(1) 施工组织设计可以代替施工项目管理规划，但施工组织设计的内容深度应能满足施工项目管理规划的要求；冶金建筑工程中，实际上一直使用施工组织设计代替项目管理规划；施工单位可以向业主说明提供的施工组织设计的内容深度已达到项目管理规划的深度要求，不必再编制项目管理规划。

(2) 施工项目管理规划的规划目标及内涵有：

① 规划目标包括项目的管理目标、质量目标、工期目标、成本目标、安全目标、文明施工及环境保护目标、条件分析及其他内容等；

② 内涵包括施工部署、技术组织措施、施工进度计划、施工准备工作计划、资源供应计划和其他文件等。

本 章 小 结

通过本章的学习，学生可以了解建筑工程项目管理组织的基本概念；掌握企业组织中的几种组织形式和各自的特点；熟悉建筑工程项目管理机构的组成和项目经理部的构成以及项目经理的选用原则和项目经理部的运作管理。

实 训 练 习

一．单选题

1. 矩阵型组织结构的最大优点是(　　)。
    A. 改变了项目经理对资源的控制　　　B. 团队成员至少有一个领导
    C. 沟通更加容易　　　　　　　　　　D. 报告更加简单
2. 在以下组织中，最机动灵活的组织形式是(　　)。
    A. 项目型　　　　B. 职能型　　　　C. 矩阵型　　　　D. 混合型
3. 对于风险较大、技术较为复杂的大型项目，应采用(　　)。
    A. 矩阵型　　　　B. 职能型　　　　C. 项目型　　　　D. 混合型
4. 项目型组织结构适用于(　　)情况。
    A. 项目的不确定因素较多，同时技术问题一般
    B. 项目的规模小，但是不确定因素较多
    C. 项目的规模大，同时技术创新性强
    D. 项目工期较短，采用的技术较为复杂
5. 下列有关技术型组织结构情况的描述中，错误的是(　　)。
    A. 矩阵型组织结构能充分利用人力资源
    B. 项目经理和职能部门经理必须就谁占主导地位达成共识
    C. 只有项目经理是职能部门领导，才能取得公司总经理对项目的信任
    D. 矩阵型组织结构能对客户的要求做出快速响应
6. 项目经理在(　　)中权力最大。
    A. 职能型组织　　　B. 项目型组织　　　C. 矩阵型组织　　　D. 协调性组织

7. 项目经理在( )组织结构中的角色是兼职。

  A. 职能型   B. 项目型   C. 强矩阵型 D. 平衡矩阵型

二、多选题

1. 施工企业项目经理在承担项目施工管理过程中，在企业法定代表人授权范围内行使的管理权限主要有( )。

  A. 参与选择物资供应单位   B. 参与项目招标、投标和合同签订

  C. 制定内部计酬办法   D. 选择监理单位

  E. 参与组建项目经理部

2. 施工企业法定代表人与项目经理协商制定项目管理目标责任书的依据主要有( )。

  A. 组织的经营方针和目标   B. 项目合同文件

  C. 组织的管理制度   D. 项目设计图纸

  E. 项目管理规划大纲

3. 按我国建筑施工企业项目经理资质管理办法的规定，施工企业项目经理( )。

  A. 受施工企业法定代表人的委托对施工项目进行管理

  B. 受施工企业上级管理部门的委托对施工项目进行管理

  C. 是对工程项目施工过程全面负责的项目管理者

  D. 对建设项目全面负责

  E. 是建筑施工企业法定代表人在工程项目上的代表人

4. 下列关于国际上对项目经理的地位、作用和特征的表述中，正确的有( )。

  A. 项目经理是项目管理班子的负责人

  B. 项目经理是一个技术岗位

  C. 项目经理的主要任务是项目目标的控制

  D. 项目经理是项目的管理者，具有物资采购权

  E. 项目经理是企业法定代表人在项目上的代表人

5. 项目经理的任务包括项目的行政管理和项目管理两个方面，其在项目管理方面的主要任务包括( )等。

  A. 工程质量控制   B. 施工进度控制

  C. 工程合同管理   D. 项目人力资源管理

  E. 施工安全管理

三、简答题

1. 项目经理的权限与职责分别是什么？

2. 简述施工项目经理的地位？

3. 项目管理机构的作用有哪些？

第 2 章　课后答案.pdf

实训工作单一

班级		姓名		日期	
教学项目			建筑工程项目组织机构		
任务		了解施工组织的概念及内容		学习资源	课本、课外资料、现场讲解、教师讲解
学习目标			对项目管理有大概的理解，了解项目管理模式		
其他内容					
学习记录					
评语				指导老师	

实训工作单二

班级		姓名		日期	
教学项目			建筑工程项目组织机构		
任务		明白什么是项目经理		学习资源	资料课本、教师解疑
学习目标			知道项目经理的组成是哪些，项目经理部门的运作管理方式是什么		
其他内容					
学习记录					
评语				指导老师	

第 3 章 建筑工程施工准备及管理 | 03

 【学习目标】

- 了解什么是建筑工程施工管理
- 熟悉施工前的准备工作
- 掌握施工中的各种施工要求
- 熟悉工程收尾的相关工作

 【教学要求】

本章要点	掌握层次	相关知识点
建筑工程施工管理概述	1. 了解施工项目现场管理的概念 2. 熟悉施工项目现场管理的程序	施工准备
施工现场管理	1. 熟悉施工前的准备 2. 了解施工过程中的要求 3. 熟悉工程收尾工作	施工现场管理(过程中)

 【项目案例导入】

　　某大厦工程项目，建设单位与施工单位根据《建设工程施工合同文本》签订了工程的总承包施工合同，总承包商将该大厦工程项目的装修工程分包给一家具有相应资质条件的装饰装修工程公司。该装饰装修工程公司与建设单位签订了大厦的装饰装修施工合同。该工程总承包施工单位在施工过程中发生以下事件：

　　事件 1：基坑验槽时，总承包单位技术负责人组织建设、设计、勘察、监理等单位的项目技术负责人共同检验，经检验，基坑符合要求。

事件 2: 泥浆护壁钻孔灌注桩, 为了保证混凝土浇筑质量, 清孔提钻后立即沉放钢筋笼, 下导管浇筑混凝土。

事件 3: 基坑回填过程中, 施工总承包单位检查了排水措施和回填土的含水率, 并对其进行了控制。

【项目问题导入】

结合本章内容判断施工总承包单位在施工过程中发生的事件是否妥当, 若不妥当请改正。

3.1 建筑工程施工管理概述

3.1.1 施工项目现场管理的概念

施工项目现场是指从事工程施工活动, 经批准占用的施工场地。它既包括红线以内占用的建筑用地和施工用地, 又包括红线以外现场附近, 经批准占用的临时施工用地。

施工项目现场管理
概念.mp4

施工项目现场管理是指项目经理部按照《施工现场管理规定》和城市建设管理的有关法规, 科学合理地安排、使用施工现场, 协调各专业管理和各项施工活动, 控制污染, 创造文明安全的施工环境和人、材、物、资金流畅通的施工秩序所进行的一系列管理工作。

3.1.2 施工项目现场管理的基本内容

1. 施工项目现场管理的程序

施工项目管理的程序应依次为: 编制项目管理规划大纲, 编制投标书并进行投标, 签订施工合同, 选定项目经理, 项目经理接受企业法定

施工项目现场管理
的程序.mp4

代表人的委托并组建项目经理部, 企业法定代表人与项目经理签订"项目管理目标责任书", 项目经理部编制"项目管理实施规划", 进行项目开工前的准备, 施工期间按"项目管理实施规划"进行管理, 在项目竣工验收阶段进行竣工结算、清理各种债权债务、移交资料和工程, 进行经济分析, 做出项目管理总结报告并送至企业管理层有关职能部门, 企业管理层组织考核委员会对项目管理工作进行考核评价并兑现"项目管理目标责任书"中的奖惩承诺, 项目经理部解体, 在保修期满前企业管理层根据"工程质量保修书"的约定进行项目回访保修。因此, 必须通过强化组织协调的办法才能保证施工的顺利进行。

2. 施工项目现场管理的内容

施工项目管理的内容取决于项目管理的目的、对象和手段。其内容一般包括：

1) 项目管理目的

施工项目现场管理
的内容.mp4

通过对进度、质量、安全、成本等诸方面的控制和管理，来实现预期的工期、质量、安全、成本等目标。

2) 管理手段

施工项目的管理手段包括施工项目管理规划，(如项目管理规划大纲、项目管理实施规划)，合同管理，信息管理，施工项目现场管理，组织协调、竣工验收、质量保修、考核评价、售后服务、定期回访等。

3) 管理对象

即对人力资源、技术、资金、材料、设备等诸多生产要素进行合理地管理，实现生产要素的优化配置与动态控制。

3. 管理的原则

施工项目管理是施工单位履行施工合同的过程，也是施工单位实现施工项目最终目标的过程。施工项目管理必须发挥施工单位的技术和管理的整体优势，组织和发动企业管理层、项目管理层、项目作业层等各

项目管理原则.mp4

个层面积极参与到施工项目的管理活动中来，实现全过程全方位的管理，尤其应避免"以包代管"的不良倾向。

项目经理部在制定项目管理实施计划时，应当认真研究和领会项目监理部编制的"监理规划"和"监理实施细则"。根据施工合同及相关法律、法规、规范、标准、规程等，分析和判断"监理规划""监理实施细则"中的有关要求正确与否，积极接受和配合监理工作。

项目经理部应建立和健全以项目经理责任制为核心的各项管理制度，如项目经理聘任制度、项目分包管理制度、材料及设备的采购制度、项目成本核算制度、项目管理实施规划认证及审批制度、项目管理考核评价制度等。通过利用这些合理有效的管理制度，来保证施工项目管理按照既定的程序运行，从而推进项目管理向着合理有序的方向发展。

在施工项目管理的过程中，还应充分体现 PDCA 循环的原理，即计划(Plan)、实施(Do)、检查(Check)、处理(Action)这一不断循环和持续改进的过程。从而实现不断地发现问题、解决和改正问题、反馈信息、总结经验教训、形成管理的持续改进。

【案例 3-1】　有一小区地下停车场，其公共区域因未满足装饰吊顶标高要求，喷淋管进行翻弯敷设，导致成本增加。结合上下文理解，试分析其中可能原因？

3.2 施工现场管理

3.2.1 施工前的准备

1．施工前的技术准备

1）熟悉、审查施工图纸和有关的设计资料

根据建设单位和设计单位提供的施工图设计、建筑总平面、土方竖向设计和城市规划等资料文件，调查、搜集的原始资料，设计、施工验收规范和有关技术规定来审查图纸。确保建设单位能够按照设计图纸顺利地进行施工，能建设出合格的建筑物。建筑施工技术人员和工程技术人员要充分地了解和掌握设计图纸的设计意图、结构与构造特点和技术要求。通过审查能发现设计图纸中存在的问题和错误，使问题能在施工开始之前改正，为建筑工程的施工提供一份准确、齐全的设计图纸。

施工现场管理.avi

【案例 3-2】 一栋楼房，楼核心筒正压送风口仅在设备图有预留，结构图中未体现，施工过程中未发现导致后结构开洞，增加无效成本。结合本章内容说明原因，若要阻止这一状况发生应该怎么做？

施工前的技术
准备 1.avi

2）做好原始资料的分析

调查当地自然条件，调查分析的主要内容有：地区水准点和绝对标高等情况；地质构造、土的性质和类别、地基土的承载力、地震级别和裂度；当地的水质、水位等情况；地下水位的高低变化情况，含水层的厚度、流向、流量和水质等情况；气温、雨、台风和雷电等情况；台风季、雨季的期限等情况。

施工前技术
准备.mp4

3）工程预算的编制

对投标预算进行重新调整。工程预算是建筑施工的重要组成部分，它包含了施工材料的工程量是预算成本的重要依据，是控制各项支出，指导其他工作进行的依据。

4）施工组织设计的编制

对投标施工组织设计进行调整。施工组织设计是施工准备工作的重要组成部分，也是指导施工现场全部生产活动的技术经济文件。它可以指导处理人与物、主体与辅助、工艺与设备、专业与协作、供应与消耗、生产与储存、使用与维修以及它们在空间布置、施工工期安排和工程进度等方面的关系。

5）设计完善施工总平面布置图

对投标书中的施工组织包含的施工总平面布置图进行调整，使之更符合施工现场的实际需要。

【案例 3-3】 2007 年 4 月 27 日，青海省西宁市银鹰金融保安护卫有限公司基地边坡支护工程施工现场发生了一起坍塌事故，造成 3 人死亡、1 人轻伤，直接经济损失 60 万元。该工程拟建场地北侧为东西走向的自然山体，坡体高 12～15m，长 145m，自然边坡坡度为 1：0.5～1：0.7。边坡工程 9m 以上部分设计为土钉喷锚支护，9m 以下部分为毛石挡土墙，总面积为 2000m²。其中毛石挡土墙部分于 2007 年 3 月 21 日由施工单位分包给私人劳务队(无法人资格和施工资质)进行施工。4 月 27 日上午，劳务队 5 名施工人员人工开挖北侧山体边坡东侧 5m×lm×1.2m 毛石挡土墙基槽。下午 4 时左右，自然地面上方 5m 处坡面突然坍塌，除在基槽东端作业的 1 人逃离之外，其余 4 人被坍塌土体掩埋。结合本章分析本案例，这家公司犯了什么错误？

2. 物质准备

1) 建筑材料的准备

根据施工预算进行分析，按照施工进度计划要求，按材料名称、规格编制出材料需要量计划，以保证组织备料、确定仓库、场地堆放所需的面积和组织运输保证施工时，材料能及时供应，不耽误施工进度。

施工前物质
准备.mp4

2) 各类构件的准备

根据工程预算中提供的构件、规格、质量等方面的因素确定构件的用量和供应商，使构件能够及时运输到现场，随用随取。

3) 建筑安装的设备以及施工工艺中所用的设备工具的准备

根据图纸和施工组织设计等资料，现场分析安装设备的类型、大小型号、安装位置等，需要提前安装的，必须提前做好准备。

4) 施工测量仪器的准备

对公司现有测量仪器要全面校正，列出补充测量仪器的计划清单，指令限期采购进场。

劳动组织准备.mp4

3. 劳动组织准备

集结施工力量，按照开工日期和劳动力需要量计划，组织劳动力进场。同时要进行安全、防火和文明施工等方面的教育，并安排好职工的生活。向施工队组长、工人进行施工组织设计、计划和技术交底工作的讲解交代，以保证工程严格地按照设计图纸、施工组织设计进行安全操作。

施工现场准备.mp4

4. 施工现场的准备

(1) 按照设计单位提供的建筑总平面图及给定的永久性经纬坐标控制网和水准控制基桩，进行施工测量，设置永久性经纬坐标桩，水准基桩和建立工程测量控制网。并做好保护工作以防其他物体移动测量控制点。

(2) 做好现场的七通一平工作，包括通水、通电、通路、通讯、排水、排燃气、通热力和施工现场的平整。

(3) 按照施工总平面图要求，建立库房、住宿、办公、生活等临时性建筑。

(4) 对现场的安装机械和电路等，在进场之前做好测试与维修工作，确保进场后所有设备能够顺利运转。

(5) 设置消防、保安设施。按照施工组织设计的要求，根据施工总平面图的布置，建立消防、保安等组织机构和有关的规章制度，布置安排好消防、保安等安全措施。

3.2.2 施工过程中的要求

施工过程中的
要求.mp4

1. 施工现场考勤制度

(1) 工程现场全体工作人员必须每天准时出勤、签到或打卡，工作时间为公司规定的工作时间，如遇紧急事情可延长工作时间，直到解决问题。

(2) 施工方人员外出执行任务需要向项目经理请示，填写外出任务单，获准后方可外出。

(3) 工程项目经理在现场外出需向部门经理汇报。

(4) 病假需出示病假证明书。

(5) 施工人员事假要向工程项目经理申请，填写请假条，项目经理根据实际情况给予批示。项目经理事假，一天以内由部门经理批准，两天以内由分管副总批准，三天以上由总经理批准，获准假后方可休息，并送办公室备案。

(6) 因工程进度需要加班时，所有工作人员必须服从。由项目经理根据现场工作情况进行安排，工作完成后项目经理可向公司打报告申请奖金。如因自身原因不能按时完成自身工作任务，需要加班的，不计奖金或报酬，情况严重者给予处罚。

(7) 施工人员无故旷工三次或连续三天者予以除名。

2.施工现场例会制度

(1) 自工程开工之日起至竣工之日止，施工现场坚持每周或半周举行一次碰头会，时间由项目经理确定，项目经理及施工队长必须参加公司固定召开的例会。

(2) 施工中发现的问题必须及时提交公司工程例会讨论，讨论结果报部门经理及分管副总批准。例会中做出的决定必须坚决执行。

(3) 施工过程中遇到需协调的问题可提交现场例会解决。现场例会解决不了的需在公司例会中提出并解决，例会中应及时传达有关作业要求及最新工程动态。

3. 施工现场档案管理制度

(1) 工程项目经理应严格执行档案管理要求，做好资料档案工作。

(2) 做好施工现场每周例会记录，临时现场会议记录。

(3) 现场工作人员登记造册，并填写施工日志。施工班组人员身份证复印件需要整理归档。

(4) 工程中要对工程量签证单、工程任务书、设计变更单、施工图纸、工程自检资料等进行整理并定期交公司工程行政人员进行归档。

(5) 工程中其他文件、资料、文书往来，整理后定期交公司工程行政人员进行归档。

4. 施工现场仓库管理制度

(1) 材料入库必须经项目经理验收签字，不合格材料决不入库，材料保管员必须及时办理退货手续。

(2) 保管员对任何材料都必须清点，清点后方可入库，并登记进账及填写材料入库单。

(3) 材料账册必须有日期、入库数、出库数、领用人、存放地点等栏目。

(4) 仓库内材料应分类存入，堆放整齐、有序、并做好标识管理，并留有足够的通道，便于搬运。

(5) 油漆、酒精、农药等易燃易爆有毒物品存入危险品仓库，需配备足够的消防器材，且不得使用明火。

(6) 大宗材料、设备不能入库的，要清点数量，做好遮盖工作，防止雨淋日晒，避免造成损失。

(7) 仓库存放的材料必须做好防火、防潮工作。仓库重地严禁闲杂人员入内。

(8) 材料出库必须填写领料单，由项目经理签字批准，且需领料人签名。

5. 施工现场文明施工管理制度

(1) 施工作业时不准抽烟，工作时间内严禁喝酒，否则给予 500 元/次的罚款。

(2) 施工现场大小便必须到临时厕所。

(3) 材料构件等物品分类码放整齐。

(4) 施工中产生的垃圾必须整理成堆，及时清运，做到工完料清。

(5) 现场施工人员的着装必须保持整洁。不得穿拖鞋、不得光着上身上班。

(6) 现场宿舍必须保持整洁，轮流打扫卫生，生活垃圾、生产废物应及时清除。

(7) 团结同事，关心他人，严禁打架斗殴，拉帮结伙，恶语伤人，出工不出力。

6. 施工现场安全生产管理制度

(1) 新工人入场，需要接受"安全生产三级教育"。进入施工现场人员应佩戴好安全帽，要正确使用个人劳保用品，如安全带等。

(2) 现场施工人员必须正确使用相关机具设备，上岗前必须检查好一切安全设施是否安全可靠。

(3) 特殊工种要持证上岗，特殊作业必须佩戴相应的劳动安全保护用品。

(4) 使用砂轮机、磨光机时，先检查砂轮有无裂纹、是否有危险。切割材料时用力均匀，被切割件要夹牢。

(5) 高空作业时，要系好安全带。严禁在高空中没有扶手的攀沿物上随意走动。

(6) 小型及电动工具应由专职人员操作和使用，注意用电安全。

(7) 施工人员必须遵守安全施工规章制度。

(8) 严禁违章指挥和违章操作。

7. 施工现场临时用电管理制度

(1) 工地所有临时用电必须由专业电工(持证上岗)负责，其他人员禁止接驳电源。

(2) 施工现场每个层面必须配备具有安全性的各式配电箱。

(3) 临时用电，执行三相五线制和三级漏电保护，由专职电工进行检查和维护。

(4) 所有临时线路必须使用护套线或海底线。必须架设牢固，一般要架空，不得绑在管道或金属物上。

(5) 严禁用花线、铜芯线乱拉乱接，违者将被严厉处罚。

(6) 所有插头及插座应保持完好，电气开关不能一项多用。

(7) 所有施工机械和电气设备不得带病运转和超负荷使用。

(8) 施工机械和电气设备及施工用的金属平台必须要有可靠接地。

(9) 接驳电源应先切断电源。若带电作业，必须采取防护措施，并有三级以上电工在场监护才能工作。

8. 施工现场成本管理制度

1) 实行成本控制与绩效考核挂钩

项目经理明确自己在工程施工过程中遇到不同情况时所应承担的责任。在明确责任的同时要确定责任成本(责任成本是指按照责任者的可控程度所归集的应由责任者负责的成本)。在责任成本范围内如果出现成本人为超耗，视具体情况按百分比扣除项目经理提成或奖金；如果成本损耗低于成本预测计划，即工程成本降低了则按百分比一次性奖励项目经理。

成本控制目标需层层分解，层层签订责任书，并与经济利益挂钩，以强化全员经济意识。同时可将责任书上墙，时刻提醒工程部的成员。

2) 强抓材料管理和使用

(1) 做好材料采购前的基础工作。

工程开工前，项目经理、施工队长必须反复认真地对工程设计图纸进行熟悉和分析，根据工程测定材料实际数量，提出材料申请计划，申请计划应做到准确无误。

(2) 各分项工程都要控制住材料的使用。特别是线材等应严格按定额供应，实行限额领料。

(3) 在材料领取、入库出库、投料、用料、补料、退料和废料回收等环节上尤其要引起重视，严格管理。

(4) 对于材料操作消耗特别大的工序，由项目经理直接负责。具体施工过程中可以按照不同的施工工序，将整个施工过程划分为几个阶段，在工序开始前由施工员分配大型材料使用数量，工序施工过程中如发现材料数量不够，由施工员报请项目经理领料，并说明材料使用数量不够的原因。每一阶段工程完工后，由施工人员清点、汇报材料使用和剩余情况，材料消耗或超耗应分析原因并与奖惩挂钩。

(5) 对部分材料实行包干使用、节约有奖、超耗则罚的制度。

(6) 及时发现和解决材料使用不节约、出入库不计量，生产中超额用料和废品率高等问题。

(7) 实行特殊材料以旧换新，领取新料由材料使用人或负责人提交领料原因。材料报废须及时提交报废原因，以便有据可循，作为以后奖惩的依据。

9. 施工现场质量管理制度

(1) 项目经理必须对施工员及施工班组进行每一道工序的技术质量交底。

(2) 施工员必须牢固掌握工程的工艺流程及施工技术质量要求。

(3) 认真做好工程前期准备工作，编制切实可行的施工组织设计。针对不同的工程特点，制定相应的施工方案，并组织进行技术革新，从而保证施工技术的可行性及先进性。

(4) 施工技术的准备。

在熟悉施工图纸的基础上，对图纸中的问题进行汇总，结合本工程的施工特点，提出具体的修正方案，报甲方及设计单位共同探讨，以达成一致，使得问题能够在进场施工前得到最大限度的解决。

(5) 对原材料进行严格的验收，不合格的原材料坚决不用。

(6) 保证技术工人的相对稳定。对技术特别过硬的技术工人实行奖励，同时淘汰技术不合格的施工人员。

(7) 施工工艺是决定工程质量好坏的关键，有好的工艺，能使操作人员在施工过程中达到事半功倍的效果。为了保证工艺的先进性及合理性，对于不太成熟的工艺应安排专人进行试验，将成熟的工艺编制成作业指导书，并下发各施工员。施工员在现场指导生产时应以此为依据对工人进行书面交底，并由班组长签字接收。工艺交底包括工具及材料准备、施工技术要点、质量要求及检查方法、常见问题及预防措施。在施工时应先交底后施工，严格执行工艺要求。

(8) 加强专项检查、及时解决问题。

① 开展自检、互检活动，培养操作人员的质量意识。

各工序完成后由班组长组织本班组人员，对本工序进行自检、互检，自检依据及方法需严格执行技术交底，在自检中发现的问题由班组自行处理并填写自检记录，班组自检记录应填写完善，自检出的问题已确实修正后方可由施工员进行验收。

② 专职检查、分清责任。

在施工人员自检基础上，项目经理要对工程施工的各道工序进行检查，从严要求，对不合格的要立即处理，在检查时必须分清产生不合格的原因，是由于工人操作引起，还是由于施工材料或施工方法引起的不合格。查清原因后，对于反复发生的问题要制定整改措施及相应的预防措施，防止同类问题再次发生。对于工人操作引起的不合格，要视情况严重程度对工人采取处罚措施，并及时向操作人员讲明处罚的理由。

③ 定期抽查，总结提高。

定期对各项目的工程质量情况进行检查，对发现的问题集中分类，定期召开质量分析会，组织施工管理人员对各类问题分析总结，针对特别项目制定纠正预防措施，并贯彻实施。使各施工管理人员在不断解决问题的过程中，提高水平。

④ 做好内部验收。

工程完工后，在交付业主使用前，由公司工程部及现场项目经理部对工程进行全面的验收检查，对于发现的问题，应书面通知项目经理及时整改，如有必要则进行二次内验。只有在内部验收通过后，工程才能交付甲方进行验收，从而保证一次性验收合格。

3.2.3 工程收尾工作

1. 收尾阶段的主要施工内容

项目收尾阶段，由于项目大面施工已经基本完成，大量劳动力已撤场，剩余的工作主要为两个方面：

1) 尚未完工工作

一般情况下，地下室、屋面、小单体、管井等部位施工在大面积施工过程中，容易被忽视，进入收尾阶段后，往往这些部位的施工是制约顺利收尾交房的重要影响因素。

2) 施工质量缺陷的维修工作

进入收尾阶段，整体工程系统调试，往往出现很多大面施工过程中遗留的质量缺陷，这些质量缺陷，会影响工程正常使用和整体施工效果，同时这些质量缺陷的整改工作，影响面大、牵扯专业多、施工较为困难，是收尾交房阶段的重点工作。

2. 收尾阶段的施工特点

1) 收尾阶段施工点多面

项目进入收尾阶段后，大面积施工已经结束，工程整体已基本成型，项目在收尾阶段尚需大面施工的部位很少，一般出现在地下室、屋面、小单体、管井、地下构筑物等部位，大多数施工属于只存在于施工点的维修施工，例如卫生间漏水、管道渗水、墙面裂缝、地砖破损、墙面不平整等，而且数量众多。

2) 收尾阶段施工难度大

往往收尾阶段的施工都具有空间或者时间上的局限性，与正常大面施工相比难度相对较大。一般情况下，收尾阶段中尚未进行施工的部位，都存在一定的特殊性。例如很多项目的地下室粗装修，在正常施工阶段由于机电安装单位长期占据施工作业面、土建自身认为土建施工内容少、地下室长期渗水返潮等因素影响，常留至收尾阶段施工，但至收尾阶段往往由于关门节点已经制定，工期紧、施工量大，因此需要付出昂贵的施工代价。

3) 收尾阶段交叉作业多

收尾阶段，土建施工、安装施工、装修施工、电梯施工等各专业施工均进入尾声，各系统、各专业同时进行调试、维修、完善，各系统、各专业在同一空间、同一段时间内同时施工、频繁交叉，相互影响、相互制约，甚至相互破坏，对施工组织的合理性提出了更高要求。

4) 收尾阶段成品破坏严重、成品保护难度大

收尾阶段各专业相互交叉施工，特别是漏水处理、管道维修、线路维修、管井吊洞等施工，对已经完成的装修、安装等工程造成较大的破坏，每施工一处，如果各专业配合不到位、工人对后续施工不清楚、成品保护意识淡薄，均有可能造成已施工成品受到破坏、

工程收尾工作
内容.mp4

收尾.avi

工程收尾工作的
特点.mp4

污染，而且很有可能要花费更长的时间、更大的代价去处理这些成品被破坏的部位。

5) 任务重，时间紧

一般情况下，收尾阶段业主会制定一系列短期节点、关门节点，同时这些节点不具备工期安排合理性的特点，甚至有些节点的制定往往忽略工序正常插入所需时间。为了在短时间内取得高效施工，众多部位需要进行设计方案优化、施工做法优化、材料做法优化等工作。

6) 劳动力组织难度大

收尾工作点多面广，而且时间紧迫，但由于各专业大面积施工已经结束，多数劳动力撤场，留守的工人往往施工手艺较差。要在短时间内完成众作业点上的施工，所需劳动力缺口较大。此外众多维修工作具有随发现随处理的特点，劳务需求具有时间特性，对劳动力组织提出更高难度。例如卫生间防渗水处理，需要发现一处、处理一处，劳务组织到位后，一天之内只需处理一处，所用时间不多，但每天都有可能有新的渗点。

7) 材料组织的紧迫性较强

由于收尾阶段交叉作业多、成品保护难度大、施工时间紧、维修问题的发现具有时间性等特点，随时都有材料进场需求，但需求量一般较少，而且材料需求的紧迫性较强，材料进场没有系统性，给材料进场组织带来较大难度。

3. 项目收尾阶段技术管理重点

针对收尾阶段的施工特点，结合收尾阶段的主要施工内容，项目收尾阶段的技术管理重点应围绕以下工作展开。

1) 详细排查，制定收尾销项计划

销项计划的制定，是收尾工作的"本"，只有抓好销项计划这项工作，才能将收尾工作推至有序、高效的道路上，做到"本立而道生"。销项计划的制定之前必须进行详细的现场排查，排查工作最好由主要领导带头、项目全员参与、主要劳务负责人要全程参与。排查工作应覆盖整个工程，并根据工程性质，暂列排查重点区域，如卫生间、管井、机房等。特别是施工范围内的边边角角要作为排查的重点(这些区域往往容易忽视，施工至后期尚有大量施工未完成)。

排查工作完成后，技术部应将排查的结果，分区域、分部位排列出，形成销项计划总目录。然后针对每一部位的施工，确定施工方案制定时间、梳理各工序流程与插入时间、过程损坏成品恢复时间等，并采用横道图的形式，排定销项计划。销项计划中最好明确责任人、责任单位、责任队伍等。

2) 优化方案

根据实际情况，沟通协调，设计优化方案，提高施工效率。一般情况下，出现下列情况，需要优化施工方案、甚至设计方案。

(1) 已施工完成部位，在收尾试用阶段，发现不能满足使用功能或者使用寿命要求，需要重新设计，进行方案优化。如某工程卫生间采用一般木制门套，但由于设计存在缺陷，该卫生间地漏距离门套较近，门套根部经常浸泡于卫生间积水中，门套极易损坏。后经与设计、业主沟通，门套根部更换为石材踢脚线。

(2) 局部未施工部位，按照设计图纸施工，不能满足工期节点要求。如原设计某部位防水材料为聚氨酯,但聚氨酯施工所用时间较长(一般需要涂刷2~3次,聚氨酯干燥时间也较长),对后续施工的影响较大,不能满足该部位整体施工工期要求,为此,需要通过与设计、业主、监理等各部门沟通,将聚氨酯更改为更加快捷的聚乙烯丙纶布防水卷材、水泥基渗透结晶型防水涂料等材料,以节约防水施工时间,确保后续施工尽早插入。

(3) 施工缺陷部位,处理难度较大,需要优化设计方案。如某工程餐厅的洗碗池,原设计为混凝土结构,采用瓷砖饰面。但由于混凝土结构存在一定的质量缺陷,瓷砖面完成后发现洗碗池大量渗水。如将洗碗池瓷砖面铲除,并维修完成混凝土结构后,再重新施工,所需时间较长,不能满足工期要求。后经与业主、设计等单位沟通,在原瓷砖面层上加设不锈钢槽,以节约缺陷维修整改时间。

(4) 施工作业存在空间上的局限性,短时间内无法保证完成施工时,需要考虑优化设计方案。如某工程地下室顶部管道较多,且地下室层高较大,管道上部空间内的乳胶漆施工无法进行。后经协商,地下室管道上部空间内喷涂黑色油漆,以满足管道上部空间内的整洁性。

3) 有针对性地制定剩余工程施工方案或者缺陷整改方案

(1) 施工作业较为危险时,必须制定针对性的施工方案,如高空保洁、外窗维修、外墙维修、线条修补等。

(2) 施工作业存在空间上的局限性或者处理难度较大时,需要制定针对性的施工方案,如管井吊洞、高大幕墙的防火封堵、地下室外墙渗水、地下管沟漏水、地面下沉等。

(3) 缺陷整改可能造成其他破坏时,需要制定整改方案,如金属屋面漏水处理、外窗渗水处理、屋面排气不畅等缺陷整改。

(4) 剩余施工与缺陷整改牵扯面积较大或者可能造成较坏影响时,需要制定专项方案,如室内地面下沉、砌体沉降裂缝、外墙质量缺陷修补等。

(5) 已投入施工区域内的缺陷整改,需要制定专项整改方案。

(6) 缺陷整改可能影响整体外观形象时,宜制定针对性的整改方案,如墙面裂缝、外墙线条不顺直等。

4) 确定维修施工标准

收尾阶段的维修工作工期紧、任务重,有时维修工作为了抢时间,没有制定相应的标准,从而造成质量把控不严、影响整体外观质量的情况发生。为此当进行大面积施工之前应当先制定标准、根据标准施工样板。

5) 合理安排各项验收工作,做好竣工验收资料准备工作

进入最后收尾阶段,往往是各项专业验收工作相对集中的阶段,要及时与业主、监理等单位进行沟通,及时穿插安排各项验收工作。此外收尾阶段的一项重要技术工作就是竣工验收的资料准备工作。

6) 收集工期等方面的有利证据

进入最后收尾阶段,业主通常会出现空前的工期紧迫感,极易压缩工期,采取非常规手段,但由于现场工序交叉多、相互影响,技术部应牵头做好工期等方面有力证据的收集工作。

7) 确保设计变更单发放到人,检查变更设计落实到位

工程进入收尾阶段时该工程也同时进入试用阶段,在此期间往往会成批发现使用功能、

外观效果等方面的设计缺陷，设计变更会集中涌现。因此设计变更单要及时进行处理，发放到人、落实到位。

4. 收尾阶段的现场施工组织

1) 根据销项计划落实所需劳动力与材料

通过地毯式的排查，制定出的销项计划，是收尾阶段施工的主要依据，现场施工组织应根据销项计划制定相应的部署工作。销项计划完成后，要对照销项计划制定相应的劳动力和材料需求计划，找出劳动力与材料的缺口，并制定相应的补充方案。

2) 销项计划的落实

现场施工应根据销项计划逐步有序展开，每日召开碰头会，对照销项计划逐一落实现场施工情况，查找计划与实际差距，确定解决方案。

3) 坚持每日排查

坚持每日排查的目的在于查找新的问题、抽查落实情况、检查整改质量。

5. 收尾阶段常见的剩余施工

1) 管道井

管道井主要遗留的工作有：抹灰未完成，墙面挂白未施工，管道吊洞未施工，楼板混凝土未浇筑、防火封堵未完成等内容。

管道井内的孔洞预留工作在主体施工阶段应进行详细策划，已确定位置后留设套管，不宜将整个楼板留至后期浇筑，尽量减少吊洞施工。管道井在砌体施工过程中一定要做到随砌随抹，若后期抹灰则难度较大。管道安装之前应尽量完成墙面挂白施工，特别是管道较多的管井内工序穿插要提前策划。

2) 配电间、机房等功能性房间

配电间、机房等功能性房间在土建施工完成后，会移交至安装单位施工，但由于安装单位施工进度问题、外网接入时间、综合调试等因素，致使功能性房间内顶、墙、地饰面施工进度滞后。同时这些房间内工序穿插作业，造成施工成品的破坏较多。因此关于功能性房间的施工要提前进行施工流水、主要施工段的策划工作。

3) 地下室

地下室是机电安装工程管道密集布设的区域，同时地下室材料进场困难、施工作业环境差也对地下室施工进度造成一定影响，因此后期收尾阶段，地下室内常常留有大量剩余施工。对地下室施工的建议详见右侧二维码。

扩展资源 3.pdf

4) 屋面

屋面工程整体留至后期施工的项目主要是外墙施工吊篮支设在屋面，外墙施工占据屋面施工时间。考虑到屋面工程相比较外墙施工的工序较多、功能较为复杂，因此还是建议完成屋面施工后再进行外墙施工，但屋面支设吊篮时要注意制定好成品保护措施。但这种情况还是比较少见，通常屋面工程遗留至后期施工的内容主要是大量的修补工作。

5) 室外管网与室外工程

往往室外管网与室外工程为业主直接分包工程，其施工滞后具有一定的特殊性，但也存在因场地移交等情况影响外网与室外工程的问题。

6. 简述收尾阶段土建与安装的配合事宜

对于常见收尾阶段的剩余工作，土建与安装要提前进行协商，制定合理的工序穿插作业时间，并相互进行交底，使双方施工人员清楚各自的施工工艺。对于收尾阶段的维修工作，如卫生间、管道等部位的渗漏问题，土建安装双方应相互理解、相互依存，针对双方的施工流程、施工工艺制定维修计划，明确各自维修内容、时间等。

7. 收尾阶段的总包管理

随着总承包管理模式日益普及，业主、监理越来越依靠总包单位进行管理，特别是后期收尾阶段，业主越来越直接地把专业分包的工作推至总包单位，因此收尾阶段的总包管理工作越来越重要。

1) 拉近总包与专业分包的距离

总包管理人员要清楚认识到：不管是业主直接分包还是业主指定分包，都是应该总管理体系下设的部门，在收尾阶段不能把彼此分得太清。在收尾阶段的排查工作、销项计划制定的过程中要把分包单位纳入进来。

2) 定期召开总包协调会议

通过总包协调会议，理清各专业施工作业流程、明确现场问题各专业的责任、解决各专业施工相互影响的问题，落实收尾销项计划。

3) 通过业主、监理单位，明确总包权利

在收尾阶段，各专业相互交叉、相互影响、甚至相互破坏，因此必须取得业主、监理单位对总包的支持，总包应该有做决策的权利和处罚的权利。

4) 总包应时刻关注分包各项验收、资料整理的工作

收尾阶段各专业的验收工作接踵而至，同时还面临竣工验收和竣工资料移交的问题，因此总包应时时关注分包单位验收工作以及资料整理进展工作。总包单位应该在业主与监理的支持下，建立资料整理、移交管理体系，由总包资料员统一指挥、协调各专业分包的资料员。建议有条件的项目尽量将分包单位的资料员集中，统一进行资料整理工作。

8. 收尾阶段的验收工作

1) 竣工验收前需要完成的检测内容

主要有：节能检测、防雷检测、声学测试、室内环境检测、电梯检测、综合布线检测、幕墙气密性与水密性检测等。

2) 竣工验收之前需要完成的验收

主要有：各分部工程验收、消防验收、节能验收、电梯验收、人防验收、住宅分户验收、设备安装验收、室外工程、竣工预验收等。

3) 竣工验收前需要准备的资料

竣工验收必须达到的条件有：①完成工程设计和合同约定的各项内容；②《建筑工程竣工验收报告》；③《工程质量评估报告》；④勘察单位和设计单位质量检查报告；⑤有完整的技术档案和施工管理资料；⑥有工程使用的主要建筑材料、建筑构配件和设备的进场试验报告；⑦有施工单位签署的工程质量保修书；⑧有规划部门出具的规划验收合格证；

⑨有公安消防出具的消防验收意见书；⑩有环保部门出具的环保验收合格证；⑪有监督站出具的电梯验收准用证；⑫有燃气工程验收证明；⑬监督站等相关单位责令整改的问题已全部整改完成；⑭有单位工程施工安全评价书。

4) 竣工验收的程序(常规的标准程序)

(1) 工程完工后，施工单位向建设单位提交工程竣工报告，申请工程竣工验收。实行监理的工程，工程竣工报告须经总监理工程师签署意见。

(2) 建设单位收到工程竣工报告后，对符合竣工验收要求的工程，组织勘察、设计、施工、监理等单位和其他有关方面的专家组成验收组，制定验收方案。

(3) 建设单位应当在工程竣工验收 7 个工作日前将验收的时间、地点及验收组名单书面通知负责监督该工程的工程质量监督机构。

(4) 建设单位组织工程竣工验收。

① 建设、勘察、设计、施工、监理单位分别汇报工程合同履约情况和在工程建设各个环节执行法律、法规和工程建设强制性标准的情况；

② 审阅建设、勘察、设计、施工、监理单位的工程档案资料；

③ 实地查验工程质量；

④ 对工程勘察、设计、施工、设备安装质量和各管理环节等方面做出全面评价，完成经验收组人员签署的工程竣工验收意见。

3.3　案 例 分 析

【背景】

某工程项目，建设单位与施工总承包单位按《建筑工程施工合同》(示范文本)签订了施工承包合同，并委托某监理公司承担施工阶段的监理任务。施工总承包单位将桩基工程分包给一家专业施工单位。

开工前：

(1) 总监理工程师组织监理人员熟悉设计文件时，发现部分图纸设计不当，即通过计算修改了该部分图纸，并直接签发给施工总承包单位；

(2) 在工程定位放线期间，总监理工程师又指派测量监理员复核施工总承包单位报送的原始基准点、基准线和测量控制点；

(3) 总监理工程师审查了分包单位直接报送的资格报审表等相关资料；

(4) 在合同约定的开工日期的前 5 天，施工总承包单位书面提交了延期 10 天开工的申请，总监理工程师不予批准。

钢筋混凝土施工过程中监理人员发现：

(1) 按合同约定由建设单位负责采购的一批钢筋，供货方虽提供了质量合格证，但在使用前的抽检试验中，材料检验结果不合格；

(2) 在钢筋绑扎完毕后，施工总承包单位未通知监理人员检查就准备浇筑混凝土；

(3) 该部位施工完毕后，混凝土浇筑时留置的混凝土试块，经检验，试块没有达到设计要求的强度。

竣工验收时：

总承包单位完成了自查、自评工作，填写了工程竣工报验单，并将全部竣工资料报送项目监理机构，申请竣工验收。总监理工程师认为总承包单位在施工过程中均按要求进行了验收，即签署了竣工报验单，并向建设单位提交了质量评估报告。建设单位收到监理单位提交的质量评估报告后，即将该工程正式投入使用。

【问题】

(1) 对总监理工程师在开工前所处理的几项工作是否妥当进行评价，并说明理由。如果有不妥当之处写出正确做法。

(2) 对施工过程中出现的问题，监理人员分别应如何处理？

(3) 请指出在工程竣工验收时，总监理工程师在执行验收程序方面的不妥之处，并写出正确做法。

(4) 建设单位收到监理单位提交的质量评估报告后，即将该工程正式投入使用的做法是否正确？说明理由。

【答案】

(1) 开工前工作妥当与否的评价为：

① 总监理工程师修改该部分图纸及签发给施工总承包单位不妥。理由是总监理工程师无权修改图纸。对图纸中存在的问题应通过建设单位向设计单位提出书面意见和建议。

② 测量复核不属于测量监理员的工作职责，故总监理工程师指派测量监理员进行复核不妥。

③ 总监理工程师审查分包单位直接报送的资格报审表等相关资料不妥。理由是总监理工程师应对施工总承包单位报送的分包单位资质情况进行审查、签认。

④总监理工程师不批准总承包单位的延期开工申请是正确的。理由是施工总承包单位应在开工前 7 日提出延期开工申请。

(2) 施工过程中出现的问题，监理人员应按以下方式处理：

① 指令承包单位停止使用该批钢筋。如该批钢筋可降级使用，应与建设、设计、总承包单位共同确定处理方案；如不能用于工程则指令退场。

② 指令施工单位不得进行混凝土的浇筑，监理人员应要求施工单位报验，收到施工单位报验单后按验收标准检查验收。

③ 指令停止相关部位继续施工。并请具有资质的法定检测单位进行该部分混凝土结构的检测。如能达到设计要求，予以验收，否则要求返修或加固处理。

(3) 总监理工程师在执行验收程序方面的不妥之处为：未组织竣工初验收(初验)。正确做法是收到承包商竣工申请后，总监理工程师应组织专业监理工程师对竣工资料及各专业工程质量情况进行全面检查，对检查出的问题，应督促承包单位及时整改。对竣工资料和工程实体验收合格后，应签署工程竣工报验单，并向建设单位提交质量评估报告。

(4) 建设单位在收到工程竣工验收报告后，应组织设计、施工、监理等单位进行工程验收，验收合格后方可使用。故建设单位收到监理单位提交的质量评估报告，即将该工程正式投入使用的做法不正确。

本 章 小 结

通过对本章节的学习，学生可以了解什么是建设项目施工管理，知道施工现场管理的内容和特点。通过对现场施工准备工作的学习，可以把相关知识运用到实际工作中，完成施工准备工作；通过对施工中的各种要求的学习可以熟知各种环节的控制要求，做到心中有数；通过对收尾工作相关内容的了解，可以帮助学生更好地把握竣工环节和相关资料的工作内容和要求。

实 训 练 习

一、单选题

1. 施工现场准备工作由两个方面组成，一是由( )应完成的；二是由施工单位应完成的施工现场准备工作。

    A. 行政主管部门　　B. 设计单位　　　　C. 建设单位　　　　D. 监理单位

2. 现场搭设的临时设施，应按照( )要求进行搭设。

    A. 建筑施工图　　　　　　　　　　　B. 结构施工图

    C. 施工总平面图　　　　　　　　　　D. 施工平面布置图

3. 根据《标准施工招标文件》，现场地质勘探资料、水文气象资料的准确性应由( )负责。

    A. 地质勘察单位　　B. 发包人　　　　　C. 承包人　　　　　D. 监理人

4. 下列关于施工方项目管理目标和任务的表述中，正确的是( )。

    A. 施工方项目管理的目标主要包括建设项目施工的工期、质量、成本目标

    B. 施工方项目管理的目标包括项目的投资目标和进度、质量目标

    C. 施工方项目管理主要服务于本身的利益

    D. 施工总承包方一般不承担具体的施工任务

5. 下列建筑工程承包模式中，除( )以外都属于施工方项目管理范畴。

    A. 施工总承包　　　　　　　　　　　B. 设计、施工综合承包

    C. 施工总承包管理　　　　　　　　　D. 施工分包

二、多选题

1. 下列关于建筑工程业主方项目管理的目标和任务的表述，正确的有( )。

    A. 进度目标指的是项目动用的时间目标

    B. 费用目标指的是总投资目标

    C. 质量目标指的是施工质量目标

    D. 策划是指项目目标控制前一系列筹划和准备工作

    E. 项目实施阶段包括可行性研究、设计、施工阶段以及动用前准备阶段和保修期

2. 建筑工程设计单位项目管理的目标应包括(　　)。

   A. 设计的成本目标　　　　　　　　　B. 设计的进度目标

   C. 设计的质量目标　　　　　　　　　D. 设计的出图方式

   E. 项目的投资目标

3. 下列关于业主方项目管理中的质量目标的说法，正确的有(　　)。

   A. 质量目标不涉及影响项目运行或运营的环境质量

   B. 满足施工的质量要求就完全实现了项目的质量目标

   C. 质量目标需要满足工期短、质量高、投资最少的要求

   D. 质量目标要满足相应的技术规范和技术标准的规定

   E. 质量目标包括对设计、施工、材料、设备及环境质量的要求

4. 下列选项中，属于施工总承包方管理任务的有(　　)。

   A. 负责整个工程的施工安全　　　　　B. 控制施工的成本

   C. 为分包施工单位提供和创造必要的施工条件

   D. 负责整个工程的投资控制　　　　　E. 负责施工资源的供应组织

5. 下列关于施工总承包管理方的说法，正确的有(　　)。

   A. 施工总承包管理方主要进行施工的总体管理和协调

   B. 一般情况下，施工总承包管理方与分包方和供货方直接签订施工、采购合同

   C. 业主方可能会要求施工总承包管理方负责整个施工的招标发包工作

   D. 施工总承包管理方承担对分包方的组织和管理责任

   E. 由业主方选定的分包方无须施工总承包管理方的认可

三、简答题

1. 施工现场管理的程序有哪些？

2. 施工前的准备有几方面？都包括哪些？

3. 施工过程中对施工人员的要求有什么？

第 3 章　课后答案.pdf

实训工作单一

班级		姓名		日期	
教学项目		建筑工程施工准备及管理			
任务	学习建筑工程施工准备及管理概念和内容		学习资源	课本、课外资料、现场讲解、教师讲解	
学习目标			明白施工前准备的重要性，知晓施工项目现场管理的内容		
其他内容					
学习记录					
评语				指导老师	

实训工作单二

班级		姓名		日期	
教学项目			建筑工程施工准备及管理		
任务	学习建筑工程施工的过程要求和竣工工作		学习资源	课本、课外资料、现场讲解、教师讲解	
学习目标			明白施工过程中各种管理制度，收尾工作量过大应该怎么处理		
其他内容					
学习记录					
评语				指导老师	

第 4 章　建筑工程项目流水施工

04

第 4 章　建筑工程项目
流水施工教案.pdf

【学习目标】

- 了解流水施工的概念
- 熟悉流水施工的几种参数
- 掌握并且会计算不同的流水施工的类型和工期

第 4 章　建筑工程项目
流水施工.pptx

【教学要求】

本章要点	掌握层次	相关知识点
流水施工的概念	1. 了解流水施工的概念 2. 掌握流水施工的特点	流水施工
流水施工的参数	1. 了解流水施工工艺参数 2. 掌握流水节拍的计算 3. 了解流水施工空间参数	流水施工参数计算
流水施工的类型及计算	掌握流水施工的类型及计算	流水施工的类型及计算

【项目案例导入】

　　某供热管网安装工程，施工过程为管沟开挖、管道焊接和回填土方。其中 A 段沟槽开挖工程量为 1852m³，土质为二类土，平均深 1.5m。计划由 27 人组队施工，管道安装工程量为 1026m，计划由 17 人组成管道作业队。

【项目问题导入】

　　结合本章内容计算作业天数的流水节拍。

4.1 流水施工的概念

4.1.1 流水施工的概念

　　建筑工程的施工是由许多个施工过程组成的，流水施工是指所有的施工过程按一定的时间间隔依次投入施工，各个施工过程陆续开工，陆续竣工，使同一施工过程的专业队伍保持连续、均衡施工，相邻两专业队伍能最大限度地搭接施工。

流水施工的概念.mp4

　　工业生产的经验表明，流水施工作业是组织生产的最高形式。在建筑安装施工中，由于建筑产品固定性和施工流动性的特点，应用流水施工作业的方法组织施工，和一般的工业生产相比，具有不同的特点和要求。

流水作业.avi

　　流水施工参数是影响流水施工组织节奏和效果的重要因素，是用来表达流水施工在工艺流程、空间布局及时间安排方面开展状态的参数。在施工组织设计中，一般把流水施工参数分为三类，即工艺参数、空间参数和时间参数。

4.1.2 流水施工的特点

　　流水施工具有以下特点：

　　(1) 科学地利用了工作面，争取了时间，总工期趋于合理；

　　(2) 工作队及其工人实现了专业化生产，有利于改进操作技术，可以保证工程质量和提高劳动生产率；

　　(3) 工作队及其工人能够连续作业，相邻两个专业工作队之间，可实现合理搭接；

　　(4) 每天投入的资源量较为均衡，有利于资源供应的组织工作；

　　(5) 为现场文明施工和科学管理创造了有利条件。

　　上述效果都是在不需要增加任何费用的前提下取得的，可见，流水施工是实现施工管理科学化的重要组成内容，是与建筑设计标准化、施工机械化等现代施工内容紧密联系、相互促进的，是实现企业进步的重要手段。

流水施工的特点.mp4

4.2　流水施工的参数

4.2.1　工艺参数

工艺参数介绍.mp4

工艺参数是指参与流水施工的施工过程数目，一般用"n"表示。任何一个建筑工程都由若干施工过程组成。每一个施工过程的完成，都必须消耗一定量的劳动力、建筑材料，且需与建筑设备、机具相配合，并且需消耗一定的时间和占有一定范围的工作面。因此工艺参数是流水施工中最主要的参数，施工过程划分的数目多少、粗细程度一般与下列因素有关。

1. 施工计划的性质和作用

对长期计划、建筑群体、规模大、结构复杂和工期长的工程施工控制性进度计划，其施工过程划分可粗些，综合性可大些，对中小型单位工程及工期不长的工程施工实施性计划，其施工过程划分可细些、具体些，一般划分至分项工程；对月度作业性计划，有些施工过程还可分解工序，如安装模板、绑扎钢筋、浇筑混凝土等。

2. 施工方案及工程结构

厂房的柱基础与设备基础挖土，如同时施工，可合并为一个施工过程；如先后施工，可分为两个施工过程，承重墙与非承重墙的砌筑也是如此。砖混结构、大墙板结构、装配式框架与现浇钢筋混凝土框架等不同的结构体系，其施工过程划分及其内容也各不相同。

3. 劳动组织及劳动量大小

施工过程的划分与施工班组及施工习惯有关。如安装玻璃、油漆施工可合也可分，因为有混合班组，也有单一工种的班组。施工过程的划分还与劳动量大小有关。劳动量小的施工内容，当组织流水施工上有困难时，可与其他施工过程合并。如垫层劳动量较小时可与挖土合并为一个施工过程，这样可以使各个施工过程的劳动量大致相等，便于组织流水施工。

4. 作业内容和范围

施工过程的划分与其作业内容和范围有关。如直接在施工现场与工程对象进行的作业内容，可以划入流水施工过程，而场外作业内容(如预制加工、材料与商品混凝土运输等)可以不划入流水施工过程。

施工过程是对某项工作由开始到结束的整个过程的泛称，其内容有繁有简，应以结构特点、施工计划的性质、施工方案的确定、劳动组织和作业内容为依据，以能指导施工为原则。

4.2.2 时间参数

在组织流水施工时,用以表达流水施工在时间安排上所处状态的参数,称为时间参数。时间参数一般有流水节拍、流水步距、间歇时间、搭接时间和工期等。

时间参数概念.mp4

1. 流水节拍

流水节拍是指在组织流水施工时,各个专业班组在每个施工段上完成施工任务所需要的持续工作时间,一般用 t 表示。

1) 流水节拍的确定

流水节拍.mp4

流水节拍数值的大小与项目施工时所采取的施工方案,每个施工段上发生的工程量,各个施工段投入的劳动人数或施工机械的数量及工作班数有关,决定着施工的速度和施工的节奏。因此,能够合理确定流水节拍,对组织流水施工具有重要意义。流水节拍的确定方法一般有:定额计算法、经验估算法和工期计算法。

一般流水节拍可按下式确定:

$$t_i = \frac{Q_i}{S_i R_i Z_i} = \frac{P_i}{R_i Z_i} \qquad t_i = \frac{Q_i H_i}{R_i Z_i} \qquad (4-1)$$

$$t_i = \frac{Q_i}{S_i R_i b_i m} = \frac{P_i}{R_i b_i m}$$

或

$$t_i = \frac{Q_i H_i}{R_i b_i m} = \frac{P_i}{R_i b_i m}$$

式中: t_i ——某专业班组在第 i 施工段上的流水节拍;

P_i ——某专业班组在第 i 施工段上需要的劳动量或机械台班数量;

R_i ——某专业班组的人数或机械台数;

b_i ——某专业班组工作班数;

Q_i ——某专业班组在第 i 施工段上需要完成的工程量;

S_i ——某专业班组计划产量定额(如:m^3/工日);

H_i ——某专业班组的计划时间定额(如:工日/m^3);

m ——流水施工划分的施工段数。

2) 确定流水节拍的要点

(1) 施工班组人数的确定主要符合该施工过程最少劳动组合人数的要求。例如:现浇钢筋混凝土施工过程,它包括上料、搅拌、运输、浇捣等施工操作环节,如果人数太少,是无法组织施工的。

(2) 考虑到工作面的大小或某种条件的限制,施工班组人数也不能太多,每个工人的工作面要符合最小工作面的要求。否则,就不能发挥正常的施工效率或不利于安全生产。主要工种的最小工作面的有关数据要求如表 4-1 所示。

表 4-1　主要工种最小工作面有关数据表

工作项目	每个技工的工作面	说　明
砖基础	7.6m/人	以 $1\frac{1}{2}$ 砖计，2 砖乘以 0.8，3 砖乘以 0.55
砌砖墙	8.5m/人	以 1 砖计，$1\frac{1}{2}$ 砖乘以 0.7，2 砖乘以 0.57
毛石墙基	3m/人	以 60cm 计
毛石墙	3.3m/人	以 40cm 计
混凝土柱、墙基础	8m³/人	机拌、机捣
混凝土设备基础	7m³/人	机拌、机捣
现浇钢筋混凝土柱	2.45m³/人	机拌、机捣
现浇钢筋混凝土梁	3.20m³/人	机拌、机捣
现浇钢筋混凝土墙	5m³/人	机拌、机捣
现浇钢筋混凝土楼板	5.3m³/人	机拌、机捣
预制钢筋混凝土柱	3.6m³/人	机拌、机捣
预制钢筋混凝土梁	3.6m³/人	机拌、机捣
预制钢筋混凝土屋架	2.7m³/人	机拌、机捣
预制钢筋混凝土平板、空心板	1.91m³/人	机拌、机捣
预制钢筋混凝土柱大型屋面板	2.62m³/人	机拌、机捣
混凝土地坪及面层	40m³/人	机拌、机捣
外墙抹灰	16m²/人	
内墙抹灰	18.5m²/人	
卷材屋面	18.5m²/人	
防水水泥砂浆屋面	16m²/人	
门窗安装	11m²/人	

(3) 要考虑各种机械台班的效率(吊装次数)或机械台班产量的大小。

(4) 要考虑各种材料、构件等施工现场堆放量、供应能力及其他有关条件的制约。

(5) 要考虑施工及技术条件的要求。例如不能留施工缝必须连续浇筑的钢筋混凝土工程，有时要按三班制工作的条件决定流水节拍，以确保工程质量。

(6) 确定一个分部工程各施工过程的流水节拍时，首先应考虑主要的工程量大的施工过程的节拍值(它的节拍值最大，对工程起主要作用)，其次确定其他施工过程的节拍值。

(7) 流水节拍的数值一般取整数，必要时可取半天。

【案例 4-1】　某土方工程施工，工程量为 425.86m³，分两个施工段，采用人工开挖，每段的工程量相等，每班工人数为 18 人，一个工作班次挖土，已知时间定额为 0.51 工日/m³，试求该土方施工的流水节拍。

【解】　由 $t_i = \dfrac{Q_i H_i}{R_i b_i m} = \dfrac{425.86 \times 0.51}{1 \times 18 \times 2} = 6$(天)。即该土方施工的流水节拍为 6 天。

2. 流水步距($K_{i,i+1}$)

1) 定义

流水步距是指在组织流水施工时，相邻的两个施工专业班组先后进入同一施工段开始施工的间隔时间。通常以 $K_{i,\,i+1}$ 表示（i 表示前一个施工过程，$i+1$ 表示后一个施工过程）。

流水步距.avi

2) 影响流水步距的因素

流水步距的大小，对工期有着较大的影响。在施工段不变的条件下，流水步距越大，工期越长；流水步距越小，则工期越短。

流水步距还与前后两个相邻施工过程流水节拍的大小、施工工艺技术要求、是否有技术和组织间歇时间、施工段数目、流水施工的组织方式等有关。

流水步距.mp4

3) 确定流水步距的基本要求

(1) 满足主要施工班组的连续施工，不发生停工、窝工现象；

(2) 满足施工工艺要求；

(3) 满足最大限度搭接的要求；

(4) 满足保证工程质量、安全以及成品保护的需要。

4) 流水步距计算

在流水施工中，如果同一施工过程在各施工段上的流水节拍相等，则各相邻施工过程之间的流水步距可按下式计算：

$$K_{i,\,i+1}=\begin{cases} t_i & (t_i \leqslant t_{i+1}) \\ t_i+(t_i - t_{i+1})(m-1) & (t_i > t_{i+1}) \end{cases} \tag{4-2}$$

式中：t_i——第 i 个施工过程的流水节拍；

t_{i+1}——第 i+1 个施工过程的流水节拍；

m——施工段数；

$K_{i,\,i+1}$——第 i 个施工过程和第 $i+1$ 个施工过程间的流水步距。

3. 间歇时间

间歇时间包含两种情况：一种是技术间歇时间，另一种是组织间歇时间。

间歇时间.mp4

1) 技术间歇时间($G_{j,j+1}$)

在组织流水施工中，除了考虑两相邻施工过程间的正常流水步距外，还可以根据施工工艺的要求，考虑工艺间合理的时间间隔。如混凝土浇筑后的养护时间、砂浆抹面和油漆面的干燥时间等均为技术间歇时间，它的存在会使工期延长。

2) 组织间歇时间($Z_{j,j+1}$)

在流水施工中，由于施工技术或施工组织的原因，两相邻的施工过程在规定的流水步距以外增加的必要的时间间隔，称为组织间歇时间。如回填土以前对埋设的地下管道进行检查验收所耗费的时间；又如基础混凝土浇筑并养护后，施工人员必须进行的主体结构轴线位置的弹线；还有施工人员、机械设备转移所耗费的时间等。

4. 搭接时间($C_{j,j+1}$)

搭接时间，又称平行搭接时间。是指前后两个施工过程(施工班组)在同一施工段上，不等前一施工过程施工完，后一施工过程就投入施工，相临两施工过程同时在同一施工段上的工作时间称为搭接时间。平行搭接施工可使工期进一步缩短，施工更趋合理。

搭接时间和流水
工期定义.mp4

5. 流水工期(T)

流水工期是指一个流水施工中，从第一个施工过程(或作业班组)开始进入流水施工到最后一个施工过程(或作业班组)施工结束所需的全部时间。一般可采用下式计算：

$$T = \sum K_{i,i+1} + T_N \tag{4-3}$$

式中：$\sum K_{i,i+1}$——流水施工中各流水步距之和；

　　　　T_N——流水施工中最后一个施工过程的持续时间。

4.2.3　空间参数

空间参数是指在组织流水施工时，用以表达流水施工在空间上开展状态的。空间参数包括工作面、施工段和施工层三种。

1. 工作面

工作面是指安排专业工人进行操作或者布置机械设备进行施工所需的活动空间。工作面根据专业工种的计划产量定额和安全施工技术规程确定，反映了工人操作、机械运转在空间布置上的具体要求。在施工作业时，无论是人工还是机械都需有一个最佳的工作面，才能发挥其最佳效率。最小工作面对应安排的施工人数和机械数是最多的，它决定了某个专业队伍的人数及机械数的上限，直接影响到某个工序的作业时间。因而，工作面确定的是否合理直接关系到作业效率和作业时间。

2. 施工段

施工段，又称流水段。施工段的数目一般用"m"表示。划分施工段是为了组织流水施工，给施工班组提供施工空间，因此，人为地把拟建工程项目在平面上划分为若干个劳动量大致相等的施工区段，以便不同班组在不同的施工段上流水施工，互不干扰。划分施工段的基本要求如下所述：

(1) 专业班组在各施工段的劳动量要大致相等(相差不宜超过 15%)。

(2) 施工段分界线要保证拟建工程项目结构的整体完整性，应尽可能与结构的自然界线相一致，同时满足施工技术的要求。例如，结构上不允许留施工缝的部位不能作为划分施工段的界线。

(3) 为了充分发挥主导机械和工人的效率，每个施工段要有足够的工作面，使其容纳的劳动力人数或机械台数能满足合理劳动组织的要求。

(4) 当组织楼层结构的流水施工时，为使各施工班组能连续施工，上一层的施工必须在下一层对应部位完成后才能开始。因此，每一层的施工段数必须大于或等于其施工过程数 n，即为：

$$m \geqslant n$$

式中：m——分层流水施工时的施工段数目；

n——流水施工的施工过程数或作业班组数。

【案例 4-2】 某两层现浇钢筋混凝土结构房屋的主体工程，在组织流水施工时将主体工程划分为三个施工过程，即支模板、绑扎钢筋和浇筑混凝土。设每个施工过程在各个施工段上施工所需时间均为 2 天，当施工段数目不同时，流水施工的组织情况也有所不同。

(1) 当 $m=n$，即每层分三个施工段组织流水施工时，其流水施工进度安排如图 4-1 所示。

从图 4-1 可以看出，各施工班组均能保持连续施工，每一施工段均有施工班组，工作面能充分利用，无停歇现象，也不会产生工人窝工现象，这是比较理想的。

施工层	施工过程	施工进度(天)							
		2	4	6	8	10	12	14	16
一	支模板	①	②	③					
	绑扎钢筋		①	②	③				
	浇筑混凝土			①	②	③			
二	支模板					①	②	③	
	绑扎钢筋						①	②	③
	浇筑混凝土							①	②	③

图 4-1　施工进度横道图

(2) 当 $m>n$，即每层分四个施工段组织流水施工时，其进度安排如图 4-2 所示。

从图 4-2 可以看出，各施工过程或作业班组能保证连续施工，但所划分的施工段会出现空闲。这种情况并不一定有害，它可以用于技术间歇时间和组织间歇时间。

施工层	施工过程	施工进度(天)									
		2	4	6	8	10	12	14	16	18	20
一	支模板	①	②	③	④						
	绑扎钢筋		①	②	③	④					
	浇筑混凝土			①	②	③	④				
二	支模板					①	②	③	④		
	绑扎钢筋						①	②	③	④	
	浇筑混凝土							①	②	③	④

图 4-2　施工进度横道图

(3) 当 $m<n$，即每层分两个施工段组织流水施工时，其进度安排如图 4-3 所示。

从图 4-3 可看出，各施工过程或作业班组不能连续施工而会出现窝工现象，这对一个建筑物组织流水施工是不适宜的。但当有若干幢同类型建筑物时，且施工对象规模较小，确实不可能划分较多的施工段时，可以把一个建筑物作为一个施工段，组织幢号大流水施工，以保证施工班组连续作业，不出现窝工现象。

施工层	施工过程	施工进度(天)						
		2	4	6	8	10	12	14
一	支模板	①	②					
	绑扎钢筋		①	②				
	浇筑混凝土			①	②			
二	支模板				①	②		
	绑扎钢筋					①	②	
	浇筑混凝土						①	②

图 4-3　施工进度横道图

施工段划分的一般部位要有利于结构的整体性，应考虑到施工工程对象的轮廓形状、平面组成及结构构造上的特点。在满足施工段划分基本要求的前提下，可按下述几种情况划分施工段。

(1) 设置有伸缩缝、沉降缝的建筑工程，可按此缝为界划分施工段；

(2) 单元式的住宅工程，可按单元为界分段，必要时以半个单元处为界分段；

(3) 道路、管线等按长度方向延伸的工程，可按一定长度作为一个施工段；

(4) 多幢同类型建筑，可以一幢房屋作为一个施工段。

3. 施工层

对于多、高层的建筑物或构筑物，应既划分施工段，又划分施工层。施工层是指为满足竖向流水施工的需要，在建筑物垂直方向上划分的施工区段。施工层的划分视工程对象的具体情况而定，一般以建筑物的结构层作为施工层；有时为方便施工，也可以按一定高度划分一个施工层，例如单层工业厂房砌筑工程一般按 1.2～1.4m(即一步脚手架的高度)划分为一个施工层；又如，一个 16 层的全现浇剪力墙结构的房屋，其结构层数就是施工层数。如果该房屋每层划分为三个施工段，那么其总的施工段数为：

$$m = 16 \text{ 层} \times 3 \text{ 段/层} = 48 \text{ 段}$$

4.3　流水施工的类型及计算

4.3.1　流水施工的类型

1. 按流水施工的组织范围划分

1) 分项工程流水施工

分项工程流水施工也称为细部流水施工，是指组织分项工程或专业工种内部的流水施工。一般由一个专业施工班组依次在各个施工段上进行流水作业，例如，浇钢筋筑混凝土施工过程的流水施工，框架填充墙体砌筑施工过程的流水施工等。

2) 分部工程流水施工

分部工程流水施工也称为专业流水施工，是指组织分部工程内部各分项工程之间的流水施工。一般由几个专业施工班组各自连续地完成各个施工段的施工任务，施工班组之间流水作业。如主体工程的流水施工、装饰工程的流水施工。分部工程流水施工是组织单位工程流水施工的基础。

流水施工类型按照范围划分.mp4

3) 单位工程流水施工

单位工程流水施工也称为综合流水施工，是指组织单位工程内部各分部工程之间的流水施工。如一幢教学楼，一个厂房车间，一座纪念碑等组织的流水施工。

4) 群体工程流水施工

群体工程流水施工也称为大流水施工，是指组织群体工程中各单项工程或单位工程之间的流水施工。

2. 按照施工工程的分解程度划分

1) 彻底分解流水施工

彻底分解流水施工是指将工程对象分解为若干施工过程，每一施工过程对应的专业施工班组均由单一工种的工人及机具设备组成。其特点在于各专业施工班组任务明确，专业性强，便于熟练施工，能够提高工作效率，保证工程质量。但由于分工较细，对每个专业施工班组的协调配合要求较高，给施工管理增加了一定的难度。

流水施工类型按照分解程度来划分.mp4

2) 局部分解流水施工

局部分解流水施工是指划分施工过程时，考虑专业工种的合理搭配或专业施工班组的构成，将其中部分的施工过程不彻底分解而交给多工种协调组成的专业施工班组来完成施工。局部分解流水施工适用于工作量较小的分部工程。

3. 按照流水施工的节奏特征划分

根据流水施工的节奏特征，流水施工可划分为有节奏流水施工和无节奏流水施工。

4.3.2 流水施工的计算

1. 有节奏流水施工

有节奏流水施工是指在组织流水施工时，同一施工过程在各施工段上的流水节拍都相等的一种流水施工方式。根据不同施工过程之间的流水节拍是否相等，有节奏流水施工又可分为等节奏流水施工和异节奏流水施工。

流水施工的计算.mp4

1) 等节奏流水施工

等节奏流水施工是指同一施工过程在各施工段上的流水节拍都相等，并且不同施工过

程之间的流水节拍也相等的流水施工方式。即各施工过程的流水节拍均为常数，故称全等
节拍流水或固定节拍流水。

(1) 等节奏流水施工的特征。

① 各个施工过程在各施工段上的流水节拍彼此相等，如有 n 个施工过程，流水节拍为
t_i，则有 $t_1=t_2=\cdots=t_{n-1}=t_n$，即 $t_i=t$；

② 流水步距彼此相等，并且等于流水节拍，即：$K_{1,2}=K_{1,2}=\cdots=K_{n-1,n}=K=t$；

③ 各专业工作队在各施工段上能够连续作业，施工段之间没有空闲时间；

④ 施工班组数 (n_1)=施工过程数 (n)。

(2) 等节拍等步距流水。

等节拍等步距流水即各流水步距值相等，且等于流水节拍值。各施工过程之间的技
术间歇时间为零，未安排相邻的施工过程在同一施工段上搭接施工。施工工期 T 可按下
式计算：

$$T=(jm+n-1)t \tag{4-4}$$

式中：T——工期；

　　j——施工层数；

　　m——施工段数；

　　n——施工过程数；

　　t——流水节拍值。

【案例 4-3】　某单层工程划分为 A、B、C、D 四个施工过程，每个施工过程分 3 个施
工段，流水节拍均为 3 天。对该工程进行等节拍等步距流水施工的进度安排。

【解】

根据已知条件，其工期计算如下：

$$T=(jm+n-1)t=(1\times3+4-1)\times3=18(天)$$

施工进度图如图 4-4 所示。

施工过程	施工进度(天)																	
	1	2	3	4	5	6	7	8	9	10	11	12	13	14	15	16	17	18
A																		
B																		
C																		
D																		

图 4-4　施工进度横道图

(3) 等节拍不等步距流水。

等节拍不等步距流水即各施工过程的流水节拍全部相等，但各流水步距不相等(有的步
距等于节拍，有的步距则不等于节拍)。这是由于各施工过程之间，有的需要有技术与组织
间歇时间，有的可以安排搭接施工所致。

施工工期 T 可按下式计算：

$$T = (mj + n - 1)t \sum Z - \sum C \qquad (4\text{-}5)$$

式中：T——流水周期；

m——施工段数；

n——施工过程数；

t——流水节拍；

j——施工层数；

$\sum Z$——间歇时间(组织间歇和技术间歇)之和；

$\sum C$——专业工作队之间的搭接时间之和。

【案例 4-4】 某单层工程划分为 A、B、C、D 四个施工过程，每个施工过程分 3 个施工段，各施工过程的流水节拍均为 3 天，其中，施工过程 A 与 B 之间有 2 天的间歇时间，施工过程 D 与 C 搭接 1 天；试组织该工程等节拍不等步距流水施工的进度计划。

解：根据已知条件，其工期计算：

$$T = (jm + n - 1)t + \sum Z - \sum C = (1 \times 3 + 4 - 1) \times 3 + 2 - 1 = 19(\text{天})$$

施工进度图如图 4-5 所示。

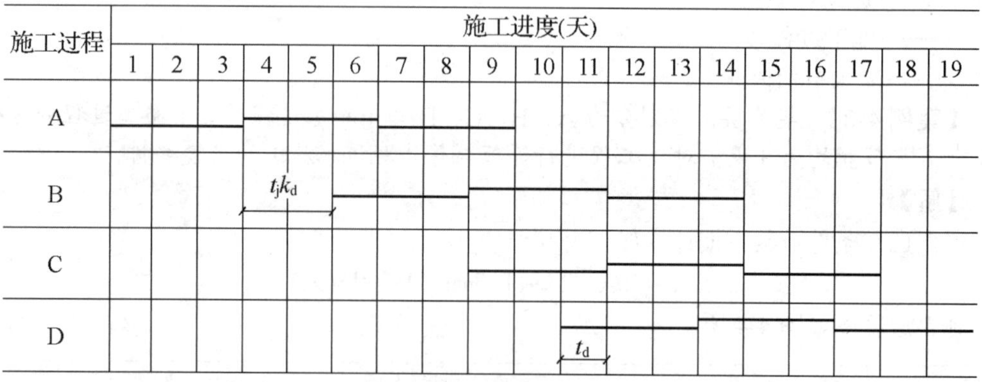

图 4-5 施工进度横道图

等节奏流水一般适用于工程规模较小、建筑结构比较简单、施工过程不多的房屋或某些构筑物，常用于组织一个分部工程的流水施工。

等节奏流水施工的组织方法是：首先划分施工过程，应将劳动量小的施工过程合并到相邻施工过程中去，以使各流水节拍相等；其次确定主要施工过程的施工班组人数，计算其流水节拍；最后根据已定的流水节拍，确定其他施工过程的施工班组人数及其组成。

2) 异节奏流水施工

异节奏流水施工是指同一施工过程在各施工段上的流水节拍都相等，但不同施工过程之间的流水节拍不完全相等的一种流水施工方式。异节奏流水又可分为等步距异节拍流水(成倍节拍流水)和异步距异节拍流水。

(1) 成倍节拍流水。

成倍节拍流水施工的组织方式是：首先根据工程对象和施工要求，划分若干个施工过程；其次根据各施工过程的内容、要求及其工程量，计算每个施工过程在每个施工段所需的劳动量；接着根据施工班组人数及组成，确定劳动量最少的施工过程的流水节拍；最后确定其他劳动量较大的施工过程的流水节拍，用调整施工班组人数或其他技术组织措施的方法，使它们的节拍值分别等于最小节拍的整数倍。

① 基本特点。

a. 同一施工过程在各施工段上的流水节拍彼此相等，不同的施工过程在同一施工段上的流水节拍彼此不同，但互为倍数关系；

b. 流水步距彼此相等，且等于流水节拍的最大公约数；

c. 各专业工作队都能够保证连续施工，施工段没有空闲；

d. 专业工作队数大于施工过程数，即 $n_1 > n$。

② 组织步骤。

a. 确定施工起点流向，分解施工过程。

b. 确定施工顺序，划分施工段。

施工段数 m 的确定分无层间关系和有层间关系两种情况。

无层间关系时，可取 $m=n$，或根据工程的具体情况和施工段划分的原则确定施工段数 m。

有层间关系时

$$m \geqslant n + \frac{\max \sum Z_1}{K} + \frac{\max \sum Z_2}{K} \tag{4-6}$$

式中：$\sum Z_1$——同一楼层内各施工过程间的技术、组织间歇时间之和；

$\sum Z_2$——各楼层间技术、组织间歇时间之和；

K——流水步距。

c. 按异节拍专业流水确定流水节拍。

d. 按以下公式确定流水步距。

$$K = 最大公约数\{t_1,\ t_2\cdots,\ t_n\} \tag{4-7}$$

e. 按以下公式确定专业工作队数 b_i 和工作队总数 n_1。

$$\begin{aligned} b_i &= t_i/k \\ n_1 &= \sum b_i \end{aligned} \tag{4-8}$$

式中：t_i——施工过程 i 在各个施工段上的流水节拍；

b_i——施工过程 i 所要组织的专业工作队数；

n_1——工作队的总数。

f. 确定计划的总工期。按下式计算：

$$T = (mj + n_1 - 1)K + \sum Z - \sum C \tag{4-9}$$

式中：T——流水周期；

m——施工段数；

n_1——工作队总数；

K——流水步距；

j——施工层数；

$\sum Z$——间歇时间(组织间歇和技术间歇)之和；

$\sum C$——专业工作队之间的搭接时间之和。

　g. 绘制流水施工进度图。

【案例 4-5】 某分部工程由 A、B、C、D 四个施工过程组成，它在竖向上划分为两个施工层组织施工，流水节拍均为 2d，施工过程 C 完成后，其相应的施工段上至少有 2d 的技术间歇，且层间的技术间歇为 2d。为保证工作队连续作业，试组织流水施工。

解：由题意，已知 $n=4$，$j=2$，$t_A=t_B=t_C=2d$，$Z_{C-D}=2d$，$Z_2=2d$，

则

$$K=t=2d$$

$$m \geq n + \frac{\max \sum Z_1}{K} + \frac{\max \sum Z_2}{K} = 4 + \frac{2}{2} + \frac{2}{2} = 6$$

取 $m=6$

$$T=(mj+n-1)K+\sum Z_1 = (6 \times 2+4-1) \times 2+2 = 32(\text{天})$$

绘横道图，如图 4-6 所示。

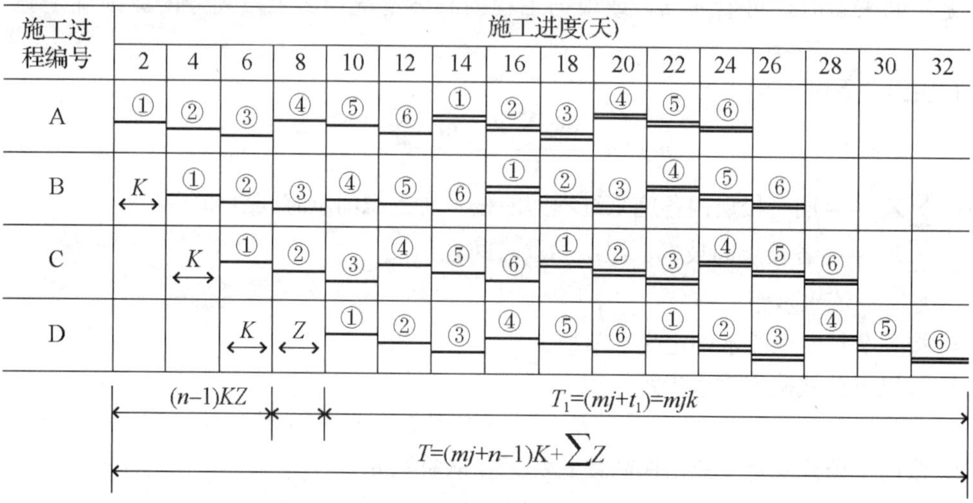

施工过程编号	施工进度(天)															
	2	4	6	8	10	12	14	16	18	20	22	24	26	28	30	32
A	①	②	③	④	⑤	⑥	①	②	③	④	⑤	⑥				
B	←K→	①	②	③	④	⑤	⑥	①	②	③	④	⑤	⑥			
C		←K→	①	②	③	④	⑤	⑥	①	②	③	④	⑤	⑥		
D			←K→	←Z→	①	②	③	④	⑤	⑥	①	②	③	④	⑤	⑥

$(n-1)KZ$ ╎ $T_1=(mj+t_1)=mjk$

$T=(mj+n-1)K+\sum Z$

图 4-6　施工进度计划横道图

(2) 异步距异节拍流水施工。

① 异步距异节拍流水施工的特征。

a. 同一施工过程流水节拍相等，不同施工过程之间的流水节拍不一定相等；

b. 各个施工过程之间的流水步距不一定相等；

c. 各施工工作队能够在施工段上连续作业，但有的施工段之间可能有空闲；

d. 专业工作队数等于施工过程数，即 $n_1=n$。

② 异步距异节拍流水施工主要参数的确定。

a. 流水步距的确定

$$K_{i,i+1}=\begin{cases} t_i & (t_i \leq t_{i+1}) \\ t_i+(t_i-t_{i+1})(m-1) & (t_i > t_{i+1}) \end{cases} \tag{4-10}$$

式中：t_i——第 i 个施工过程的流水节拍；

t_{i+1}——第 i+1 个施工过程的流水节拍；

m——施工段数；

$K_{i, i+1}$——第 i 个施工过程和第 i+1 个施工过程间的流水步距。

b. 流水施工工期 T

$$T=\sum K_{i, i+1}+\sum t_n+\sum Z+\sum G-\sum C \tag{4-11}$$

式中：T——流水施工的计划工期；

$K_{i, i+1}$——专业工作队 i 与 i+1 之间的流水步距；

$\sum t_n$——最后一个施工过程在各个施工段流水节拍之和；

$\sum Z$——所有技术间歇时间之和；

$\sum G$——所有组织间歇时间之和；

$\sum C$——专业工作队之间的平行搭接之和。

【案例 4-6】 某工程划分为 A、B、C、D 四个施工过程，分三个施工段组织施工，各施工过程的流水节拍分别为 t_A=3 天，t_B=4 天，t_C=5 天，t_D=3 天；施工过程 B 完成后有两天的技术间歇时间，施工过程 D 与 C 搭接 1 天。试求各施工过程之间的流水步距及该工程的工期，并绘制流水施工进度表。

解：

(1) 确定流水步距。

$\because t_A < t_B$

$\therefore K_{A, B}=t_A=3(天)$

$\because t_B < t_C$

$\therefore K_{B, C}=t_B=4(天)$

$\because t_C > t_D$

$\therefore K_{C, D}=t_i+(t_i-t_{i+1})(m-1)=5+(5-3)(3-1)=9(天)$

(2) 计算流水工期

$$T=\sum K_{i, i+1}+\sum t_n+\sum Z+\sum G-\sum C=(3+4+9)+3\times 3+2-1=26(天)$$

(3) 绘制施工进度计划，如图 4-7 所示。

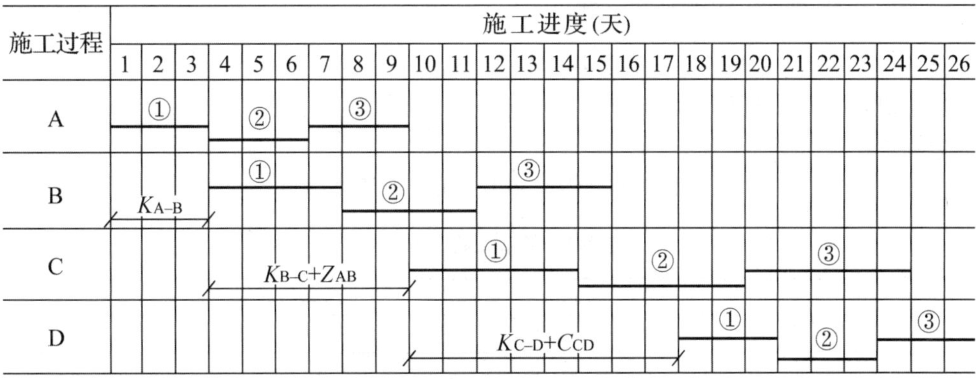

图 4-7　施工进度计划横道图

2. 无节奏专业流水

在项目实际施工中，通常每个施工过程在各个施工段内的工程量彼此不等，各专业工作队的生产效率相差较大，导致大多数的流水节拍彼此不相等，不可能组织成等节拍专业流水或异节拍专业流水。在这种情况下，往往利用流水施工的基本概念，在保证施工工艺、满足施工顺序要求的前提下，按照一定的计算方法，确定相邻专业工作队之间的流水步距，使其在开工时间上最大限度地、合理地搭接起来，形成每个专业工作队都能连续作业的流水施工方式，称为无节奏专业流水，也叫作分别流水。它是流水施工的普遍形式。

1) 基本特点

(1) 每个施工过程在各个施工段上的流水节拍不尽相等；

(2) 在多数情况下，流水步距彼此不相等，而且流水步距与流水节拍二者之间存在着某种函数关系；

(3) 各专业工作队都能连续施工，个别施工段可能有空闲；

(4) 专业工作队数等于施工过程数，即 $n_1=n$。

2) 组织步骤

(1) 确定施工起点流向，分解施工过程；

(2) 确定施工顺序，划分施工段；

(3) 按相应的公式计算各施工过程在各个施工段上的流水节拍；

(4) 按一定的方法确定相邻两个专业工作队之间的流水步距。

因每一施工过程的流水节拍不相等，故采用"累加错位相减取大差法"计算。第一步是将每个施工过程的流水节拍逐段累加；第二步是错位相减；第三步是取差数最大者作为流水步距。

(5) 按以下公式计算流水施工的计划工期：

$$T=\sum K_{i,\,i+1}+\sum t_n+\sum Z+\sum G-\sum C$$

式中：T——流水施工的计划工期；

$K_{i,\,i+1}$——专业工作队 i 与 $i+1$ 之间的流水步距；

$\sum t_n$——最后一个施工过程在各个施工段流水节拍之和；

$\sum Z$——所有技术间歇时间之和；

$\sum G$——所有组织间歇时间之和；

$\sum C$——专业工作队之间的平行搭接之和。

(6) 绘制流水施工进度表。

3) 应用举例

【案例 4-7】 某项工程流水节拍见表 4-2，试确定流水步距。

表 4-2　某项工程流水节拍

施工过程	施工段数			
	①	②	③	④
I	3	2	4	2
II	2	3	3	2
III	4	2	3	2

【解】

(1)求各施工过程流水节拍的累加数列。

Ⅰ：　3，　5，　9，　11

Ⅱ：　2，　5，　8，　10

Ⅲ：　4，　6，　9，　11

(2) 确定流水步距。

错位相减

$K_{Ⅰ-Ⅱ}$

$$
\begin{array}{cccccc}
Ⅰ： & 3, & 5, & 9, & 11 & \\
-)\ Ⅱ： & & 2, & 5, & 8, & 10 \\
\hline
& 3 & 3 & 4 & 3 & -10
\end{array}
$$

$K_{Ⅰ-Ⅱ}=\max\{3，3，4，3，-10\}=4(天)$

$K_{Ⅱ-Ⅲ}$

$$
\begin{array}{cccccc}
Ⅱ： & 2, & 5, & 8, & 10 & \\
-)\ Ⅲ： & & 4, & 6, & 9, & 11 \\
\hline
& 2 & 1 & 2 & 1 & -11
\end{array}
$$

$K_{Ⅱ-Ⅲ}=\max\{2，1，2，1，-11\}=2(天)$

3. 施工工期

流水施工的工期按下式计算：

$$T=\sum K_{i,\,i+1}+\sum t_n+\sum Z+\sum G-\sum C$$

式中：T——流水施工工期；

$\sum t_n$——最后一个施工过程在各个施工段的流水节拍之和。

【案例 4-8】已知某无节奏专业流水的各个施工过程在各施工段上的流水节拍见表 4-3 所示，试组织无节奏流水施工。

表 4-3　各施工段上的流水节拍

施工过程	施工段数			
	①	②	③	④
Ⅰ	3	5	5	6
Ⅱ	4	4	6	3
Ⅲ	3	5	4	4
Ⅳ	5	3	3	2

(1) 求各施工过程流水节拍的累加数列。

Ⅰ：　3，　8，　13，　19

Ⅱ：　4，　8，　14，　17

Ⅲ：　3，　8，　12，　16

Ⅳ：　5，　8，　11，　13

(2) 确定流水步距。

错位相减

$K_{\text{I-II}}$

$$
\begin{array}{lrrrr}
\text{I}: & 3, & 8, & 13, & 19 \\
-) \quad \text{II}: & & 4, & 8, & 14, & 17 \\
\hline
& 3 & 4 & 5 & 5 & -17
\end{array}
$$

$K_{\text{I-II}}=\max\{3,\ 4,\ 5,\ 5,\ -17\}=5(\text{天})$

$K_{\text{II-III}}$

$$
\begin{array}{lrrrr}
\text{II}: & 4, & 8, & 14, & 17 \\
-) \quad \text{III}: & & 3, & 8, & 12, & 16 \\
\hline
& 4 & 5 & 6 & 5 & -16
\end{array}
$$

$K_{\text{II-III}}=\max\{4,\ 5,\ 6,\ 5,\ -16\}=6(\text{天})$

$K_{\text{III-IV}}$

$$
\begin{array}{lrrrr}
\text{III}: & 3, & 8, & 12, & 16 \\
-) \quad \text{IV}: & & 5, & 8, & 11, & 13 \\
\hline
& 4 & 5 & 4 & 5 & -16
\end{array}
$$

$K_{\text{III-IV}}=\max\{4,\ 5,\ 4,\ 5,\ -16\}=5(\text{天})$

(3) 确定施工工期。

$$T=\sum K_{i,\ i+1}+\sum t_n+\sum Z+\sum G-\sum C= (5+6+5)+(5+3+3+2)+0+0-0=29(\text{天})$$

(4) 绘制流水施工进度计划，如图 4-8 所示。

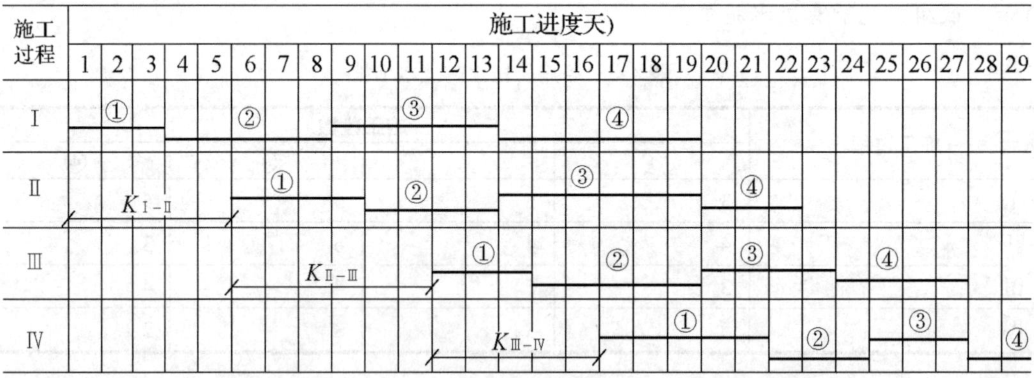

图 4-8　施工进度计划横道图

无节奏流水不像有节奏流水那样有一定的时间约束，在进度安排上比较灵活、自由，适用于各种不同结构性质和规模的工程施工组织，实际应用比较广泛。

4.4　案　例　分　析

【背景】

某工程包括三个结构形式与建造规模完全一样的单体建筑，共由五个施工过程组成，分别为：土方开挖、基础施工、地上结构、二次砌筑、装饰装修。根据施工工艺要求，地上结构、二次砌筑两施工过程间，时间间隔为 2 周。

现在拟采用五个专业工作队组织施工，各施工过程的流水节拍如图 4-9 所示。

施工过程编号	施工过程	流水节拍(周)
A	土方开挖	2
B	基础施工	2
C	地上结构	6
D	二次砌筑	4
E	装饰装修	4

图 4-9　施工参数图

【问题】

(1) 根据本工程特点，宜采用何种形式的流水施工形式，并简述理由。

(2) 如果采用第一问的方式，重新绘制流水施工进度计划，并计算总工期。

【答案】

(1) 本工程比较适合采用等步距异节奏(成倍节拍)流水施工。理由：因五个施工过程的流水节拍分别为 2、2、6、4、4，存在最大公约数，且最大公约数为 2，所以本工程组织等步距异节奏(成倍节拍)流水施工最理想。

(2) 如采用等步距异节奏(成倍节拍)流水施工，则应增加相应的专业队。

流水步距：$K=\min(2，2，6，4，4)=2$ 周。

确定专业队数：施工过程 $A=2/2=1$；

施工过程 $B=2/2=1$；

施工过程 $C=6/2=3$；

施工过程 $D=4/2=2$；

施工过程 $E=4/2=2$；

故：专业队总数$=1+1+3+2+2=9$。

流水施工工期：$T=(M+N-1)K+G=(3+9-1)\times2+2=24$ 周，采用等步距异节奏(成倍节拍)流水施工进度计划如图 4-10 所示。

施工过程	专业队	施工进度(周)											
		2	4	6	8	10	12	14	16	18	20	22	24
土方开挖	I												
基础施工	II												
地上结构	III₁												
	III₂												
	III₃												
二次砌筑	IV₁												
	IV₂												
装饰装修	V₁												
	V₂												

图 4-10　施工进度计划横道图

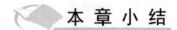

本 章 小 结

　　通过对本章节的学习，学生可以了解什么是流水施工，知道流水施工的步骤和相应流水参数的作用及意义。学生通过对这些流水施工概念和参数的学习，也可以掌握流水施工的类型和计算，同时，学会运用不同的计算方法去计算相应的流水工期和绘制横道图。

实 训 练 习

一、单选题

1. 流水施工的基本组织方式包括(　　)。

　　A. 无节奏流水施工、有节奏流水施工　　B. 异节奏流水施工、等节奏流水施工

　　C. 无节奏流水施工、异节奏流水施工　　D. 等节奏流水施工、无节奏流水施工

2. 分部流水施工又称为(　　)。

　　A. 细部流水施工　　B. 专业流水施工　　C. 大流水施工　　D. 综合流水施工

3. 流水强度反映的工程量是指(　　)工程量。

　　A. 某施工过程(专业工作队)在单位时间内所完成的

　　B. 某施工过程(专业工作队)在计划期内所完成的

　　C. 整个建设工程在计划期内单位时间所完成的

　　D. 整个建设工程在计划期内投入的多种资源量所完成的

4. 某基础混凝土浇筑所需劳动量为 1200 个工日，可分为劳动量相等的 3 个施工段组织流水施工，每天采用二班制，每段投入的人工数为 40 个工日，其流水节拍值为(　　)天。

　　A. 15　　　　　　B. 10　　　　　　C. 8　　　　　　D. 5

5. 某基础工程土方开挖总量为 8800m³，该工程拟分 5 施工段组织固定节拍流水施工，两台挖掘机每台班产量定额均为 80m³，其流水节拍应确定为(　　)天。

　　A. 5　　　　　　B. 11　　　　　　C. 8　　　　　　D. 6

6. 组织流水施工时，流水步距是指(　　)。

A. 第一个专业队与其他专业队开始施工的最小间隔时间

B. 第一个专业队与最后一个专业队开始施工的最小间隔时间

C. 相邻专业队相继开始施工的最小间隔时间

D. 相邻专业队相继开始施工的最大时间间隔

7. 下列关于施工段的划分要求中不正确的是(　　)。

A. 施工段的分界同施工对象的结构界限尽量一致

B. 各施工段上所消耗的劳动量尽量相近

C. 要有足够的工作面

D. 分层又分段时，每层施工段数应少于施工过程数

二、多选题

1. 组织流水施工时，划分施工段的原则是(　　)。

A. 能充分发挥主导施工机械的生产效率

B. 根据各专业队的人数随时确定施工段的段界

C. 施工段的段界尽可能与结构界限相吻合

D. 划分施工段只适用于道路工程

E. 施工段的数目应满足合理组织流水施工的要求

2. 建设工程组织依次施工时，其特点包括(　　)。

A. 没有充分地利用工作面进行施工，工期长

B. 如果按专业成立工作队，则各专业队不能连续作业

C. 施工现场的组织管理工作比较复杂

D. 单位时间内投入的资源量较少，有利于资源供应的组织

E. 相邻两个专业工作队能够最大限度地搭接作业

3. 施工段是用以表达流水施工的空间参数。为了合理地划分施工段，应遵循的原则包括(　　)。

A. 施工段的界限与结构界限无关，但应使同一专业工作队在各施工段的劳动量大致相等

B. 每个施工段内要有足够的工作面，以保证相应数量的工人、主导施工机械的生产效率，满足合理劳动组织的要求

C. 施工段的界限应设在对建筑结构整体性影响小的部位，以保证建筑结构的整体性

D. 每个施工段要有足够的工作面，以满足同一施工段内组织多个专业工作队同时施工的要求

E. 施工段的数目要满足合理组织流水施工的要求，并在每个施工段内有足够的工作面

4. 施工项目进度控制方法主要包括(　　)。

A. 规划　　　　　B. 预测　　　　　C. 控制　　　　　D. 协调　　　　　E. 抢工

5. 建设工程组织非节奏流水施工时的特点包括(　　)。

A. 各专业工作队不能在施工段上连续作业

    B. 各施工过程在各施工段的流水节拍不全相等

    C. 相邻专业工作队的流水步距不尽相等

    D. 专业工作队数小于施工过程数

    E. 有些施工段之间可能有空闲时间

三、简答题

1. 试述流水施工组织的基本要点。

2. 试述施工进度计划编制的基本程序。

3. 施工计划的作用是什么？

第 4 章　课后答案.pdf

实训工作单

班级		姓名		日期	
教学项目		建筑工程项目流水施工			
学习项目	学习什么是流水施工		学习资源	课本、课外资料、现场讲解、教师讲解	
学习目标		清楚流水施工的特点，会解答相关问题			
其他内容					
学习记录					
评语				指导老师	

第 5 章　建筑工程施工组织设计　05

第 5 章　建筑工程施工
组织设计.pdf

 【学习目标】

- 了解建筑工程施工组织设计的概念
- 熟悉建筑工程施工组织设计的作用
- 掌握建筑工程施工组织设计的编制方法

第 5 章　建筑工程施工
组织设计.pptx

 【教学要求】

本章要点	掌握层次	相关知识点
施工组织设计概述	1. 了解施工组织设计概念 2. 掌握施工组织设计作用 3. 熟悉施工组织设计分类	施工组织设计的概念
施工组织设计的编制	1. 了解施工组织设计的依据和基本原则 2. 掌握施工组织设计的主要内容 3. 熟悉单位工程施工组织设计 4. 了解施工组织设计的编制和调整	施工组织设计的内容

 【项目案例导入】

　　某工程的投标文件中的技术性文件：本施工组织设计体现了本工程施工的总体构思和部署，若我公司有幸承接该工程，我们将遵照我单位技术管理程序，完全接受招标文件提出的有关本工程施工质量、施工进度、安全生产、文明施工等方面的一切要求，并落实各项施工方案和技术措施，尽快做好施工前期的准备工作和施工现场生产设计物总体规划布置工作，发挥我单位的管理优势，建立完善的项目组织机构，落实严格的责任制。我单位将严格按质量体系文件组织施工生产，实施在建设单位领导和监理管理下的项目总承包管理制度，通过对劳动力、机械设备、材料、技术、方法和信息的优化处置实现工期、质量、安全及社会信誉的预期效果。

【项目问题导入】

试结合本章内容分析施工组织设计在工程施工中的重要作用。

5.1 施工组织设计概述

施工组织设计
概念.mp3

5.1.1 施工组织设计概念

随着我国市场经济体制的逐步完善，企业也将工作重点放到经营工作上来，施工组织设计作为投标文件的一部分，在市场竞争日趋激烈的今天，要求愈来愈严格，科学合理的施工组织设计，能够反映施工企业的水平，也是中标的基础条件之一。如果施工组织设计编制质量不高，不仅仅影响企业的信誉，而且可能直接导致投标失败。

施工组织设计是一项特殊的技术工作，它不同于指导施工的实施性施工组织设计，有其特定的规律和基本要求。只有领会和理解招标要求，如：工期、施工措施、特殊条件下施工技术、安全质量的要求等，才能为中标增加更多的把握。我们称这种施工组织设计为竞标性施工组织设计，也就是俗称的标前施工组织设计。

施工组织设计.avi

施工企业在所投标工程中标后，就要按照投标的承诺及合同内容的要求组织施工，首先要进行的是项目施工组织设计，它是项目的总体规划。施工组织设计是指导拟建工程项目的施工准备和施工的技术经济文件。因此，必须在开工前根据施工现场的具体条件及合同工期的要求、劳动力的调配情况、机械的装备程度、材料供应情况、预制构件的生产情况、运输能力、气候和水文地质等各项具体条件，从全局出发，统筹安排，在多种经济可行的方案中选出最佳方案，用以指导全部的生产活动。

5.1.2 施工组织设计作用

施工组织设计，就是对拟建工程的施工提出全面的规划、部署、组织、计划的一种技术经济文件。施工组织设计作为施工准备和指导施工的依据，在每项工程中都具有重要的规划作用、组织作用、指导作用，具体表现在以下几个方面：

施工组织设计
作用.mp3

(1) 施工组织设计是对拟建工程施工全过程的合理安排，是实行科学管理的重要手段和措施；

(2) 施工组织设计是统筹安排施工企业投入与产出过程的关键和依据；

(3) 施工组织设计是协调施工中的各种关系的依据；

(4) 施工组织设计为施工的准备工作、工程的招投标以及有关建设工作的决策提供依据。

通过编制施工组织设计，可以全面考虑拟建工程的具体施工条件、施工方案、技术经济指标；在人力和物力、时间和空间、技术和组织上，可以做出一个全面而合理、符合好快省安全要求的计划安排，为施工的顺利进行做充分的准备；还可以预防和避免工程事故的发生，为施工单位切实的实施进度计划提供坚实可靠的基础。根据以往工程实践的经验，合理的编制施工组织设计，能准确反应施工现场实际情况，节约各种资源，且能在满足建设法规规范和建设单位要求的前提下，有效地提高施工企业的经济效益。

施工组织设计是对施工活动实行科学管理的重要手段，它具有战略部署和战术安排的双重作用。它体现了实现基本建设划和设计的要求，提供了各阶段的施工准备的工作内容，协调施工过程中各施工单位、各施工工种、各项资源之间的相互关系。施工组织设计是用来指导施工项目全过程的各项活动的技术、经济和组织的综合性文件，是施工技术与施工项目管理有机结合的产物，它是工程开工后施工活动能有序、高效、科学合理地进行的保证。

在宏观环境和产业政策的有力支撑下，房地产业和各省市在基础建设方面的大力投入为国内建筑企业提供了广阔的发展平台。但是，随着我国加入 WTO 以及经济全球化的迅速扩张、促进了规模巨大的国际工程市场的发展，给国内建筑企业也带来了激烈的竞争。市场经济的建立、建筑施工企业实行项目法管理体系、工程招标投标制度和建设监理制度

扩展资源 4.pdf

的推行以及建筑技术的飞速发展、管理手段的不断现代化等，给施工组织设计提出了新的要求，优化施工组织设计势在必行。施工组织设计的其他相关概念详见右侧二维码。

【案例 5-1】　中国已建成天然气管道 6.9 万 km，干线管网总输气能力超过 1700 亿 m³/年，初步形成了"西气东输、川气东送、海气登陆、就近供应"的管网格局，建成了西北(新疆)、华北(鄂尔多斯)、西南(川渝)、东北和海上向中东部地区输气的五大跨区域天然气主干管道系统。由于管道建设为线性工程，其本身的复杂性更是加大了施工管理的难度。施工组织设计可以有效地协调不同专业的施工矛盾，将现场的管理进行主动控制，对整个项目实施过程进行动态管理，从而很大程度上提高了工程的管理水平。以场站为例，在土建和工艺的施工中，如果没有施工组织设计的协调，往往就会出现土建超前或滞后于工艺施工，导致整个工程不能有序配合衔接。而不同的专业作业，更是需要施工组织设计的优化协调，比如电气、通讯、仪表、消防等各个专业之间如果不能相互配合，都会增加后续工作的工程量，造成施工矛盾，影响工期、费用等相关因素。试结合本案例分析施工组织设计对现场组织施工的重要作用。

5.1.3　施工组织设计分类

1. 按编制目的不同分类

1) 投标性施工组织设计

在投标前，由企业有关职能部门(如总工办)负责牵头编制，在投标阶段以招标文件为依据，为满足投标和签订施工合同的需要编制。

按编制目的不同分类.mp3.

2) 实施性施工组织设计

在中标后施工前，由项目经理(或项目技术负责人)负责牵头编制，在实施阶段以施工合同和中标施工组织设计为依据，为满足施工准备和施工需要编制。

2. 按编制对象范围不同分类

1) 施工组织总设计

施工组织总设计是以整个建设项目或群体工程为对象，规划其施工全过程中各项活动的技术、经济的全局性、指导性文件，是整个建设项目施工的战略部署，内容比较概括。

一般是在初步设计或扩大设计批准之后，由总承包单位的总工程师负责，会同建设、设计和分包单位的总工程师共同编制。对整个项目的施工过程起统筹规划、重点突出的作用。

2) 单位(单项)工程施工组织设计

单位(单项)工程施工组织设计是以单位(单项)工程为对象编制的，是用以直接指导单位(单项)工程施工全过程中各项活动的技术、经济的局部性、指导性文件，是施工组织总设计的具体化；它具体地安排人力、物力和实施工程，是施工单位编制月旬作业计划的基础性文件，是拟建工程施工的战术安排。

它是在施工图设计完成后，以施工图为依据，由工程项目的项目经理或主管工程师负责编制的。

3) 分部(分项)工程施工组织设计

一般针对工程规模大、特别重要的、技术复杂、施工难度大的建筑物或构筑物，或采用新工艺、新技术的施工部分，是专门的、更为详细的专业工程设计文件。

分部(分项)工程施工组织设计是在编制单位(单项)工程施工组织设计之后，由单位工程的技术人员负责编制。其设计应突出作业性。

5.2 施工组织设计的编制

5.2.1 施工组织设计的依据和基本原则

1. 施工组织设计的编制依据

施工组织设计的编制依据主要包括如下内容：

(1) 与工程建设有关的法律、法规和文件。

(2) 国家现行有关标准和技术经济指标。

(3) 工程所在地区行政主管部门的批准文件，建设单位对施工的要求。

(4) 工程施工合同或招标投标文件。

(5) 工程设计文件。

(6) 工程施工范围内的现场条件，工程地质及水文地质、气象等自然条件。

(7) 与工程有关的资源供应情况。

(8) 施工企业的生产能力、机具设备状况、技术水平等。

施工组织设计的
编制依据.mp3

前 6 项一般为具有法律效应的法规、规范和文件，后两个与企业的技术标准、工法、生产管理制度、规定等有关。但由于施工组织设计的类型不同，具体到不同的施工组织设计文件的编制，其依据略有不同。

施工组织总设计的编制依据主要有：计划文件；设计文件；合同文件；建设地区基础资料；有关的标准、规范和法律；类似建设工程项目的资料和经验。

单位工程施工组织设计的编制依据主要有：建设单位的意图和要求，如工期、质量、预算要求等；工程的施工图纸及标准图；施工组织总设计对本单位工程的工期、质量和成本的控制要求；资源配置情况；建筑环境、场地条件及地质、气象资料，如工程地质勘测报告、地形图和测量控制等；有关的标准、规范和法律；有关技术的新成果和类似建设工程项目的资料和经验。

2. 施工组织设计的编制原则

施工组织设计的编制必须遵循工程建设程序，并符合下列原则：

(1) 符合施工合同或招标文件中有关工程进度、质量、安全、环境保护、造价等方面的要求。

(2) 积极开发、使用新技术和新工艺，推广应用新材料和新设备，重视管理创新和技术创新，提高施工的工业化程度。

施工组织设计的
编制原则.mp3

(3) 坚持科学的施工程序和合理的施工顺序，充分利用时间和空间，采用流水施工和网络计划等方法，科学配置资源，合理布置现场。采取季节性施工措施，提高施工的连续性和均衡性，达到合理的经济技术指标。

(4) 采取技术和管理措施，推广建筑节能和绿色施工。

(5) 与质量、环境和职业健康安全三个管理体系有效结合。

5.2.2　施工组织总设计的主要内容

施工组织设计的内容根据编制目的、对象、时间、项目管理方式、施工条件及施工水平的不同而在深度、广度上有所不同，但其内容应包括编制依据、工程概况、施工部署、施工进度计划、施工准备与资源配置计划、主要施工方法、施工现场平面布置及主要施工管理计划等基本内容。

施工组织设计的
内容.mp3

施工组织总设计的主要内容包括：工程概况、总体施工部署、施工总进度计划、总体施工准备与主要资源配置计划、主要施工方法、施工总平面布置等内容。

1. 工程概况

工程概况应包括项目主要情况和项目主要施工条件等。

项目主要情况应包括下列内容：项目名称、性质、地理位置和建设规模；项目的建设、勘察、设计和监理等相关单位的情况；项目设计概况；项目承包范围及主要分包工程范围；施工合同或招标文件对项目施工的重点要求；其他应说明的情况。

施工组织设计的
主要内容.avi

项目主要施工条件应包括下列内容：项目建设地点气象状况；项目施工区域地形和工程水文地质状况；项目施工区域地上、地下管线及相邻的地上、地下建(构)筑物情况；与项目施工有关的道路、河流等状况；当地建筑材料、设备供应和交通运输等服务能力状况；当地供电、供水、供热和通信能力状况；其他与施工有关的主要因素。

2. 总体施工部署

施工部署是指对项目实施过程做出的统筹规划和全面安排，包括项目施工主要目标、施工顺序及空间组织、施工组织安排等。施工组织总设计应对项目总体施工做出下列宏观部署：确定项目施工总目标，包括进度、质量、安全、环境和成本等目标；根据项目施工总目标的要求，确定项目分阶段(期)交付的计划；确定项目分阶段(期)施工的合理顺序及空间组织；对于项目施工的重点和难点应进行简要分析；总承包单位应明确项目管理组织机构形式，并宜采用框图的形式表示；对于项目施工中开发和使用的新技术、新工艺应做出部署；对主要分包项目施工单位的资质和能力应提出明确要求。

【案例 5-2】 某市政道路施工工期紧张，为了全面响应和贯彻实施招标文件中的各项目标和要求，现场施工队将结合现场实际，做出全面而细致的施工策划与部署，根据从整体到局部、由简至繁、由浅至深的方法，逐步深化本工程的建设流程。为保证本道路工程施工的顺利进行和施工质量，本着最大限度地降低施工难度、施工干扰以及最高限度地加大对工期的保障，施工队计划对整个标段采用分区域、分阶段进行施工布置，相互穿插、协调各子项工程同时展开施工。试结合本章内容说明该如何进行总体部署？

3. 施工总进度计划

施工总进度计划应按照项目总体施工部署的安排进行编制，可采用网络图或横道图表示，并附必要说明。施工总进度计划应体现各单位工程、子单位工程以及一些重要的分部工程的开、竣工时间和相互的搭接关系。

4. 总体施工准备与主要资源配置计划

总体施工准备应包括技术准备、现场准备和资金准备等。技术准备、现场准备和资金准备应满足项目分阶段(期)施工的需要。

主要资源配置计划应包括劳动力配置计划和物资配置计划等。劳动力配置计划应包括：确定各施工阶段(期)的总用工量；根据施工总进度计划确定各施工阶段(期)的劳动力配置计划。物资配置计划应包括下列内容：根据施工总进度计划确定主要工程材料和设备的配置计划；根据总体施工部署和施工总进度计划确定主要施工周转材料和施工机具的配置计划。

5. 主要施工方法

施工组织总设计应对项目涉及的单位(子单位)工程和主要分部(分项)工程所采用的施工方法进行简要说明。如对脚手架工程、起重吊装工程、临时用水用电工程、季节性施工等专项工程所采用的施工方法应进行简要说明。

施工方法与施工方案的区别：

施工方法——说明采用的是什么方法；

施工方案——不仅要说明是什么方法，还要对方法如何实施进行安排，以及一些保证的措施。

6. 施工总平面布置

施工组织总设计应根据项目总体施工部署，绘制现场不同施工阶段
(期)的总平面布置图。施工总平面布置图应包括下列内容：项目施工用
地范围内的地形状况；全部拟建的建(构)筑物和其他基础设施的位置；
项目施工用地范围内的加工设施、运输设施、存贮设施、供电设施、供
水供热设施、排水排污设施、临时施工道路和办公、生活用房等；施工

施工总平面
布置.mp3

现场必备的安全、消防、保卫和环境保护等设施；相邻的地上、地下既有建(构)筑物及相关
环境。施工总平面图的绘制要点为：

(1) 合理划分各单位工程施工、生活用地；

(2) 体现全部拟建(构)筑物和其他基础设施的位置；

(3) 项目施工范围内的主要加工设施、运输设施、存贮设施、供电设施、供水供热设施、
排水排污、临时施工道路和办公、生活用品等；

(4) 施工现场必备的安全、消防、保卫和环境保护等设施；

(5) 相邻的地上、地下既有建(构)筑物及相关环境。

5.2.3　单位工程施工组织设计

单位工程施工组织设计指以单位工程为主要对象编制的施工组织设
计，对单位工程的施工过程起指导和制约作用。另外，单位工程施工组

单位工程施工
组织设计.mp3

织设计的内容包括劳动力、材料、构件、施工机械等的用量计划，主要经济技术指标，确
保工程质量和安全的技术组织措施，风险管理、信息管理等。如果工程规模较小，可以编
制简单的施工组织设计，其内容是：施工方案、施工进度计划、施工平面图，简称"一案
一表一图"。

1. 工程概况

工程概况应包括工程主要情况、各专业设计简介和工程施工条件等。
工程主要情况应包括：工程名称、性质和地理位置；工程的建设、勘察、
设计、监理和总承包等相关单位的情况；工程承包范围和分包工程范围；
施工合同、招标文件或总承包单位对工程施工的重点要求；其他应说明

工程概况.mp3

的情况。各专业设计简介应包括：建筑设计、结构设计、机电及设备安装专业设计等简介。
工程施工条件同施工组织总设计中施工条件内容要求。

编写常见的问题有：内容上，概况介绍不到位，该介绍的内容没有介绍；介绍形式上，
通篇文字表述，文字表述内容混乱不清。

编写的建议：采用图和表的形式表述。在写施工条件一节时，必须要充分调查现场
情况。

2. 施工部署

施工部署应包括：施工进度安排及空间组织安排；对于工程施工的重点和难点应进行的组织管理和施工技术两个方面的分析；工程管理的组织机构形式；对于工程施工中开发和使用的新技术、新工艺做出的部署及对新材料和新设备的使用提出技术及管理要求；对主要分包工程施工单位的选择要求及管理方式的简要说明等内容。

施工部署编写常见的问题有：不是在进行施工部署，而是在施工总结、汇报，或写得像教材；文不对题现象比较严重，大量的企业文化、各项保证措施等内容充塞其中，真正施工部署的内容很少甚至没有；与其他章节内容重复现象；编制人员不了解施工的工艺流程，不能正确地表述各工序之间的关系。

3. 施工进度计划

单位工程施工进度计划应按照施工部署的安排进行编制，可采用网络图或横道图表示，并附必要说明；对于工程规模较大或较复杂的工程，宜采用网络图表示。

4. 施工准备与资源配置计划

施工准备应包括技术准备、现场准备和资金准备等内容，资源配置计划应包括劳动力配置计划和物资配置计划等内容。

5. 主要施工方案

单位工程应按照《建筑工程施工质量验收统一标准》(GB 50300)中分部、分项工程的划分原则，对主要分部、分项工程制定施工方案。对脚手架工程、起重吊装工程、临时用水用电工程、季节性施工等专项工程所采用的施工方案应进行必要的验算和 说明。

6. 施工现场平面布置

施工现场平面布置图应参照《施工组织设计规范》(GB 50502)的规定并结合施工组织总设计，按不同施工阶段分别绘制。

5.2.4 分部(分项)施工组织设计

分部(分项)施工组织设计是以分部(分项)工程为编制对象，具体实施施工全过程的各项施工活动的综合性文件。一般同单位工程施工组织设计的编制同时进行，并由单位工程的技术人员负责编制。

1. 工程概况

工程概况包括工程主要情况、设计简介和工程施工条件等内容。工程主要情况包括：分部(分项)工程或专项工程名称，工程参建单位的相关情况，工程的施工范围，施工合同、招标文件或总承包单位对工程施工的重点要求等。设计简介主要介绍施工范围内的工程设计内容和相关要求。工程施工条件应重点说明与分部(分项)工程或专项工程相关的内容。

2. 施工安排

工程施工目标包括进度、质量、安全、环境和成本等目标，各项目标应满足施工合同、招标文件和总承包单位对工程施工的要求。工程施工顺序及施工流水段应在施工安排中确定。针对工程的重点和难点，进行施工安排并简述主要管理和技术措施。工程管理的组织机构及岗位职责应在施工安排中确定，并应符合总承包单位的要求。

3. 施工进度计划

分部(分项)工程或专项工程施工进度计划应按照施工安排，根据工艺流程顺序，并结合总承包单位的施工进度计划进行编制，可采用网络图或横道图表示，并附必要说明。

4. 施工准备与资源配置计划

施工准备包括：技术准备、现场准备、资金准备。其中技术准备包括：施工所需技术资料的准备、图纸深化和技术交底的要求、试验检验和测试工作计划、样板制作计划以及与相关单位的技术交接计划等。现场准备包括：生产、生活等临时设施的准备以及与相关单位进行现场交接的计划等。资金准备包括：编制资金使用计划等。

资源配置计划包括劳动力配置计划和物资配置计划。其中劳动力配置计划包括：确定工程用工量并编制专业工种劳动力计划表。物资配置计划包括：工程材料和设备配置计划、周转材料和施工机具配置计划以及计量、测量和检验仪器配置计划等。

5. 施工方法及工艺要求

施工方案中应明确分部(分项)工程或专项工程施工方法并进行必要的技术核算，对主要分项工程(工序)明确施工工艺要求。对易发生质量通病、易出现安全问题、施工难度大、技术含量高的分项工程(工序)等应做出重点说明。对开发和使用的新技术、新工艺以及采用的新材料、新设备的分项工程(工序)应通过必要的试验或论证并制定计划。对季节性施工应提出具体要求。具体格式和要求基本同单位工程施工组织设计。

施工方法及工艺
要求.mp3

【案例 5-3】 领秀城小区一期工程位于张家口市高新区沈家屯镇闫家屯村，张家口市第一中学新校区西部，总建筑面积为 $78830.08m^2$。该工程有附着式塔式起重机 3 台，用于各楼材料的垂直运输；内部模板支设采用碗扣件架体配合施工；装修阶段采用吊篮施工；主体结构施工时采用双排落地式脚手架和型钢悬挑式双排脚手架。工程施工前，针对涉及的危险性较大的工程编制了专项施工方案并进行了专家审批。试结合本章内容分析施工方案编制的重要性。

5.2.5 施工组织设计的编制和调整

1. 施工组织设计编制和审批的基本要求

(1) 施工组织设计应由项目负责人主持编制，可根据需要分阶段编制和审批。

(2) 施工组织总设计应由总承包单位技术负责人审批；单位工程施工组织设计应由施工单位技术负责人或技术负责人授权的技术人员审批；施工方案应由项目技术负责人审批。

(3) 重点、难点分部(分项)工程和专项工程施工方案应由施工单位技术部门组织相关专家评审，施工单位技术负责人批准。

(4) 由专业承包单位施工的分部(分项)工程或专项工程的施工方案，应由专业承包单位技术负责人或技术负责人授权的技术人员审批；有总承包单位时，应由总承包单位项目技术负责人核准备案。

(5) 规模较大的分部(分项)工程和专项工程的施工方案应按单位工程施工组织设计进行编制和审批。对下列达到一定规模的危险性较大的分部(分项)工程应编制专项施工方案，并附具安全验算结果，经施工单位技术负责人、总监理工程师签字后实施：基坑支护与降水工程；土方开挖工程；模板工程；起重吊装工程；脚手架工程；拆除、爆破工程；国务院建设行政主管部门或者其他有关部门规定的其他危险性较大的工程。对上述所列工程中涉及深基坑、地下暗挖工程、高大模板工程的专项施工方案，施工单位还应当组织专家进行论证、审查。

2. 施工组织设计的编制程序

施工组织设计的编制通常按一定程序进行，下面以施工组织总设计为例进行说明。

(1) 收集和熟悉编制施工组织总设计所需要的有关资料和图纸，进行项目特点和施工条件的调查研究；

(2) 计算主要工种的工程量；

(3) 确定施工的总体部署；

(4) 拟定施工方案；

(5) 编制施工总进度计划；

(6) 编制资源需求量计划；

(7) 编制施工准备工作计划；

(8) 施工总平面图设计；

(9) 计算主要技术经济指标。

以上程序中有些顺序必须这样，不能逆转，如拟定施工方案后方可编制施工总进度计划(因为进度的安排取决于施工的方案)；编制施工总进度计划后方可编制资源需求量计划(因为资源需求量计划要反映各种资源在实践上的需求)。

但以上顺序中也有些顺序可根据具体项目而定，如确定施工的总体部署和拟定施工方案，两者有紧密的联系，往往可以交叉进行。

3. 施工组织设计的检查和调整

施工组织设计应实行动态管理，并符合下列规定：

(1) 项目施工过程中，发生以下情况之一时，施工组织设计应及时进行修改或补充：工程设计有重大修改(如有关法律、法规、规范和标准实施、修订和废止)；主要施工方法有重大调整；主要施工资源配置有重大调整；施工环境有重大改变；

(2) 经修改或补充的施工组织设计应重新审批后实施；

(3) 项目施工前，应进行施工组织设计逐级交底；项目施工过程中，应对施工组织设计的执行情况进行检查、分析并适时调整。

本 章 小 结

建设工程施工组织设计是工程项目管理中的重点内容。本章从建筑工程施工组织设计的概念出发，又依次介绍了施工组织设计的作用、分类、编制的依据和原则、主要内容、编制的程序等相关知识，帮助学生更好地了解、学习建筑工程施工组织设计。

实 训 练 习

一、单选题

1. 施工组织设计的主要作用是(　　)。
　　A. 确定施工方案　　　　　　　　B. 确定施工进度计划
　　C. 指导工程施工全过程工作　　　D. 指导施工平面图管理

2. 在施工组织设计中，(　　)对整个项目的施工过程起统筹规划、重点突出的作用。
　　A. 施工组织总设计　　　　　　　B. 单位工程施工组织设计
　　C. 单项工程施工组织设计　　　　D. 分部分项工程施工组织设计

3. 施工组织总设计的编制者应为承包人的(　　)。
　　A. 总工程师　　　B. 法定代表人　　　C. 项目经理　　　D. 安全负责人

4. 单位工程施工组织设计的编制应在(　　)。
　　A. 初步设计完成后　　　　　　　B. 施工图设计完成后
　　C. 招标文件发出后　　　　　　　D. 技术设计完成后

5. 对于复杂的基础工程、钢筋混凝土框架工程、钢结构安装工程，需要编制(　　)。
　　A. 单位工程施工组织设计　　　　B. 分部分项工程施工组织设计
　　C. 施工组织总设计　　　　　　　D. 标后施工组织总设计

二、多选题

1. 下列关于工程项目施工组织设计，说法正确的是(　　)。
　　A. 施工组织设计是纯技术性文件
　　B. 施工组织设计必须在投标前编制完成
　　C. 施工组织设计可作为项目管理规划文件
　　D. 施工组织设计可用作施工前的准备工作文件
　　E. 施工组织总设计应由设计单位编制

2. 建筑施工准备包括(　　)。
　　A. 工程地质勘察　　　　　　　　B. 完成施工用水、电、通信及道路等工程
　　C. 征地、拆迁和场地平整　　　　D. 劳动定员及培训
　　E. 组织设备和材料订货

3. 建设项目的组成包括(　　)。
　　A. 工程项目　　　B. 单位工程　　　C. 分部工程

D. 分项工程　　　E. 检验批

4. 施工现场准备工作包括(　　)。

　　A. 搭设临时设施　　B. 拆除障碍物　　　C. 建立测量控制网

　　D. "七通一平"　　E. 审阅资料

5. "三通一平"是指(　　)。

　　A. 水通　　　　　　B. 路通　　　　　　C. 电通

　　D. 平整场地　　　　E. 气通

6. 建筑产品的特点是(　　)。

　　A. 固定性　　　　　B. 流动性　　　　　C. 多样性

　　D. 复杂性　　　　　E. 单件性

7. 施工组织设计按编制目的的不同,可分为(　　)。

　　A. 招标性施工组织设计　　　　　　　B. 投标性施工组织设计

　　C. 实施性施工组织设计　　　　　　　D. 单位施工组织设计

　　E. 分部分项施工组织设计

三、简答题

1. 单位工程施工组织设计应包含哪些内容?

2. 单位工程应具备哪些条件方可正式开工?

3. 单位技术交底的内容包括哪些?

第 5 章　课后答案.pdf

实训工作单一

班级		姓名		日期	
教学项目			建筑工程施工组织设计		
学习项目	学习施工组织设计的概念和内容		学习资源	课本、课外资料、现场讲解、教师讲解	
学习目标			通过查阅资料结合本章清楚施工组织设计的原则依据和内容		
其他内容					
学习记录					
评语				指导老师	

实训工作单二

班级		姓名		日期	
教学项目			学习施工方案的编制		
学习项目	施工方案概况、编制原则及编制要求	学习要求		1. 了解施工方案的基本内容； 2. 掌握编制原则及要求； 3. 掌握施工方案的实施	
相关知识		施工工艺及流程			
其他内容		专项施工方案			
学习记录					
评语				指导老师	

第 6 章　建筑工程施工
进度管理.pdf

第 6 章　建筑工程施工进度管理 06

【学习目标】

- 了解施工进度管理的概念
- 熟悉施工进度计划的编制
- 掌握施工进度管理

第 6 章　建筑工程施工
进度管理.pptx

【教学要求】

本章要点	掌握层次	相关知识点
施工进度管理概述	1. 了解施工进度管理的概念、管理任务 2. 掌握施工进度管理的影响因素 3. 施工进度管理的原理、程序及措施	施工进度管理
施工进度计划的编制	1. 了解施工进度计划编制依据和原则 2. 熟悉施工进度计划编制程序和方法	进度计划的编制
施工进度管理	1. 了解施工进度计划的实施、检查 2. 掌握施工进度计划的调整	施工进度计划管理

【项目案例导入】

1. 工程概况

某建设项目为住宅小区，建筑平面为矩形，地下 2 层，地上 18 层。建筑总面积 39101m²，建筑总高度 64.8m。工程结构形式为框架——剪力墙结构，基础形式为筏板基础，板模板采用空心楼板，剪力墙和柱模板采用竹胶板。模壳楼板的设计使用，减少了内柱，从而使得建筑的有效空间大大增加。剪力墙下采用筏板基础，柱下采用独立柱基。主体为框架——剪力墙结构，结构设计使用年限为 50 年，建筑结构的安全等级为二级，抗震设防烈度为六度，建筑类型一级，地下室防水等级一级，屋面防水等级为二级，主体和地下室耐火等级为一级。新建建筑物北侧和东侧紧邻住宅楼。工程周围环境比较复杂，邻近住宅、酒店和办公楼。针对现场场地情况狭小的问题，施工方计划依据设计图纸将后浇带划分为两个区段进行流水施工，并确保施工现场有足够的场地满足钢筋、模板加工和堆放需要。

2. 施工进度管理的内容

施工项目进度管理的主要步骤归纳如下：第一，收集当前施工活动的实际结束时间和有关施工安排变更带来影响的有关数据，据此分析施工进度，并把施工进度与进度计划进行比较，找出需要采取纠正措施的地方；第二，当存在需要采取措施改变施工进度的问题时，要制定和实施具体的措施；第三，根据已经确定的纠正措施修改网络进度计划，并重新计算进度；第四，估计要采取的纠正措施的效果，如果所采取的措施仍无法获得满意的效果则重复以上步骤。

3. 进度管理模式

以周进度计划为基础，作为管理的实施性计划。建立周施工进度检查机制和工作汇报机制，保证周计划按时完成，从而保证月进度计划、阶段性进度计划，直至总进度计划的完成。建立重点项目、重点施工等环节的考核机制，以月度计划为指标进行全面检查，采取与物质、精神奖励挂钩的手段，保证各节点的工期。

【项目问题导入】

试结合本章内容分析上述案例中的进度管理内容及进度管理模式是否合理，有没有改进计划或者优化方案。

6.1 施工进度管理概述

6.1.1 施工进度管理的概念

工程进度控制管理是指在项目的工程建设过程中实施经审核批准的工程进度计划，采用适当的方法定期跟踪、检查工程实际进度状况，与计划进度对照、比较找出两者之间的偏差，并对产生偏差的各种因素及影响工程目标的程度进行分析与评估，并组织、指导、协调监督监理单位、承包商及相关单位及时采取有效措施调整工程进度计划。这些步骤在工程进度计划执行中不断循环往复，直至按合同约定的工期如期完成，或在保证工程质量和不增加工程造价的条件下提前完成。

工程进度目标按期实现的前提是要有一个科学合理的进度计划。工程项目建设进度受诸多因素影响，这就要求工程项目管理人员事先对影响进度的各种因素进行全面调查研究，预测、评估这些因素对工程建设

进度.avi

施工进度管理的概念.mp3

进度产生的影响，并编制可行的进度计划。然而在执行进度计划的过程中，不可避免地会出现影响进度按计划执行的其他因素，导致工程项目进度难以按预定计划执行。这就需要工程管理者在执行进度计划过程中，运用动态控制原理，不断进行检查，将实际情况与进度计划进行对比，找出计划产生偏差的原因(特别是找出主要原因)后，采取纠偏措施。措施的确定有两个前提，一是通过采取措施可以维持原进度计划，使之正常实施；二是采取措施后仍不能按原进度计划执行的，就要对原进度计划进行调整或修正，之后再按新的进度计划执行。

工程进度控制管理是工程项目建设中与质量和成本并列的三大管理目标之一，其三者之间的关系是相互影响和相互制约的。在一般情况下，加快进度、缩短工期需要增加成本，但提前竣工又为开发商提前获取预期收益创造了可能性；工程进度的加快有可能影响工程的质量，而对质量标准的严格控制也极有可能影响工程进度。

工程进度控制管理不应仅局限于考虑施工本身的因素，还应对其他相关环节和相关部门的因素给予足够的重视。例如：施工图设计、工程变更、营销策划、开发手续、协作单位等。只有通过对整个项目计划系统的综合有效控制，才能保证工期目标的实现。

6.1.2　施工进度管理任务

进度控制的任务是根据项目实施的需要产生的。由于项目利益各方的需要不同，故其进度控制任务也不相同。业主方、设计方、施工方和供货方各有不同的进度控制任务。

施工进度管理
任务.avi

1. 业主方的进度控制任务

业主方的进度控制任务是控制整个项目实施阶段的进度。其中包括设计准备阶段的工作进度、设计工作进度、施工进度、物资采购工程进度、项目动用前准备阶段的工作进度等。

2. 设计方进度控制的任务

设计方要根据设计任务委托合同对设计工作进度的要求，编制设计工作进度计划，并控制其实施，保证设计任务委托合同的按期完成。在设计工作进度控制过程中，要尽可能使设计工作进度与招标工作、施工和物资采购工作的进度保持协调。设计方工作进度控制的重点是保证实现出图日期的计划目标。

3. 施工方进度控制的任务

施工方进度控制的任务是根据施工任务委托合同对施工进度的要求控制施工进度，这是施工方履行合同的义务。为了完成施工进度控制的任务，施工方应视项目的特点和施工进度控制的需要，编制施工总进度计划并控制其执行；编制单位工程施工进度计划并控制其执行；编制年、季、月施工进度计划并控制其执行。

4. 供货方进度控制的任务

供货方进度控制的任务是依据供货合同对供货的要求控制供货进度，这是供货方履行合同的义务。供货方进度控制所依据的供货进度计划应包括招标、采购、订货、制造、验收、运输、入库等环节的进度和完成日期。

施工进度管理
任务.mp3

6.1.3 施工进度管理的影响因素

为了能对工程项目的施工进度进行有效的控制，必须在施工进度计划实施之前对影响工程进度的因素进行分析，进而提出保证施工进度计划实施成功的措施，以实现对工程项目施工进度的主动控制。影响工程项目施工进度的因素有很多，归纳起来，主要有以下几个方面。

施工进度管理的
影响因素.mp3

1. 工程建设相关单位的影响

影响工程项目施工进度的单位不只是施工承包单位。事实上，只要是与工程建设有关的单位(如政府有关部门、业主、设计单位、物资供应单位、资金贷款单位以及运输、通讯、供电等部门等)，其工作进度的拖后必将对施工进度产生影响。因此，控制施工进度仅仅考虑施工承包单位是不够的，必须充分发挥监理的作用，协调各相关单位之间的进度关系。对于那些无法进行协调控制的进度关系，在进度计划的安排中应留有足够的机动时间。

2. 物资供应进度的影响

施工过程中需要的材料、构配件、机具和设备等，如果不能按期运抵施工现场或运抵施工现场后发现其质量不符合有关标准的要求，都会对施工进度产生影响。因此，项目进度控制人员应严格把关，采取有效措施控制好物资供应进度。

3. 资金的影响

工程施工的顺利进行必须要有足够的资金做保障。一般来说，资金的影响主要来自业主没有及时给足工程预付款，或拖欠了工程进度款，这些都会影响到承包单位流动资金的周转，进而殃及施工进度。项目进度控制人员应根据业主的资金供应能力，安排好施工进度计划，并督促业主及时拨付工程预付款和工程进度款，以免因资金供应不足而拖延进度，导致工期索赔。

4. 设计变更的影响

在施工过程中，出现设计变更是难免的，如：由于原设计有问题需要修改，业主提出了新的要求，这些都会引起设计变更。因此，项目进度控制人员应加强图纸审查，严格控制随意变更，对业主的变更要求应引起重视。

5. 施工条件的影响

在施工过程中，一旦遇到气候、水文、地质及周围环境等方面的不利因素，必然会影响到施工进度。此时，承包单位应利用自身的技术组织能力予以克服。监理工程师应积极疏通关系，协助承包单位解决那些自身不能解决的问题。

6. 各种风险因素的影响

风险因素包括政治、经济、技术及自然等方面的因素。政治方面的有战争、内乱、罢工、拒付债务、制裁等；经济方面的有延迟付款、汇率浮动、换汇控制、通货膨胀、分包单位违约等；技术方面的有工程事故、试验失败、标准变化等；自然方面的有地震、洪水等。

7. 承包单位自身管理水平的影响

施工现场的情况千变万化，如果承包单位的施工方案不当，计划不周，管理不善，解决问题不及时等，都会影响工程项目的施工进度。

正是由于上述各种因素的影响，施工进度计划的执行过程难免会产生偏差，因此一旦发现进度偏差，应及时分析产生的原因，采取必要纠偏措施或调整原进度计划，这种调整过程是一种动态控制的过程。

【案例 6-1】 甲公司有一个工程需要从海外乙公司购买一批原料，约定运输方式为火车运输，合同签订后两个月内货物运到工程所在地。在半个月时，铁路因为损坏停止运行，乙公司在准备好材料后才知道不能用火车运输，没有跟甲公司声明就换成海上运输，材料三个月后才到，导致工程延误损失 100 万。结合上下文分析进度管理的作用，海外乙公司在当时应该怎么做？

6.1.4 施工进度管理的原理和程序

1. 施工进度控制的原理

1) 系统控制原理

将项目进度控制作为一个系统工程，首先要形成有效的进度管控流程，编制出项目进度控制规划系统，具体有项目总进度、年度、季(月)、周进度控制等内容。

施工进度控制的
原理.mp3

2) 弹性控制原理

由于现代民用建筑项目通常具有施工周期长、影响因素多、变数大的特点，施工单位不可能完全准确的安排进度计划，使实际施工毫无偏差的按照计划来进行，因此，有必要进行弹性控制。

3) 分工协作控制原理

分工协作控制原理即划分进度控制职责，形成横向和纵向两个控制系统，项目进度横向控制系统由项目经理、工程师、技术人员构成，而项目进度纵向控制系统则由监理班子组成，包括项目监理工程师、专业监理工程师和监理员等。

4) 封闭循环控制原理

项目进度计划按照计划、实施、调整、协调等几个阶段，构成一个封闭循环系统，当项目实施过程中进度出现偏差，信息就会反馈到进度控制主体，后者做出偏差纠正，进行相应的调整，使项目进度朝着预定规划目标进行。项目实施过程中可以以不同的单位工程和分部工程为对象，建立相应的封闭循环系统，对进度进行协调管理。

2. 施工进度管理的过程

建筑工程施工进度管理是一项系统的管理工程，为了使建筑工程项目按时保质地交付使用，避免延误工期给各方带来的经济损失，施工企业在项目施工中一定要做好进度管理工作，制定科学合理的进度计划。在施工过程中要督促施工各方严格执行进度计划，并认真检查和记录进度情况，及时发现偏差并采取有效措施进行纠偏，确保实际工程能够按计划完成。施工进度管理流程图，如图 6-1 所示。

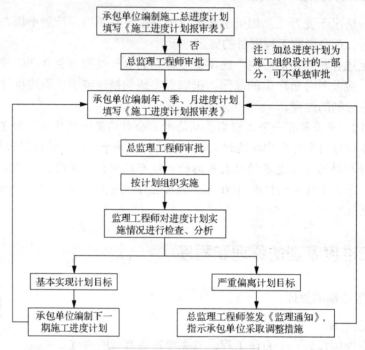

图 6-1　施工进度管理流程图

6.1.5　施工进度管理的措施

建筑工程进度控制的措施包括组织措施、技术措施、经济措施、合同措施和信息管理措施等。

1. 进度控制的组织措施

(1) 落实项目监理机构中进度控制部门的人员、具体控制任务和管理职责分工。

(2) 进行项目分解，如按项目结构分、按项目进展阶段分、按合同结构分，并建立编码体系。

(3) 确定进度协调工作制度，包括协调会议举行的时间，协调会议的参加人员等；

(4) 对影响进度目标实现的干扰和风险因素进行分析。风险分析要有依据(主要是根据许多统计资料的积累)，对各种因素影响进度的概率及进度拖延的损失值进行计算和预测，并考虑有关项目审批部门对进度的影响等。

2. 进度控制的技术措施

(1) 审查承包商提交的进度计划，使承包商能在合理的状态下施工；

(2) 编制进度控制工作细则，指导监理人员实施进度控制；

(3) 采用网络计划技术及其他科学适用的计划方法，并结合计算机的应用，对建筑工程进度实施动态控制。

进度控制的技术
措施.mp3

3. 进度控制的经济措施

(1) 及时办理工程预付款及工程进度款支付手续；

(2) 对应急赶工给予优厚的赶工费用；

(3) 对工期提前给予奖励；

(4) 对工程延误收取误期损失赔偿金。

进度控制的经济
措施.mp3

4. 进度控制的合同措施

(1) 加强合同管理，协调合同工期与进度计划之间的关系，保证合同进度目标的实现；

(2) 严格控制合同变更，对于各方提出的工程变更和设计变更，监理工程师应严格审查后再补入合同文件之中；

(3) 加强风险管理，在合同中应充分考虑风险因素及其对进度的影响，以及相应的处理方法；

(4) 加强索赔管理，公正地处理索赔。

5. 信息管理措施

信息管理措施主要是通过计划进度与实际进度的动态比较，定期地向建设单位提供比较报告等。

6.2　施工进度计划的编制

6.2.1　施工进度计划编制依据和原则

1. 施工总进度计划的编制原则

(1) 从实际出发，合理安排施工顺序，注意施工的连续性和均衡性，保证在劳动力、材料物资以及资金消耗量最少的情况下，按规定工期完成拟建工程施工任务；

(2) 采用可靠的施工方法，确保工程项目的施工在连续、稳定、安全、优质、均衡的状态下进行；

(3) 节约施工成本。

2. 施工总进度计划的编制依据

(1) 工程项目的全部设计图纸，包括工程的初步设计或扩大初步设计、技术设计、施工图设计、设计说明书、建筑总平面图等；

(2) 工程项目有关的概(预)算资料、指标、劳动力定额、机械台班定额和工期定额；

(3) 施工承包合同规定的进度要求和施工组织设计；

(4) 施工总方案(施工部署和施工方案)；

(5) 工程项目所在地区的自然条件和技术经济条件，包括气象、地形地貌、水文地质、交通水电条件等；

(6) 工程项目需要的资源，包括劳动力状况、机具设备能力、物资供应来源条件等；

(7) 地方建设行政主管部门对施工的要求；

(8) 国家现行的建筑施工技术、质量、安全规范、操作规程和技术经济指标。

施工总进度计划
的编制依据.mp3

6.2.2 施工进度计划编制程序和方法

1. 施工进度计划的编制方法

工程建设是一个系统工程，要完成一项建设工程必须协调布置好人、财、物、时间、空间之间的关系，才能保证工程按预定的目标完成。当人、财、物一定的条件下，合理制定施工方案，科学制定施工进度计划，并统揽其他各要素的安排，是工程建设的核心。同时对于提高施工单位的管理水平，也具有十分重要的现实意义。常见的施工进度计划编制方法如下。

1) 横道图法

最常见且普遍应用的计划方法就是横道图。横道计划图是按时间坐标绘出的，横向线条表示工程各工序施工起止时间的先后顺序，整个计划由一系列横道线组成。它的优点是易于编制、简单明了、直观易懂、便于检查和计算资源，特别适合于现场施工管理。

作为一种计划管理的工具，横道图有它的不足之处。首先，不容易看出工作之间相互依赖、相互制约的关系；其次，反映不出哪些工作决定了总工期，更看不出各工作分别有无伸缩余地(即机动时间)，有多大的伸缩余地；再者，由于它不是一个数学模型，不能实现定量分析，所以无法分析工作之间相互制约的数量关系；最后，横道图不能在执行情况偏离原定计划时，迅速而简单的进行调整和控制，更无法实行多方案的优选。

2) 网络计划技术

与横道图相反，网络计划方法能明确地反映出工程各组成工序之间的相互制约和依赖关系。因此，可以用它进行时间分析，确定出哪些工序是影响工期的关键工序，以便施工管理人员集中精力抓住施工中的主要矛盾，减少盲目性。而且它是一个定义明确的数学模型，可以建立各种调整优化方法，并可利用电子计算机进行分析计算。

网络计划技术.mp3

在实际施工过程中，应注意横道计划和网络计划的结合使用。即在应用电子计算机编制施工进度计划时，先用网络方法进行时间分析，确定关键工序，进行调整优化，然后输出相应的横道计划用于指导现场施工。

【案例 6-2】 某建设工程项目，合同工期为 12 个月。承包人向监理机构呈交的施工进度计划如图 6-2 所示(图中工作持续时间单位为月)，问该施工进度计划的计算工期为多少个月？是否满足合同工期的要求？

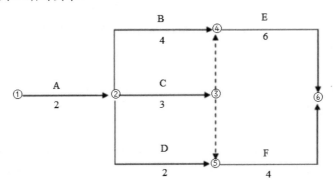

图 6-2　施工进度示意图

2. 施工进度计划的编制程序

1) 横道图的编制程序

(1) 将构成整个工程的全部分项工程纵向排列填入表中；

(2) 横轴表示可能利用的工期；

(3) 分别计算所有分项工程施工所需要的时间；

(4) 如果在工期内能完成整个工程，则将第(3)项所计算出来的各分项工程所需工期安排在图表上，编排出日程表。这个日程的分配是为了在预定的工期内完成整个工程，而对各分项工程的所需时间和施工日期进行的试算分配。

2) 网络计划的编制

在项目施工中用来指导施工、控制进度的施工进度网络计划，就是经过适当优化的施工网络。其编制程序如下。

(1) 调查研究。

调查研究就是了解和分析工程任务的构成和施工的客观条件，掌握编制进度计划所需的各种资料(这些资料的内容已在前面做了叙述)，特别要对施工图进行透彻研究，并尽可能对施工中可能发生的问题做出预测，考虑解决问题的对策等。

(2) 确定方案。

确定方案主要是指确定项目施工总体部署、划分施工阶段、制定施工方法、明确工艺流程、决定施工顺序等。这些一般都是施工组织设计中施工方案说明中的内容，且施工方案说明一般应在施工进度计划之前完成，故可直接从有关文件中获得。

(3) 划分工序。

根据工程内容和施工方案，将工程任务划分为若干道工序。一个项目划分为多少道工序，由项目的规模、复杂程度，以及计划管理的需要来决定，一般来说，只要能满足工作需要就可以了，不必划分得太细。工序的划分大体上要求每一道工序都有明确的任务内容，有一定的实物工程量和形象进度目标，能够满足指导施工作业的需要，完成与否有明确的判别标志。

(4) 估算时间。

估算时间即估算完成每道工序所需要的工作时间，也就是每项工作延续的时间，这是对计划进行定量分析的基础。

(5) 编工序表。

将项目的所有工序，依次列成表格，编排序号，以便于查对是否遗漏或重复，并分析相互之间的逻辑制约关系。

(6) 画网络图。

根据工序表画出网络图。工序表中所列出的工序逻辑关系，既包括工艺逻辑，也包含由施工组织方法决定的组织逻辑。

(7) 画时标网络图。

给上面的网络图加上时间横坐标，这时的网络图就叫作时标网络图。在时标网络图中，表示工序的箭线长度受时间坐标的限制，一道工序的箭线长度在时间坐标轴上的水平投影长度就是该工序延续时间的长短；工序的时差用波形线表示；虚工序延续时间为零，因而虚箭线在时间坐标轴上的投影长度也为零；虚工序的时差也用波形线表示。这种时标网络可以按工序的最早开工时间来画，也可以按工序的最迟开工时间来画，但在实际应用中多是前者。

(8) 画资源曲线。

根据时标网络图可画出施工主要资源的计划用量曲线。

(9) 可行性判断。

可行性判断主要是判别资源的计划用量是否超过实际可能的投入量。如果超过了，这个计划是不可行的，要进行调整，调整方法是将施工高峰错开，削减资源用量高峰；或者改变施工方法，减少资源用量。这时就要增加或改变某些组织逻辑关系，重新绘制时间坐标网络图；如果资源计划用量不超过实际拥有量，那么这个计划是可行的。

(10) 优化程度判别。

可行的计划不一定是最优的计划，计划的优化是提高经济效益的关键步骤。所以，要判别计划是否最优，如果不是，就要进一步优化，如果计划的优化程度已经可以令人满意(往往不一定是最优)，就得到了可以用来指导施工、控制进度的施工网络图了。

6.3 施工进度管理

6.3.1 施工进度计划的实施

施工项目进度计划的实施就是施工活动的进展，也就是用施工进度计划指导施工活动、落实和完成计划。施工项目进度计划逐步实施的过程就是施工项目建造逐步完成的过程。为了保证施工项目进度计划的实施，并且尽量按编制的计划时间逐步进行，保证各进度目标的实现，应做好如下工作。

1. 施工项目进度计划的贯彻

1) 检查各层次的计划，形成严密的计划保证系统

施工项目的所有施工进度计划，如：施工总进度计划、单位工程施工进度计划、分部分项工程施工进度计划，都是围绕一个总任务而编制的。它们之间关系是高层次的计划为低层次计划的依据，低层次计划是高层次计划的具体化。在其贯彻执行时应当首先检查不同层次的计划是否协调一致，计划目标是否层层分解，互相衔接，组成一个计划实施的保证体系，并以施工任务书的方式下达施工队，以保证计划的实施。

2) 层层签订承包合同或下达施工任务书

施工项目经理、施工队和作业班组之间分别签订承包合同，按计划目标明确规定合同工期、相互承担的经济责任、权限和利益等内容，或者采用下达施工任务书的方式，将作业下达到施工班组，明确具体施工任务、技术措施、质量要求等内容，使施工班组必须保证按作业计划时间完成规定的任务。

3) 计划全面交底，发动群众实施计划

施工进度计划的实施是全体工作人员共同的行动，因此要使有关人员都明确各项计划的目标、任务、实施方案和措施，使管理层和作业层协调一致，充分发动群众，发挥群众的干劲和创造精神，将计划变成群众的自觉行动。在计划实施前要进行计划交底工作，可以根据计划的范围召开全体职工代表大会或各级生产会议，进行交底落实。

2. 施工项目进度计划的实施

1) 编制月(旬)作业计划

为了实施施工进度计划，可将规定的任务结合现场施工条件，如施工场地的情况、劳动力机械等资源条件和施工的实际进度，在施工开始前和过程中不断地编制本月(旬)的作业计划，这能使施工计划更具体、切合实际和可行。在月(旬)计划中要明确：本月(旬)应完成的任务，所需要的各种资源量，提高劳动生产率和节约措施。

2) 签发施工任务书

编制好月(旬)作业计划以后，将每项具体任务通过签发施工任务书的方式使其进一步落实。施工任务书是向班组下达任务实行责任承包、全面管理和原始记录的综合性文件，它是计划和实施的纽带。

3) 做好施工进度记录，填好施工进度统计表

在计划任务完成的过程中，各级施工进度计划的执行者都要跟踪做好施工记录，记录计划中的每项工作开始日期、工作进度和完成日期。施工进度记录为施工项目进度检查分析提供信息，因此要求实事求是记载，并填好有关图表。

4) 做好施工中的调度工作

施工中的调度是组织施工中各阶段、环节、专业和工种的互相配合、进度协调的指挥核心。调度工作是使施工进度计划顺利实施的重要手段。其主要任务是掌握计划实施情况，协调各方面关系，采取措施，排除各种矛盾，加强各薄弱环节，实现动态平衡，保证完成作业计划和实现进度目标。

调度工作内容主要有：监督作业计划的实施、调整协调各方面的进度关系；监督检查

施工准备工作；督促资源供应单位按计划供应劳动力、施工机具、运输车辆、材料构配件等，并对临时出现问题采取调配措施；按施工平面图管理施工现场，结合实际情况进行必要调整，保证文明施工；了解气候、水、电、气的情况，采取相应的防范和保证措施；及时发现和处理施工中各种事故和意外事件；调节各薄弱环节；定期召开现场调度会议，贯彻施工项目主管人员的决策，发布调度令。

【案例6-3】 某办公楼工程，建筑面积5500m^2，框架结构，独立柱基础。上设承台梁，独立基础埋深1.5m，地质勘查报告中地基基础持力层为中沙层，基础施工钢材由建设单位供应。基础工程施工分为两个施工流水阶段，其中组织流水施工，根据工期要求编制了工程基础项目的工程进度计划，并绘制出施工双代号网络计划图，如图6-3所示。在工程施工中出现：①承重梁1施工中，因施工用钢材未按时进场，工期延误3天；②基础2施工时，因施工总承包单位原因造成工程质量事故，返工致使工期延期7天。问：针对本案例上述事件，施工总承包单位是否可以提出工期索赔，并说明理由。

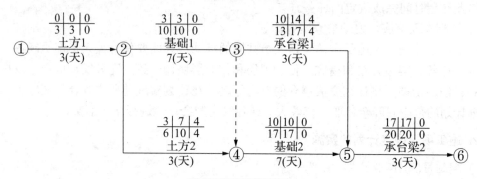

图6-3 网络计划图

6.3.2 施工进度计划的检查

在施工项目的实施进程中，为了进行进度控制，进度控制人员应经常地、定期地跟踪检查施工实际进度情况，收集施工项目进度材料，并进行统计整理和对比分析，确定实际进度与计划进度之间的关系。其主要工作包括如下几点。

1. 跟踪检查施工实际进度

跟踪检查施工实际进度是项目施工进度控制的关键措施，其目的是收集实际施工进度的有关数据。跟踪检查的时间和收集数据的质量，直接影响进度控制工作的质量和效果。

一般检查的时间间隔与施工项目的类型、规模、施工条件和对进度执行要求程度有关。通常可以确定每月、半月、旬或周进行一次。若在施工中遇到天气、资源供应等不利因素的严重影响，检查的时间间隔可临时缩短，次数应频繁，甚至可以每日进行检查，或派人员驻现场督阵。检查和收集资料的方式一般采用进度报表方式或定期召开进度工作汇报会。为了保证汇报资料的准确性，进度控制的工作人员，要经常到现场察看施工项目的实际进度情况，从而保证经常地、定期地准确掌握施工项目的实际进度。

2. 整理统计检查数据

收集到的施工项目实际进度数据，要进行必要的整理并按计划控制的工作项目进行统计，形成与计划进度具有可比性的数据、相同的量纲和形象进度。一般可以按实物工程量、工作量和劳动消耗量以及累计百分比，整理和统计实际检查的数据，以便与相应的计划完成量相对比。

3. 对比实际进度与计划进度

将收集的资料整理和统计成具有与计划进度可比性的数据后，用施工项目实际进度与计划进度的比较方法进行比较。通常用的比较方法有：横道图比较法、S 形曲线比较法和"香蕉"型曲线比较法、前锋线比较法和列表比较法等。通过比较得出实际进度与计划进度相一致、超前、拖后三种情况。

4. 施工项目进度检查结果的处理

施工项目进度检查的结果，按照检查报告制度的规定，形成进度控制报告向有关主管人员和部门汇报。

进度控制报告是把检查比较的结果、有关施工进度现状和发展趋势，提供给项目经理及各级业务职能负责人的最简单的书面形式报告。进度控制报告是根据报告的对象不同，确定不同的编制范围和内容而分别编写的。一般分为项目概要级进度控制报告、项目管理级进度控制报告和业务管理级进度控制报告。

项目概要级的进度报告是报给项目经理、企业经理或业务部门以及建设单位或业主的。它是以整个施工项目为对象说明进度计划执行情况的报告。

项目管理级的进度报告是报给项目经理及企业的业务部门的。它是以单位工程或项目分区为对象说明进度计划执行情况的报告。

业务管理级的进度报告是以某个重点部位或重点问题为对象编写的报告，供项目管理者及各业务部门为其采取应急措施而使用的。

进度报告由计划负责人或进度管理人员与其他项目管理人员协作编写。报告时间一般与进度检查时间相协调，也可按月、旬、周等间隔时间进行编写上报。

进度控制报告的内容主要包括：项目实施概况、管理概况、进度概要；项目施工进度、形象进度及简要说明；施工图纸提供进度；材料、物资、构配件供应进度；劳务记录及预测；日历计划；对建设单位、业主和施工者的变更指令等。

6.3.3　施工进度计划的调整

1. 进度计划的调整应包括以下内容

1) 缩短某些工作的持续时间

这种方法不改变工作之间的逻辑关系，而是缩短某些工作的持续时间，从而使施工进度加快，并保证实现计划工期的方法。这些被压缩持续时间的工作是位于由于实际施工进度的拖延而引起总工期增长的关键线路和某些非关键线

进度计划的
调整.mp3

路上的工作。同时，这些工作又是可压缩持续时间的工作。这种方法实际上就是网络计划优化中的工期优化方法和工期与费用优化的方法。

2) 改变某些工作间的逻辑关系

当工程项目实施中产生的进度偏差影响到总工期，且有关工作的逻辑关系允许改变时，可以改变关键线路和超过计划工期的非关键线路上的有关工作之间的逻辑关系，达到缩短工期的目的。

3) 资源供应的调整

对于因资源供应发生异常而引起进度计划执行问题，应采用资源优化方法对计划进行调整，或采取应急措施，使其对工期影响最小。

4) 增减施工内容

增减施工内容应做到不打乱原计划的逻辑关系，只对局部逻辑关系进行调整。在增减施工内容以后，应重新计算时间参数，分析对原网络计划的影响。当对工期有影响时，应采取调整措施，保证计划工期不变。

5) 增减工程量

增减工程量主要是指改变施工方案、施工方法，从而导致工程量的增加或减少。

6) 起止时间的改变

起止时间的改变应在相应的工作时差范围内进行，每次调整必须重新计算时间参数，观察该项调整对整个施工计划的影响。

2. 进度计划的调整原则

进度计划执行过程中如发生实际进度与计划进度不符，则必须修改与调整原定计划，从而使之与变化以后的实际情况相适应。由于一项工程任务系由多个工作过程组成，且每一工作过程的完成均可以采用不同的施工方法与组织方法，而不同方法对工作持续时间、费用和资源投入种类、数量均具有不同要求，这样，从客观上讲，工程进度的计划安排往往可以存在多种方案。对处于执行过程中的进度计划进行的调整而言，则同样也会因此而具有充分的时间余裕。进度计划执行过程中对原定计划进行调整不但是必要的，而且也是可行的。但更为准确地讲，进度计划执行过程中的调整究竟有无必要还应视进度偏差的具体情况而定，对此分析说明如下。

1) 当进度偏差体现为某项工作的实际进度超前

由网络计划技术原理可知，作为网络计划中的一项非关键工作，其实际进度的超前，事实上不会对计划工期形成任何影响，换言之，计划工期不会因非关键工作的进度提前而同步缩短。但由于加快某些个别工作的实施进度，可能导致资源使用情况发生变化，管理过程中稍有疏忽甚至可能打乱整个原定计划对资源使用所做的合理安排，特别是在有多个平行分包单位施工的情况下，由此而引起的后续工作时间安排的变化往往会给项目管理者的协调工作带来许多麻烦，这就使得因加快非关键工作进度而付出的代价并不能够达到缩短计划工期的相应效果。

另一方面，对网络计划中的一项关键工作而言，尽管其实施进度提前可引起计划工期的缩短，但基于上述原因，同样也会使缩短部分工期的实际效果并不理想。因此，当进度计划执行过程中产生的进度偏差体现为某项工作的实际进度超前，若超前幅度不大，此时计划不必调整；当超前幅度过大，则计划必须调整。

2) 当进度偏差体现为某项工作的实际进度滞后

进度计划执行过程中如果出现实际工作进度滞后的情况，此种情况下是否调整原定计划，通常应视进度偏差和相应工作总时差及自由对差的比较结果而定。由网络计划原理定义的工作时差概念可知，当进度偏差体现为某项工作的实际进度滞后时，决定对进度计划是否做出相应调整的具体情形可分述如下：

(1) 若出现进度偏差的工作为关键工作，则由于工作进度滞后，必然会引起后续工作最早开工时间的延误和整个计划工期的相应延长，因而必须对原定进度计划采取相应调整措施；

扩展资源 5.pdf

(2) 当出现进度偏差的工作为非关键工作，且工作进度滞后天数已超出其总时差，则由于工作进度延误同样会引起后续工作最早开工时间的延误和整个计划工期的相应延长，因而必须对原定进度计划采取相应调整措施；

(3) 若出现进度偏差的工作为非关键工作，且工作进度滞后天数已超出其自由时差而未超出其总时差，则由于工作进度延误只引起后续工作最早开工时间的拖延而对整个计划工期并无影响，因而此时只有在后续工作最早开工时间不宜推后的情况下才考虑对原定进度计划采取相应调整措施；

(4) 若出现进度偏差的工作为非关键工作，且工作进度滞后天数未超出其自由时差，则由于工作进度延误对后续工作的最早开工时间和整个计划工期均无影响，因而不必对原总进度计划采取任何调整措施。进度计划的调整方法详见右侧二维码。

6.4　案　例　分　析

【背景】

依照起初与国际足联达成的协议，巴西世界杯 12 座球场须在 2013 年 12 月 31 日之前交付使用。但由于各种不同的原因，仍有 6 座球场未能按期竣工。巴西世界杯将分散在 12 座城市进行，2014 联合会杯期间，6 座城市的比赛场馆均已完工并投入使用，而另外 6 座球场，按照国际足联的要求，必须于 2014 年 12 月 31 日前交付。但是截至 2013 年 11 月底，圣保罗和纳塔尔的球场工程进度为 94%，阿雷格里港球场进度为 92%，玛瑙斯为 90.5%，库亚巴为 89%，而库里蒂巴仅为 82.7%。

造成工程延误的原因多种多样，但综合起来主要有三点：一是财政问题，包括资金不到位或拨付延迟；二是劳工问题，如缺乏劳力或工人罢工；三是接二连三地发生事故，致使工程停工和接受相关调查。

财政问题属于管理过程中的问题，几乎困扰着所有球场的建设。它们的资金来自联邦政府、地方政府与私人捐助，其中任何一方拨付延迟，都会导致工程难以为继。如库里蒂巴下城球场主要依靠巴西国开行的贷款，但这笔钱 2013 年 1 月份才到位。另外，多数球场工程存在严重超预算问题。按照巴西法律，凡有政府投资的项目超出了预算，必须要接受联邦审计法院的审计，否则项目将不得追加投资。而这个审计过程就耗费了不少时间。

劳力的缺乏属于工程计划的失误。于是，凡工期出现了延误的球场，都在日夜不停三班倒地施工。但由于有些工人不愿意在夜晚工作，库亚巴的潘塔纳尔球场因此出现了缺少劳动力的问题。同时，工人也在为工作条件与工资斗争，纳塔尔的沙丘球场就不时发生罢工。

最后，加班加点施工引发的事故则属于边界条件变化的失误。2013 年 11 月，圣保罗的伊塔盖拉球场因起重机倒塌造成两名工人死亡。玛瑙斯的亚马孙球场也分别在 3 月和 12 月，发生过两起伤亡事故。工程事故带来的停工调查，让施工停滞。为了弥补拖延的工程进度，目前，玛瑙斯和库里蒂巴的体育场馆负责人都公开表示由于工程期限问题不得不放弃原来的一些设计方案。库里蒂巴决定放弃安装可伸缩的顶棚的设计方案；而玛瑙斯则表示要放弃原来的可持续理念，因为无法按时安装太阳能发电系统。同时，巴西体育部表示，由于场馆建设花费的增加，且基础设施的改善项目没有募集到更多的投资，决定取消 14 项其他配套基础设施的改建项目，而这其中有 12 项都是关于公共交通的，主要是机场的新建和改建项目。

【分析】

通过案例可以看到面对已发生的进度拖延问题，解决措施主要是采取积极的措施赶工，抓紧依靠调整后期计划，修改网络计划等。其具体方法包括：

(1) 增加资源投入，如增加劳动力、材料、周转材料和设备的投入量等(例如巴西政府应当增加投资数额)；

(2) 重新分配资源(例如案例中取消基础设施改建的投资额用以完成体育馆的建设)；

(3) 减少工作范围，包括减少工作量或删去一些工作包(例如放弃一些设计建造方案或者更改一些体育场的设计建造方案，减少工作量或者删除一些工作包或分包工程等)；

(4) 改善工具以提高劳动效率；

(5) 改善劳动生产率，主要通过辅助措施和合理的工作过程(如政府组织培训建筑工人，注意工人级别与工人技能的协调，增发奖金，改善工人的工作环境，注意项目小组时间上和空间上合理的组合和搭接等)；

(6) 将部分任务分包委托给另外的单位，将原计划由自己生产的结构构件改为外购；

(7) 改变网络计划中工程活动的逻辑关系(如体育馆工程采用流水施工等)；

(8) 修改实施方案提高施工速度和降低成本等(例如案例中设计单位取消体育馆可伸缩顶棚的方案以及放弃原来的可持续理念等)。

本章小结

施工项目进度控制是指在既定的工期内，编制出最优的施工进度计划，在执行该计划的施工过程中，经常检查施工实际进度情况，并将其与计划进度相比较，若出现偏差，便分析产生的原因和对工期的影响程度，找出必要的调整措施，修改原计划，不断地如此循环，直至工程竣工验收。通过对本章的学习，学生可以对施工进度管理的任务、过程等基本概念进行了解，熟悉和掌握施工进度计划的编制以及施工进度管理。

实训练习

一、单选题

1. 业主方进度控制任务是控制整个项目实施阶段的进度。其中不包括(　　)的工作进度。

    A. 项目策划工作进度   B. 设计工作进度

    C. 物资采购工程进度   D. 项目动用全准备阶段

2. 建筑工程进度控制的措施不包括(　　)。

    A. 组织措施   B. 技术措施   C. 安全措施   D. 经济措施

3. 工程网络计划执行过程中，如果某项工作实际进度拖延的时间超过其自由时差，则该工作(　　)。

    A. 必定影响其紧后工作的最早开始

    B. 必定变为关键工作

    C. 必定导致其后续工作的完成时间推迟

    D. 必定影响工程总工期

4. 根据(　　)，为实现项目的进度目标，应健全项目管理的组织体系。

    A. 项目管理的组织模式   B. 项目目标控制的动态控制原理

    C. 组织与目标的关系   D. 网络计划技术的要求

5. 下列进度控制的各项措施中，属于组织措施的是(　　)。

    A. 编制进度控制的工作流程

    B. 选择合理的合同结构，以避免过多合同界面而影响工程的进展

    C. 分析影响进度的风险并采取相应措施，以减少进度失衡的风险量

    D. 选择科学、合理的施工方案，对施工方案进行技术经济分析并考虑其对进度的影响

6. 业主方项目进度控制的任务是控制(　　)的进度。

    A. 项目设计阶段   B. 整个项目实施阶段

    C. 项目施工阶段   D. 整个项目决策阶段

二、多选题

1. 下列进度控制措施中，属于经济措施的有(　　)。

  A. 编制进度控制工作流程   B. 选用恰当的承发包形式

  C. 按时支付工程款项   D. 设立提前完工奖

  E. 拖延完工予以处罚

2. 下列进度控制的措施中，属于组织措施的有(　　)。

  A. 选择承发包模式   B. 进行工程进度的风险分析

  C. 落实资金供应的条件   D. 编制项目进度控制的工作流程

  E. 进行有关进度控制会议的组织设计

3. 施工进度控制的技术措施涉及对实现进度目标有利的技术，包括(　　)。

  A. 施工人员 B. 施工技术 C. 施工方法

  D. 施工机械 E. 信息处理技术

4. 项目进度控制时，进度控制会议的组织设计的内容有(　　)。

  A. 会议的具体议程   B. 会议的类型

  C. 会议的主持人   D. 会议的召开时间

  E. 会议文件的整理

5. 当计算工期超过计划工期时，可压缩关键工作的持续时间以满足要求。在确定缩短持续时间的关键工作时，宜选择(　　)。

  A. 有多项紧前工作的工作

  B. 缩短持续时间而不影响质量和安全的工作

  C. 有充足备用资源的工作

  D. 缩短持续时间所增加的费用相对较少的工作

  E. 单位时间消耗资源量大的工作

三、简答题

1. 施工进度管理的影响因素有哪些？
2. 简述施工进度控制的原理。
3. 简述施工总进度计划的编制原则。
4. 简述进度计划调整的主要内容。

第 6 章　课后答案.pdf

实训工作单一

班级		姓名		日期	
教学项目			建筑工程施工进度管理		
学习项目	施工进度管理概念、内容、影响因素		学习目标		能独立在各个案例中分析出影响施工进度的原因
相关知识			影响施工管理的决策因素		
其他内容					
学习过程记录					
评语				指导老师	

实训工作单二

班级		姓名		日期	
教学项目		学习施工进度计划编制方法			
学习项目	施工进度编制内容方法	学习目标		自己假设一种案例并做出一种施工进度计划	
相关知识		影响施工进度的原因			
其他内容					

学习过程记录

评语			指导老师	

第7章 建筑工程项目
成本管理.pdf

第7章 建筑工程项目成本管理　07

 【学习目标】

- 了解项目成本管理的相关概念
- 熟悉项目成本预测与计划
- 掌握项目成本控制和成本核算
- 掌握项目成本分析与考核

第7章 建筑工程项目
成本管理.pptx

 【教学要求】

本章要点	掌握层次	相关知识点
项目成本管理的相关概述	1. 了解施工项目成本管理的概念 2. 熟悉施工项目成本管理的作用	项目成本管理
项目成本预测与计划	重点掌握项目成本预测与计划	项目成本预测与计划
施工项目成本控制	1. 知道施工项目成本控制的原则 2. 掌握施工项目成本控制的措施及技术方法	成本控制
施工项目成本核算	1. 了解施工项目成本核算概述及原则 2. 掌握施工项目成本核算程序和方法	成本核算
施工项目成本分析与考核	了解施工项目成本分析与考核	成本分析与考核

 【项目案例导入】

　　宝钢是于1998年11月17日成立的特大型钢铁联合企业。宝钢是中国最具竞争力的钢铁企业，年产钢能力2000万吨左右，赢利水平居世界领先地位，产品畅销国内外市场。宝钢在长期的企业运营中非常注重组织学习能力的培养，学习正在成为整个公司的自觉行为，学习能力成为宝钢重要的竞争优势之一。作为中国钢铁行业的领军企业，在长期的学习及创造性的运用中，宝钢的成本管理及财务管理已达到国际同行业的先进水平。

【项目问题导入】

成本管理、精细引路。实施维修成本管理对象的使用分析就是要求我们进一步细化成本管理工作，对成本管理对象的使用进行分析，这种行为可以更直接、更具体地发现当前设备管理的薄弱点，使我们对日常管理工作实施的改善措施更具针对性。试结合本章内容，分析成本管理在企业、项目或者公司的重要性及其实施方法。

7.1 施工项目成本管理概述

7.1.1 施工项目成本控制的概念和特点

1. 工程项目成本控制的概念

施工项目成本按经济用途分析其构成，包括直接成本和间接成本。其中直接成本是构成施工项目实体的费用，包括材料费、人工费、机械使用费、其他直接费和现场经费；间接成本是企业为组织和管理施工项目而花费的经营管理性费用。

成本管理的概念.mp3

按成本与施工所完成的工作量的关系分析其构成，它由固定成本与变动成本组成，其中固定成本与完成的工程量多少无关，而变动成本则随工程量的增加而增加。

施工项目成本控制，就是在其施工过程中，运用必要的技术与管理手段对物化劳动和活劳动消耗进行严格组织和监督的一个系统过程。施工企业应以施工项目成本控制为中心进行成本控制。施工项目成本控制既不是造价控制，也不是业主所进行的投资控制。要达到控制成本的目的，必须对人工费、材料费、机械费、其他直接费和现场管理费分别进行有效控制。

2. 工程项目成本控制的特点

1) 成本控制的积极性

工程参加者对成本控制的积极性和主动性是与他们对工程承担的责任形式相联系的。例如承包商对工程成本的责任由合同确定，不同的合同种类，有不同的成本控制积极性。如果订立的是成本加酬金合同，则他们没有成本控制的兴趣，甚至有时为了增加自己的盈利，会千方百计地扩大成本开支；如果订立的是固定总价合同，则他们必须严格控制成本开支。

工程项目成本控制
的特点.mp3

2) 成本控制的综合性

成本控制的综合性成本目标不是孤立的，它只有与工程范围、质量目标、进度目标、效率、消耗等要素相结合才有价值，因此必须追求它们之间的平衡。

(1) 成本目标必须与详细的技术(质量)要求、进度要求、工作范围、工作量等同时落实到责任者，作为他们业绩评价的尺度。

(2) 在成本分析中必须同时分析进度、效率、质量状况，才能得到反映实际的信息，才有实际意义和作用，否则容易产生误导。

(3) 不能片面强调成本目标，否则容易造成误导。例如，为降低成本(特别是建设期成本)而使用劣质材料、廉价的设备，结果造成工期拖延，损害工程的整体功能和效益。

(4) 成本控制必须与质量控制、进度控制、合同控制(包括索赔和反索赔)同步进行。在实际工作中，成本超支是很难弥补的，通常都以牺牲其他的项目目标为代价。成本的超支并非成本控制本身问题，而是由于如下原因引起的：①质量标准提高；②进度的调整；③工程量的增加；④业主由于工程管理失误造成的索赔；⑤不可抗力因素等。这些问题通常不是成本管理人员能够控制的。对成本超支情况的解决措施也必须通过合同措施、技术措施、管理措施综合解决。

3) 成本控制的周期特点

成本控制的周期不可太长，通常按月进行核算、对比、分析，而实施中的控制以近期成本为主。

4) 成本控制的快速性

成本控制需要及时、准确的信息反馈，包括工程消耗、工程完成程度、质量资料。

7.1.2　施工项目成本管理的作用

施工项目的成本控制，通常是指在项目成本的形成过程中，对生产经营所消耗的人力资源、物质资源和费用开支，进行指导、监督、调节和限制，及时纠正将要发生和已经发生的偏差，把各项生产费用，控制在计划成本的范围之内，以保证成本目标的实现。

施工项目的成本目标有企业下达或内部承包合同规定的，也有项目自行制定的。但这些成本目标，一般只有一个成本降低率或降低额，即使加以分解，也不过是相对明细的降低成本指标而已，难以具体落实，以致成本目标管理往往流于形式，无法发挥控制成本的作用。因此，项目经理部必须以成本目标为依据，联系施工项目的具体情况，制定明细而又具体的成本计划，使之成为"看得见、摸得着、能操作"的实施性文件。

由于项目管理是一次性行为，它的管理对象只有一个工程项目，且将随着项目建设的完成而结束其历史使命。在施工期间，项目成本能否降低，有无经济效益，得失在此一举，有很大的风险性。因此为了确保项目成本必盈不亏，成本控制不仅必要，而且必须做好。

从上述观点来看，施工项目成本控制的目的，在于降低项目成本，提高经济效益。然而项目成本的降低，除了控制成本支出以外，还必须增加工程预算收入。因为，只有在增加收入的同时节约支出，才能提高施工项目成本的降低水平。

【案例 7-1】　现在某公司有一个项目，在这个项目中，由于前期工程进展缓慢，第一批工程就采用了费率招标模式，由合同双方核对确认预算价。但这一合同模式在实际应用中出现了诸多不利因素。首先，在预算核对时，由于双方立场的严重对立，对定额规定较模糊的项目争议很大，造成预算核对工作量大得惊人，给以后的工作开展带来了很不利的影响；其次，在施工过程中，施工单位发现在预算中存在少算、漏算的情况，由于预算价是由双方核对确认，施工单位要求据实调整，给建设单位的日常管理工作带来了很大的负面影响；再次，在开工日期拖得较久的工程，施工单位又以招标时约定的建筑材料涨价为由，要求调整材料价格。

在一期二批工程招标中，建设方在招标文件中明确指明中标价一次包死，同时只提供了甲供材及外包工程的价格，其余的材料要求施工单位自主调查市场价格并承担风险；增列了单项金额小于1000元的签证不予结算的条款，有力地促进了现场管理工作的顺利进行。结合上下文分析本案例说说成本控制的作用和好处。

7.2　施工项目成本预测与计划

7.2.1　施工项目成本预测

施工成本预测是根据成本信息和施工项目的具体情况，运用专门的方法，对未来的成本水平及其可能的发展趋势做出的科学估计，施工成本预测是在工程施工以前对成本进行的估算。通过成本预测，加强成本控制，克服盲目性，提高预见性，可以在满足业主和施工方要求的前提下，选择成本低、效益好的最佳方案。

施工成本预测.mp3

1. 施工项目成本预测的重要性

(1) 施工项目成本预测是投标决策的依据；
(2) 施工项目成本预测是编制成本计划的基础；
(3) 施工项目成本预测是成本管理的重要环节。

施工成本预测的
作用.mp3

2. 成本预测的方法

科学的、准确的预测必须遵循合理的预测程序：
(1) 制定预测计划；
(2) 搜集和整理预测资料；
(3) 选择预测方法；
(4) 成本初步预测；
(5) 影响成本水平的因素预测；
(6) 成本预测；
(7) 分析预测误差。

3. 成本预测的方法

1) 定性预测法

定性预测法主要包括专家会议法、专家调查法(德尔菲法)等。定性预测是根据已掌握的信息资料和直观材料，依靠具有丰富经验和分析能力的内行和专家，运用主观经验，对施工项目的材料消耗、市场行情及成本等，做出性质上和程度上的推断和估计，然后把各方面的意见进行综合，作为预测成本变化的主要依据。

定性预测偏重于对市场行情的发展方向和施工中各种影响施工项目成本的因素进行分析，能发挥专家经验和主观能动性，比较灵活，而且简便易行，可以较快地提出预测结果。定性预测在工程实践中被广泛使用，特别适合于对预测对象的数据资料(包括历史的和现实的)掌握不充分，或影响因素复杂，难以用数字描述，或对主要影响因素难以进行数量分析等情况。

(1) 专家会议法。

专家会议法又称为集合意见法，是将有关人员集中起来，针对预测的对象，交换意见、预测工程成本的一种方法。参加会议的人员，一般选择具有丰富经验，对经营和管理熟悉，并有一定专长的各方面的专家。这个方法可以避免依靠个人的经验进行预测而产生的片面性。例如：对材料价格市场行情预测，可请材料设备采购人员、计划人员、经营人员等；对工料消耗分析，可请技术人员、施工管理人员、材料管理人员、劳资人员等；估计工程成本，可请预算人员、经营人员、施工管理人员等。使用该方法时，预测值容易出现较大的差异，在这种情况下，一般可采用预测值的平均值或加权平均值作为预测结果。

(2) 专家调查法(特尔菲法)。

专家调查法是根据有专业知识的人的直接经验，采用系统的程序，以互不见面和反复进行的方式，对某一未来问题进行判断的一种方法。首先，草拟调查提纲，提供背景资料；其次轮番征询不同专家的预测意见；最后再汇总调查结果。对于调查结果，要整理出书面意见和报表。这种方法具有匿名性，费用不高，节省时间等特点。采用特尔菲法要比一个专家的判断预测或一组专家开会讨论得出的预测方案准确一些，一般用于较长期的预测。

2) 定量预测法，也称"统计预测"

定量预测法是根据已掌握的比较完备的历史数据，运用一定的科学方法进行科学的加工整理，借以归纳有关变量之间的规律联系，用于预测和推算未来发展变化情况的一类预测方法。定量预测法分为：时间序列预测法、回归预测法。

(1) 时间序列预测法。

从时间序列的第一项数值开始，按一定项数求序列平均数，逐项移动，边移动边平均。这样，就可以得出一个由移动平均数构成的新的时间序列。它把原有历史统计数据中的随机因素加以过滤，消除数据中的起伏波动情况，使不规则的线型大致上规则化，以显示出预测对象的发展方向和趋势。

移动平均法又可分为：简单移动平均法、加权移动平均法、趋势修正移动平均法和二次移动平均法，这里主要介绍简单移动平均法、加权移动平均法和指数平滑法。

① 简单移动平均法。

简单移动平均法，又叫一次移动平均法，是在算术平均数的基础上，通过逐项分段移动，求得下一期的预测值。简单移动平均法会出现滞后偏差，如果近期内情况发展变化较快，利用移动平均法预测要通过较长时间才能反映出来，存在着滞后偏差；一次移动平均法对分段内部的各数据同等对待，没有考虑时间先后对预测值的影响。实际上各个不同时期的数据对预测值的影响是不一样的。越是接近预测期的数值，对预测值的影响就越大。为了弥补这两个缺点，可以利用加权移动平均法、趋势修正移动平均法和二次移动平均法。

② 加权移动平均法。

加权移动平均法就是在计算移动平均数时，并不同等对待各时间序列的数据，而是给近期的数据以较大的比重，使其对移动平均数有较大的影响，从而使预测值更接近于实际。这种方法就是对每个时间序列的数据插上一个加权系数。采用加权移动平均法进行预测的结果比一次移动平均法更能接近实际。这里要注意，越接近预测期的权数越大，对预测值的影响也越大。

③ 指数平滑法。

指数平滑法，也叫指数修正法，是一种简便易行的时间序列预测方法。它是在移动平均法的基础上发展起来的一种预测方法，是移动平均法的改进形式。使用移动平均法有两个明显的缺点：一是它需要有大量的历史观察值的储备；二是要用时间序列中近期观察值的加权方法来解决，因为最近的观察中包含着最多的未来情况的信息，所以必须相对地比前期观察值赋予更大的权数，即对最近期的观察值应给予最大的权数，而对较远的观察值就给予递减的权数。指数平滑法就是既可以满足这样一种要求的加权法，又不需要大量历史观察值的一种新的移动平均预测法。指数平滑法又分为：一次指数平滑法、二次指数平滑法和三次指数平滑法。

(2) 回归预测法。

前面的预测方法仅限于一个变量，或一种经济现象，而我们所遇到的实际问题，则往往涉及几个变量或几种经济现象，并且要探索它们之间的相互关系。例如，成本与价格及劳动生产率等都在数量上存在一定的相互关系。对客观存在的现象之间相互依存的关系进行分析研究，测定两个或两个以上变量之间的关系，寻求其发展变化的规律性，从而进行推算和预测的行为，称为回归分析。在进行回归分析时，不论变量的个数多少，必须选择其中的一个变量作为因变量，而把其他变量作为自变量，然后根据已知的历史统计数据资料，研究测定因变量和自变量之间的关系。

回归分析是为了测定客观现象的因变量与自变量之间的一般关系所使用的一种数学方法。它根据现象之间相关关系的形式，拟合一定的直线或曲线，用这条直线或曲线代表现象间的一般数量变化关系。这条直线或曲线在数学上称为回归直线或曲线，表现这条直线或曲线的数学公式称为回归方程。利用回归分析法进行预测，称为回归预测。在回归预测中，所选定的因变量是指需要求得预测值的那个变量，即预测对象。自变量则是影响预测对象变化的，与因变量有密切关系的那个或那些变量。在预测中常用的回归预测法有一元回归预测和多元回归预测。这里仅介绍一元线性回归预测方法。

一元线性回归预测法是根据历史数据在直角坐标系上描绘出相应点，再在各点间画一直线，使直线到各点的距离最小，即偏差平方和为最小，因而，这条直线最能代表实际数据变化的趋势(或称倾向线)，用这条直线适当延长来进行预测是合适的。

【案例 7-2】 某建筑公司拟在施工中采用一种新型技术，这种技术能够大幅节约工程成本，但该技术有一定的风险，且当前市场上，这种技术的应用程度不高，没有足够的数据参考，为此，公司内部出现了不同的意见。

请结合本章内容，说明该公司可以采用哪种方法对这项技术的实施进行分析。

7.2.2　施工项目成本计划

施工成本计划的
概念.mp3

　　施工成本计划是以货币形式编制施工项目计划期内的生产费用、成本水平、成本降低率以及为降低成本所采取的主要措施和规划的书面方案。它是建立施工项目成本管理责任制，开展成本控制和核算的基础；它是该项目降低成本的指导性文件，是设立目标成本的依据。可以说，施工成本计划是目标成本的一种形式。

1. 施工成本计划的内容

　　1) 编制说明

　　编制说明是指对工程的范围、投标竞争过程及合同文件、承包人对项目经理提出的责任成本目标、施工成本计划编制的指导思想和依据等的具体说明。

　　2) 施工成本计划的指标

　　施工成本计划的指标应经过科学的分析预测确定，可采用对比法、因素分析法等进行测定。施工成本计划一般有以下三类指标：

　　(1) 成本计划的数量指标；

　　(2) 成本计划的质量指标；

　　(3) 成本计划的效益指标。

　　3) 按工程量清单列出的单位工程计划成本汇总表

　　4) 按成本性质划分的单位工程成本汇总表

　　根据工程清单项目的造价分析，分别对人工费、材料费、机械费、措施费、企业管理费和税费进行汇总，形成单位工程成本计划表。

2. 施工成本计划的分类

　　对于一个施工项目而言，其成本计划是一个不断深化的过程。在这一过程的不同阶段形成深度和作用不同的成本计划，按其作用可分为三类。

　　1) 竞争性成本计划

　　竞争性成本计划即工程项目投标及签订合同阶段的估算成本计划。这类成本计划以招标文件中的合同条件、投标者须知、技术规程、设计图纸或工程量清单等为依据，以有关价格条件说明为基础，结合调研和现场考察获得的情况，根据本企业的工料消耗标准、水平、价格资料和费用指标，对本企业完成招标工程所需要支出的全部费用的估算。在投标报价过程中，虽然也着力考虑降低成本的途径和措施，但总体上较为粗略。

　　2) 指导性成本计划

　　指导性成本计划即选派项目经理阶段的预算成本计划，是项目经理的责任成本目标。它以合同标书为依据，按照企业的预算定额标准制定的设计预算成本计划，且一般情况下只是确定责任总成本指标。

　　3) 实施性成本计划

　　实施性成本计划即项目施工准备阶段的施工预算成本计划，它以项目实施方案为依据，落实项目经理责任目标为出发点，采用企业的施工定额，通过施工预算的编制而形成的实施性施工成本计划。

施工预算不同于施工图预算。在编制实施性计划成本时要进行施工预算和施工图预算的对比分析，通过"两算"对比，分析节约和超支的原因，以便提出解决问题的措施，防止工程成本的亏损，为降低工程成本提供依据。"两算"对比的方法有实物对比法和金额对比法。

"两算"对比的内容有：①人工量及人工费的对比分析；②材料消耗量及材料费的对比分析；③施工机械费的对比分析；④周转材料使用费的对比分析。

3. 施工成本计划的编制

施工成本计划是施工项目成本控制的一个重要环节，是实现降低施工成本任务的指导性文件。如果针对施工项目所编制的成本计划达不到目标成本要求，就必须组织施工项目管理班子的有关人员重新研究，寻找降低成本的途径，重新进行编制。同时，编制成本计划的过程也是动员全体施工项目管理人员的过程，是挖掘降低成本潜力的过程，是检验施工技术质量管理、工期管理、物资消耗和劳动力消耗管理等是否落实的过程。

1) 成本计划的编制依据

(1) 投标报价文件；

(2) 企业定额、施工预算；

(3) 施工组织设计或施工方案；

(4) 人工、材料、机械台班的市场价；

(5) 企业颁布的材料指导价、企业内部机械台班价格、劳动力内部挂牌价格；

(6) 周转材料、设备等内部租赁价格、摊销损耗标准；

(7) 已签订的工程合同、分包合同(或者估价书)；

(8) 结构件外加工计划和合同；

(9) 企业的有关财务方面的制度和财务历史资料；

(10) 施工成本预测资料；

(11) 拟采取的降低施工成本的措施；

(12) 其他相关资料。

2) 施工成本计划的编制方式

(1) 按施工成本组成编制。

建筑安装工程费用可分为分部分项工程费、措施项目费、其他项目费、规费和税金。施工成本按成本构成可分解为人工费、材料费、施工机械使用费、措施项目费和企业管理费等。

(2) 按施工项目组成编制。

大中型工程项目通常是由若干单项工程构成的，每个单项工程又包含若干单位工程，每个单位工程下面又包含若干分部分项工程。因此，首先把项目总施工成本分解到单项工程和单位工程中，再进一步分解到分部工程和分项工程中。接下来就要具体地分配成本，编制分项工程的成本支出计划，从而得到详细的成本计划表。

在编制成本支出计划时，要在项目总的方面考虑总的预备费，也要在主要的分项工程中安排适当的不可预见费，避免在具体编制成本计划时，由于某项内容工程量计算有较大出入，使原来的成本预算失实。

(3) 按施工进度编制。

按工程进度编制的施工成本计划，可通过对控制项目进度的网络图的进一步扩充得到。即在建立网络图时，一方面确定完成各项工作所需花费的时间；另一方面确定完成这一工作的合适的施工成本支出计划。在实践中，将工程项目分解为既能方便地表示时间，又能方便地表示施工成本支出计划的工作是不容易的，通常如果项目分解程度对时间控制合适，则对施工成本支出计划可能分解过细，以至于不可能对每项工作确定其施工成本支出计划。因此在编制网络计划时，应在充分考虑进度控制对项目划分要求的同时，还要考虑确定施工成本支出计划对项目划分的要求，做到二者兼顾。通过对施工成本目标按时间进行分解，在网络计划基础上，可获得项目进度计划的横道图，并在此基础上编制成本计划。其表示方式有两种：一种是在时标网络图上按月编制的成本计划；另一种是利用时间—成本累积曲线(S 形曲线)表示。

时间—成本累积曲线的绘制步骤如下。

① 确定工程项目进度计划，编制进度计划的横道图；

② 根据每单位时间内完成的实物工程量或投入的人力、物力和财力，计算单位时间(月或旬)的成本，在时标网络图上按时间编制成本支出计划；

③ 计算规定时间计划累计支出的成本额，其计算方法为：各单位时间计划完成的成本额累加求和；

④ 按各规定时间的 Q_t 值，绘制 S 形曲线。

每一条 S 形曲线都对应某一特定的工程进度计划。因为在进度计划的非关键线路中存在许多有时差的工序或工作，因而 S 形曲线必然包括在由全部工作都按最早开始时间开始和全部工作都按最迟开始时间开始的曲线所组成的"香蕉图"内。项目经理可根据编制的成本支出计划来合理安排资金，同时项目经理也可以根据筹措的资金来调整 S 形曲线，即通过调整非关键线路上的工序项目的最早或最迟开工时间，力争将实际的成本支出控制在计划的范围内。

一般而言，所有工作都按最迟开始时间开始，对节约资金贷款利息是有利的；但同时，也降低了项目按期竣工的保证率，因此项目经理必须合理地确定成本支出计划，达到既能节约成本支出，又能控制项目工期的目的。

以上三种编制施工成本计划的方式并不是相互独立的。在实践中，往往是将这几种方式结合起来使用，从而可以取得扬长避短的效果。例如，将按项目分解总施工成本与按施工成本构成分解总施工成本两种方式相结合，横向按施工成本构成分解，纵向按项目分解，或相反。这种分解方式有助于检查各分部分项工程施工成本构成是否完整，有无重复计算或漏算；同时还有助于检查各项具体的施工成本支出的对象是否明确或落实，并且可以从数字上校核分解的结果有无错误。或者还可将按子项目分解总施工成本计划与按时间分解总施工成本计划结合起来，一般纵向按项目分解，横向按时间分解。

3) 编制原则

(1) 从实际情况出发原则，发掘企业内外部潜力，降低成本指标；

(2) 与其他计划相结合原则，如财务计划、生产进度计划、材料采购计划；

(3) 采用先进的技术经济定额原则;

(4) 统一领导,分级管理原则;

(5) 适度弹性原则,适应环境变化的能力。

7.3 施工项目成本控制

7.3.1 施工项目成本控制的原则

1. 开源与节流相结合的原则

降低项目成本,需要开源节流。因此,在成本控制中,也应该坚持开源与节流相结合的原则。这就要求做到:每发生一笔金额较大的成本费用,都要核对有无与其相对应的预算收入,是否支大于收。在经常性的分部分项工程成本核算和月度成本核算中,也要进行实际成本与预算收入的对比分析,以便从中探索成本节超的原因,纠正项目成本的不利偏差,提高项目成本的降低水平。

施工项目成本控制
的原则.mp3

2. 全面控制原则

1) 项目成本的全员控制

项目成本是一项综合性很强的指标,它涉及项目组织中各个部门、单位和班组的工作业绩,也与每个职工的切身利益有关。因此,项目成本的高低需要大家关心,施工项目成本管理(控制)也需要项目建设者群策群力,仅靠项目经理和专业成本管理人员及少数人的努力是无法收到预期效果的。项目成本的全员控制,并不是抽象的概念,而应该有一个系统的实质性内容,其中包括各部门、各单位的责任网络和班组经济核算等,防止成本控制出现人人有责又都人人不管的情况。

开源与节流相结合
的原则.avi

2) 项目成本的全过程控制

施工项目成本的全过程控制,是指在工程项目确定以后,自施工准备开始,经过工程施工,到竣工交付使用后的保修期结束,其中每一项经济业务,都要纳入成本控制的轨道。也就是成本控制工作要随着项目施工进展的各个阶段连续进行,既不能疏漏,又不能时紧时松,要使施工项目成本自始至终置于有效的控制之下。

3. 中间控制原则

中间控制原则又称动态控制原则,对于具有一次性特点的施工项目成本来说,应该特别强调项目成本的中间控制。因为施工准备阶段的成本控制,只是根据上级要求和施工组织设计的具体内容去确定成本目标、编制成本计划、制订成本控制的方案,从而为今后的成本控制做好准备。而竣工阶段的成本控制,由于成本盈亏已经基本定局,即使发生了偏差,也来不及纠正。因此,把成本控制的重心放在基础、结构、装饰等主要施工阶段上,是十分必要的。

4. 目标管理原则

目标管理是贯彻执行计划的一种方法，它把计划的方针、任务、目的和措施等逐一加以分解，提出进一步管理的具体要求，并分别落实到执行计划的部门、单位甚至个人。目标管理的内容包括：目标的设定和分解、目标的责任到位和执行、检查目标的执行结果、评价目标和修正目标，最终形成目标管理的 PDCA(P—计划；D—实施；C—检查；A—处理)循环。

5. 节约原则

节约人力、物力、财力的消耗，是提高经济效益的核心，也是成本控制的一项最主要的基本原则。节约要从三方面入手：一是严格执行成本开支范围、费用开支标准和有关财务制度，对各项成本费用的支出进行限制和监督；二是提高施工项目的科学管理水平，优化施工方案，提高生产效率，节约人、财、物的消耗；三是采取预防成本失控的技术组织措施，制止可能发生的浪费。做到了以上三点，成本目标就能实现。

6. 例外管理原则

例外管理是西方国家现代管理常用的方法，它起源于决策科学中的"例外"原则，目前则被更多地用于成本指标的日常控制。在建设工程项目的活动中，有许多活动是例外的，如施工任务单和限额领料单的流转程序等，通常是通过制度来保证其顺利进行。但也有一些偶然的问题，我们称之为"例外问题"。这些"例外问题"，往往是关键性问题，对成本目标的顺利完成影响很大，必须予以高度重视。例如，在成本管理中常见的成本盈亏异常现象，即盈余或亏损超过了正常的比例；本来是可以控制的成本，突然发生了失控现象等，都应该视为"例外问题"，进行重点检查，深入分析，并采取相应积极的措施加以纠正。

7. 责、权、利相结合的原则

要使成本控制真正发挥及时有效的作用，必须严格按照经济责任制的要求，贯彻责、权、利相结合的原则。

在项目施工过程中，项目经理、工程技术人员、业务管理人员以及各单位和生产班组都负有一定的成本控制责任，从而形成整个项目的成本控制责任网络。另一方面，各部门、各单位、各班组在肩负成本控制责任的同时，还应享有成本控制的权力，即在规定的权力范围内可以决定某项费用能否开支、如何开支和开支多少，以行使对项目成本的实质性控制。最后，项目经理还要对各部门、各单位、各班组在成本控制中的业绩进行定期的检查和考评，并与工资分配紧密挂钩，实行有奖有罚的制度。实践证明，只有责、权、利相结合的成本控制，才是名实相符的项目成本控制，才能收到预期的效果。

7.3.2 施工项目成本控制的措施

施工项目的成本控制，应伴随项目建设的进程渐次展开，注意各个时期的特点和要求。

1. 施工前期的成本控制

(1) 工程投标阶段：根据工程概况和招标文件，联系建筑市场和竞争对手的情况，进行成本预测，提出投标决策意见。

(2) 中标以后，应根据项目的建设规模，组建与之相适应的项目经理部，同时以"标书"为依据确定项目的成本目标，并下达给项目经理部。

2. 施工准备阶段的成本控制

(1) 根据设计图纸和有关技术资料，对施工方法、施工顺序、作业组织形式、机械设备选型、技术组织措施等进行认真的研究分析，并运用价值工程原理，制定出科学先进、经济合理的施工方案。

(2) 根据企业下达的成本目标，以分部分项工程实物工程量为基础，联系劳动定额、材料消耗定额和技术组织措施的节约计划，在优化的施工方案的指导下，编制明细而具体的成本计划，并按照部门、施工队和班组的分工进行分解，作为部门、施工队和班组的责任成本落实下去，为今后的成本控制做好准备。同时，根据项目建设时间的长短和参加建设人数的多少，编制间接费用预算，并对上述预算进行明细分解，以项目经理部有关部门(或业务人员)责任成本的形式落实下去，为今后的成本控制和绩效考评提供依据。

3. 施工阶段的成本控制

(1) 加强施工任务单和限额领料单的管理，特别要做好每一个分部分项工程完成后的验收(包括实际工程量的验收和工作内容、工程质量、文明施工的验收)，以及实耗人工、实耗材料的数量核对，以保证施工任务单和限额领料单的结算资料绝对正确，为成本控制提供真实可靠的数据。

(2) 将施工任务单和限额领料单的结算资料与施工预算进行核对，计算分部分项工程的成本差异，分析差异产生的原因，并采取有效的纠偏措施。

(3) 做好月度成本原始资料的收集和整理，正确计算月度成本，分析月度预算成本与实际成本的差异。对于一般的成本差异要在充分注意不利差异的基础上，认真分析有利差异产生的原因，以防对后续作业成本产生不利影响或因质量低劣而造成返工损失；对于盈亏比例异常的现象，则要特别重视，并在查明原因的基础上，采取果断措施，尽快加以纠正。

(4) 在月度成本核算的基础上，实行责任成本核算。也就是利用原有会计核算的资料，重新按责任部门或责任者归集成本费用，每月结算一次，并与责任成本进行对比。

(5) 经常检查对外经济合同的履约情况，为顺利施工提供物质保证。如遇拖期或质量不符合要求时，应根据合同规定向对方索赔；对缺乏履约能力的单位，要采取断然措施，即中止合同，并另找可靠的合作单位，以免影响施工，造成经济损失。

(6) 定期检查各责任部门和责任者的成本控制情况，检查成本控制责、权、利的落实情况(一般为每月一次)。发现成本差异偏高或偏低的情况时，应会同责任部门或责任者分析产生差异的原因，并督促他们采取相应的对策来纠正差异；如有因责、权、利不到位而影响成本控制工作的情况，应针对责、权、利不到位的原因，调整相关各方的关系，落实权、利相结合的原则，使成本控制工作得以顺利进行。

4. 竣工验收阶段的成本控制

(1) 精心安排，干净利落地完成工程竣工扫尾工作。从现实情况看，很多工程一到竣工扫尾阶段，就把主要施工力量抽调到其他在建工程上去，以致出现扫尾工作拖拖拉拉，战线拉得很长，机械、设备无法转移，成本费用照常发生等情况，使在建阶段取得的经济效益逐步流失。因此，一定要精心安排(因为扫尾阶段工作面较小，人多了反而会造成浪费)，采取"快刀斩乱麻"的方法，把竣工扫尾时间缩短到最低限度。

(2) 重视竣工验收工作。在验收以前，要准备好验收所需要的各方面的资料(包括竣工图)，送甲方备查；对验收中甲方提出的意见，应根据设计要求和合同内容认真处理，如果涉及费用，应请甲方签证，列入工程结算。

(3) 及时办理工程结算。工程结算造价按施工图预算增减，但在施工过程中，有些按实结算的经济业务，是由财务部门直接支付的，项目预算员不掌握资料，导致在工程结算时遗漏。因此，在办理工程结算前，要求项目预算员和成本员进行认真全面的核对。

(4) 在工程保修期间，应由项目经理指定保修工作的责任者，并责成保修责任者根据实际情况提出保修计划(包括费用计划)，以此作为控制保修费用的依据。

7.3.3　施工项目成本控制的技术方法

1. 施工项目成本控制的组织和分工

施工项目的成本控制，不仅仅是专业成本员的责任，所有的项目管理人员，特别是项目经理，都要按照自己的业务分工各负其责。所以如此强调成本控制，一方面，是因为成本指标，是诸多经济指标中的必要指标之一；另一方面，还在于成本指标的综合性和群众性，既要依靠各部门、各单位的共同努力，又要由各部门、各单位共享降低成本的成果。为了保证项目成本控制工作的顺利进行，需要把所有参加项目建设的人员组织起来，并按照各自的分工开展工作。

1) 建立以项目经理为核心的项目成本控制体系

项目经理责任制，是项目管理的特征之一。实行项目经理责任制，就是要求项目经理对项目建设的进度、质量、成本、安全和现场管理标准化等全面负责。项目经理要把成本控制放在首位，因为成本失控，必然影响项目的经济效益，导致预期的成本目标难以完成，更无法向职工交代。

2) 建立项目成本管理责任制

项目管理人员的成本责任，不同于工作责任。有时工作责任已经完成，甚至还完成得相当出色，但成本责任却没有完成。例如：项目工程师贯彻工程技术规范认真负责，对保证工程质量起了积极的作用，但往往强调了质量，忽视了节约，影响了成本。又如：材料员采购及时，反应到位，配合得力，值得赞扬，但在材料采购时就远不就近，便宜就好，降低品质，既增加了采购成本，又不利于工程质量。因此，应该在原有职责分工的基础上，还要进一步明确成本管理责任，使每一个项目管理人员都有这样的认识：在完成工作责任的同时还要为降低成本精打细算，为节约成本开支严格把关。

这里所说的成本管理责任制，是指各项目管理人员在处理日常业务中对成本管理应尽的责任。

2. 一般的成本控制方法

成本控制的方法很多，而且有一定的随机性。即在什么情况下，就要采取与之相适应的控制手段和控制方法。这里就一般常用的成本控制方法论述如下。

1) 以施工图预算控制成本支出

在施工项目的成本控制中，可按施工图预算，实行"以收定支"，或者叫"量入为出"的方法，这种方法是最有效的方法之一，具体的处理方法如下：

(1) 人工费的控制。加强劳动定额管理，提高劳动生产率，降低工程耗用人工工日，是控制人工费支出的主要手段。

(2) 材料费的控制。在实行按"量价分离"方法计算工程造价的条件下，水泥、锶材、木材等"三材"的价格随行就市，实行高进高出；地方材料的预算价格=基准价×(1+材差系数)。在对材料成本进行控制的过程中，首先要以上述预算价格来控制地方材料的采购成本；至于材料消耗数量的控制，则应通过"限额领料单"去落实。

由于材料市场价格变动频繁，往往会发生预算价格与市场价格严重背离而使采购成本失去控制的情况。因此，项目材料管理人员要经常关注材料市场价格的变动；累积系统、翔实的市场信息。如遇材料价格大幅上涨，可向"定额管理"部门反映，同时向甲方争取按实补贴。

(3) 钢管脚手、钢模板等周转设备使用费的控制。施工图预算中的周转设备使用费=耗用数×市场价格，而实际发生的周转设备使用费=使用数×企业内部的租赁单价或摊销率。由于两者的计量基础和计价方法各不相同，只能以周转设备预算收费的总量来控制实际发生的周转设备使用费的总量。

(4) 施工机械使用费的控制。施工图预算中的机械使用费=工程量×定额台班单价。由于项目施工的特殊性，实际的机械利用率不可能达到预算定额的取定水平；再加上预算定额所设定的施工机械原值和折旧率又有较大的滞后性，因而使施工图预算的机械使用费往往小于实际发生的机械使用费，形成机械使用费超支。

由于上述原因，有些施工项目在取得甲方的谅解后，常在工程合同中明确规定一定数额的机械费补贴。在这种情况下，就可以通过施工图预算的机械使用费和增加的机械费补贴来控制机械费支出。

(5) 构件加工费和分包工程费的控制。在市场经济体制下，钢门窗、木制成品、混凝土构件、金属构件和成型钢筋的加工，以及打桩、土方、吊装、安装、装饰和其他专项工程(如屋面防水等)的分包，都要通过经济合同来明确双方的权利和义务。在签订这些经济合同的时候，特别要坚持"以施工图预算控制合同金额"的原则，绝不允许合同金额超过施工图预算。根据部分工程的历史资料综合测算，上述各种合同金额的总和约占全部工程造价的55%～70%。由此可见，将构件加工和分包工程的合同金额控制在施工图预算以内，是十分重要的。如果能做到这一点，实现预期的成本目标，就有了相当大的把握。

2) 以施工预算控制人力资源和物质资源的消耗

资源消耗数量的货币表现就是成本费用。因此资源消耗的减少，就等于成本费用的节

约；控制了资源消耗，等于是控制了成本费用。施工预算控制资源消耗的实施步骤和方法如下：

(1) 项目开工以前，应根据设计图纸计算工程量，并按照企业定额或上级统一规定的施工预算定额编制整个工程项目的施工预算，作为指导和管理施工的依据。如果是边设计边施工的项目，则编制分阶段的施工预算。

在施工过程中，如遇工程变更或改变施工方法的情况，应由预算员对施工预算做统一调整和补充，其他人不得任意修改施工预算，或故意不执行施工预算。

施工预算对分部分项工程的划分，原则上应与施工工序相吻合，或直接使用施工作业计划的"分项工程工序名称"，以便与生产班组的任务安排和施工任务单的签发取得一致。

(2) 对生产班组的任务安排，必须签发施工任务单和限额领料单，并向生产班组进行技术交底。施工任务单和限额领料单的内容，应与施工预算完全相符，不允许篡改施工预算，也不允许有定额不用而另行估工。

(3) 在施工任务单和限额领料单的执行过程中，要求生产班组根据实际完成的工程量和实耗人工、实耗材料做好原始记录，作为施工任务单和限额领料单结算的依据。

(4) 任务完成后，根据回收的施工任务单和限额领料单进行结算，并按照结算内容支付报酬(包括奖金)。一般情况下，绝大多数生产班组能按质按量提前完成生产任务。因此，施工任务单和限额领料单不仅能控制资源消耗，还能促进班组全面完成施工任务。

为了保证施工任务单和限额领料单结算的正确性，要求对施工任务单和限额领料单的执行情况进行认真的验收和核查。

为了便于任务完成后进行施工任务单和限额领料单与施工预算的逐项对比，要求预算员在编制施工预算时对每一个分项工程工序名称统一编号，在签发施工任务单和限额领料单时也要按照施工预算的统一编号对每一个分项工程工序名称进行编号，以便对号检索对比，分析节超。由于施工任务单和限额领料单的数量比较多，对比分析的工作量也很大，可以应用电子计算机来代替人工操作(对分项工程工序名称统一编号，可为应用计算机创造条件)。

3) 建立资源消耗台账，实行资源消耗的中司控制

资源消耗台账，属于成本核算的辅助记录。这里仅以"材料消耗台账"为例，说明资源消耗台账在成本控制中的应用。

(1) 材料消耗台账的格式和举例。

从材料消耗台账的账面数字看：第一、第二两项分别为施工图预算数和施工预算数，也是整个项目用料的控制依据；第三项为第一个月的材料消耗数；第四、第五两项为第二个月的材料消耗数和到第二个月为止的累计耗用数；第五项以下，以此类推，直至项目竣工为止。

(2) 材料消耗情况的信息反馈。

项目财务成本员应于每月初根据材料消耗台账的记录，填制"材料消耗情况信息表"，向项目经理和材料部门反馈情况。

(3) 材料消耗的中间控制。

由于材料成本是整个项目成本的重要环节，不仅比重大，而且有潜力可挖。如果材料

成本出现亏损，必将使整个成本陷入被动。因此，项目经理应对材料成本有足够的重视，至于材料部门，更是责无旁贷。

按照以上要求，项目经理和材料部门收到"材料消耗情况信息表"以后，应该做好这两件事：①根据本月材料消耗数，联系本月实际完成的工程量，分析材料消耗水平和节超原因，制订材料节约使用的措施，分别落实给有关人员和生产班组；②根据尚可使用数，联系项目施工的形象进度，从总量上控制今后的材料消耗，而且要保证有所节约。这是降低材料成本的重要环节，也是实现施工项目成本目标的关键。

4) 应用成本与进度同步跟踪的方法控制分部分项工程成本

长期以来，我们都认为计划工作是为安排施工进度和组织流水作业服务的，与成本控制的要求和管理方法截然不同。其实，成本控制与计划管理、成本与进度之间有着必然的同步关系，即施工到什么阶段，就应该发生相应的成本费用。如果成本与进度不对应，就要作为"不正常"现象进行分析，找出原因，并加以纠正。

为了便于在分部分项工程的施工中同时进行进度与费用的控制，掌握进度与费用的变化过程，可以按照横道图和网络图的特点分别对成本进行处理。

(1) 横道图计划的进度与成本的同步控制。

在横道图计划中，表示作业进度的横线有两条，一条为计划线，一条为实际线，可用颜色来区别，也可用单线和双线(或细线和粗线)来区别。计划线上的"C"，表示与计划进度相对应的计划成本；实际线下的"C"，表示与实际进度相对应的实际成本。

从上述横道图可以掌握以下信息。

① 每道工序(即分项工程，下同)的进度与成本的同步关系，即施工到什么阶段，就将发生多少成本。

② 每道工序的计划施工时间与实际施工时间(从开始到结束)之比(提前或拖期)，以及对后道工序的影响。

③ 每道工序的计划成本与实际成本之比(节约或超支)，以及对完成某一时期责任成本的影响。

④ 每道工序施工进度的提前或拖期对成本的影响程度。

⑤ 整个施工阶段的进度和成本情况。通过进度与成本同步跟踪的横道图，要求实现：

a. 以计划进度控制实际进度；

b. 以计划成本控制实际成本；

c. 随着每道工序进度的提前或拖期，对每个分项工程的成本实行动态控制，以保证项目成本目标的实现。

(2) 网络图计划的进度与成本的同步控制。

网络图计划的进度与成本的同步控制，与横道图计划有异曲同工之处。所不同的是，网络计划在施工进度的安排上更具逻辑性，而且可在破网后随时进行优化和调整，因而对每道工序的成本控制也更为有效。

网络图的表示方法为：代号为工序施工起止的节点(系指双代号网络)，箭杆表示工序施工的过程，箭杆的下方为工序的计划施工时间，箭杆上方"C"后面的数字为工序的计划成本(以千元为单位)；实际施工的时间和成本，则在箭杆附近的方格中按实填写。这样，就能从网络图中看到每道工序的计划进度与实际进度、计划成本与实际成本的对比情况，同时也可清楚地看出今后控制进度、控制成本的方向。

5) 建立项目月度财务收支计划制度，以用款计划控制成本费用支出

(1) 以月度施工作业计划为龙头，并以月度计划产值为当月财务收入计划，同时由项目各部门根据月度施工作业计划的具体内容编制本部门的用款计划。

(2) 项目财务成本员应根据各部门的月度用款计划进行汇总，并按照用途的轻重缓急平衡调度，同时提出具体的实施意见，经项目经理审批后执行。

(3) 在月度财务收支计划的执行过程中，项目财务成本员应根据各部门的实际用款做好记录，并于下月初反馈给相关部门，由各部门自行检查分析节超原因，吸取经验教训。对于节超幅度较大的部门，应以书面分析报告分送项目经理和财务部门，以便项目经理和财务部门采取针对性的措施。

建立项目月度财务收支计划制度的优点有：①根据月度施工作业计划编制财务收支计划，可以做到收支同步，避免支大于收造成资金紧张；②在实行月度财务收支计划的过程中，各部门既要按照施工生产的需要编制用款计划，又要在项目经理批准后认真贯彻执行，这就使资金使用(成本费用开支)更趋合理；③用款计划经过财务部门的综合平衡，又经过项目经理的审批，可使一些不必要的费用开支得到严格的控制。

6) 建立项目成本审核签证制度，控制成本费用支出

过去，项目施工需要的各种资源，一般由企业集中采购，然后直接划转或按比例分配给项目，形成项目的成本费用。因此，项目经理和项目管理人员对成本费用的内涵不甚了解，也无须审核，一律照单全收，更谈不上进行控制。

引进市场经济机制以后，需要建立以项目为成本中心的核算体系。即所有的经济业务，不论是对内或对外，都要与项目直接对口。在发生经济业务的时候，首先要由有关项目管理人员审核，最后经项目经理签证后支付。这是项目成本控制的最后一关，必须十分重视。其中，有关项目管理人员的审核尤为重要，因为他们熟悉自己分管的业务，有一定的权威性。

审核成本费用的支出，必须以有关规定和合同为依据。其依据主要有：

(1) 国家规定的成本开支范围；

(2) 国家和地方规定的费用开支标准和财务制度；

(3) 内部经济合同；

(4) 对外经济合同。

由于项目的经济业务比较繁忙，如果事无巨细都要由项目经理"一支笔"审批，难免分散项目经理的精力，不利于项目管理的整体工作。因此，可从实际出发，在需要与可能的条件下，将不太重要、金额又小的经济业务授权财务部门或业务主管部门代为处理。

7) 加强质量管理，控制质量成本

质量成本是指项目为保证和提高产品质量而支出的一切费用，以及未达到质量标准而产生的一切损失费用之和。质量成本包括两个主要方面：控制成本和故障成本。控制成本包括预防成本和鉴定成本，属于质量保证费用，与质量水平成正比关系，即：工程质量越高，鉴定成本和预防成本就越大；故障成本包括内部故障成本和外部故障成本，属于损失性费用，与质量水平成反比关系，即工程质量越高，故障成本就越低。

7.4 施工项目成本核算

施工项目成本核算概述

项目成本核算是通过一定的方式方法对项目施工过程中发生的各种费用成本进行逐一统计考核的一种科学管理活动。

1. 成本核算的意义

项目成本核算是施工企业成本管理极其重要的环节。认真做好成本核算工作，对于加强成本管理，促进增产节约，发展企业生产都有着重要的作用，具体可表现在以下几个方面：

(1) 通过项目成本核算，将各项生产费用按照它的用途和一定程序，直接计入或分配计入各项工程，正确算出各项工程的实际成本，将它与预算成本进行比较，可以检查预算成本的执行情况。

(2) 通过项目成本核算，可以及时反映施工过程中人力、物力、财力的耗费；可以检查人工费、材料费、机械使用费、措施费用的耗用情况和间接费用定额的执行情况；可以挖掘降低工程成本的潜力，节约活劳动和物化劳动。

(3) 通过项目成本核算，可以计算施工企业各个施工单位的经济效益和各项承包工程合同的盈亏，分清各个单位的成本责任；可以在企业内部实行经济责任制，以便于学先进、找差距，开展社会主义竞赛。

(4) 通过项目成本核算，可以为各种不同类型的工程积累经济技术资料，为修订预算定额、施工定额提供依据。管理企业离不开成本核算，但成本核算不是目的，而是管好企业的一个经济手段。离开管理去讲成本核算，成本核算也就失去了它应有的重要性。

2. 成本核算的划分

项目成本核算一般以每一独立编制施工图预算的单位工程为对象，但也可以按照承包工程项目的规模、现场等情况，结合成本控制的要求，按工期、结构类型、施工组织和施工现场灵活划分成本核算对象。一般说来有以下几种情况：

(1) 一个单位工程由几个施工单位共同施工时，各施工单位都应以同一单位工程为成本核算对象，各自核算自行完成的部分。

(2) 规范大、工期长的单位工程，可以将工程划分为若干部位，以分部位的工程作为成本核算对象。

(3) 同一建设项目，由同一施工单位施工，并在同一施工地点，属于同一建设项目的各个单位工程可以合并作为一个成本核算对象。

(4) 改建、扩建的零星工程，可根据实际情况和管理需要，以一个单项工程为成本核算对象，或将同一施工地点的若干个工程量较少的单项工程合并，作为一个成本核算对象。

7.4.2　施工项目成本核算原则

1. 确认原则

在项目成本管理中，各项经济业务中发生的成本，都必须按一定的标准和范围加以认定和记录。只要是为了经营目的所发生的或预期要发生的，并要求得以补偿的一切支出，都应作为成本来加以确认。正确的成本确认往往与一定的成本核算对象、范围和时期相联系，并必须按一定的确认标准来进行。这种确认标准具有相对的稳定性，主要侧重定量，但也会随着经济条件和管理要求的发展而变化。

2. 分期核算原则

施工生产是连续不断的，项目为了取得一定时期的项目成本，就必须将施工生产活动划分若干时期，并分期计算各期项目成本。成本核算的分期应与会计核算的分期相一致，这样便于财务成果的确定。但要指出，成本的分期核算，与项目成本计算期不能混为一谈。

3. 实际成本核算原则

要采用实际成本计价，采用定额成本或者计划成本方法的，应当合理计算成本差异，月终编制会计报表时，调整为实际成本。即必须根据计算期内实际产量(已完工程量)以及实际消耗和实际价格计算实际成本。

4. 权责发生制原则

凡是当期已经实现的收入和已经发生或应当负担的费用，不论款项是否收付，都应作为当期的收入或费用处理；凡是不属于当期的收入和费用，即使款项已经在当期收付，都不应作为当期的收入和费用。权责发生制原则主要从时间选择上确定成本会计确认的基础，其核心是根据权责关系的实际发生和影响期间来确认企业的支出和收益。

5. 相关性原则

成本核算要为项目成本管理目标服务，成本核算不只是简单的计算问题，还要与管理融于一体，所以，在具体成本核算方法、程度和标准的选择上，在成本核算对象和范围的确定上，应与施工生产经营特点和成本管理要求特性相结合，并与项目一定时期的成本管理水平相适应。正确地核算出符合项目管理目标的成本数据和指标，真正使项目成本核算成为领导的参谋和助手。

6. 一贯性原则

项目成本核算所采用的方法一经确定，不得随意变动。只有这样，才能使企业各期成本核算资料口径统一，前后连贯，相互可比。成本核算办法的一贯性原则体现在各个方面，如耗用材料的计价方法、折旧的计提方法、施工间接费的分配方法、未施工的计价方法等。坚持一贯性原则，并不是一成不变的，如确有必要变更，要有充分的理由对原成本核算方法进行改变的必要性做出解释，并说明这种改变对成本信息的影响。如果随意变动成本核算方法，并不加以说明，则有对成本、利润指标、盈亏状况弄虚作假的嫌疑。

7. 划分收益性支出与资本性支出原则

划分收益性支出与资本性支出是指成本、会计核算应当严格区分收益性支出与资本性支出界限，以正确地计算当期损益。所谓收益性支出是指该项目支出的发生是为了取得本期收益，即仅仅与本期收益的取得有关，如支付工资、水电费支出等。所谓资本性支出是指不仅为取得本期收益而发生的支出，同时该项支出的发生有助于以后会计期间的支出，如构建固定资产支出。

8. 及时性原则

及时性原则是指项目成本的核算、结转和成本信息的提供应当在所要求的时期内完成。要指出的是，成本核算及时性原则，并非越快越好，而是要求成本核算和成本信息的提供，以确保真实为前提，在规定时期内核算完成，在成本信息尚未失去时效的情况下适时提供，确保不影响项目其他环节核算工作的顺利进行。

9. 明晰性原则

明晰性原则是指项目成本记录必须直观、清晰、简明、可控、便于理解和利用，能使项目经理和项目管理人员了解成本信息的内涵，弄懂成本信息的内容，便于信息利用，有效地控制本项目的成本费用。

10. 配比原则

配比原则是指营业收入与其对应的成本、费用应当相互配合。即为取得本期收入而发生的成本和费用，应与本期实现的收入在同一时期内确认入账，不得脱节，也不得提前或延后。以便正确计算和考核项目经营成果。

11. 重要性原则

重要性原则是指对于成本有重大影响的业务内容，应作为核算的重点，力求精确，而对于那些不太重要的琐碎的经济业务内容，可以相对从简处理，不要事无巨细，均作详细核算。坚持重要性原则能够使成本核算在全面的基础上保证重点，有助于加强对经济活动和经营决策有重大影响和有重要意义的关键性问题的核算，达到事半功倍，简化核算，节约人力、财力、物力，提高工作效率的目的。

12. 谨慎原则

谨慎原则是指在市场经济条件下，在成本、会计核算中应当对项目可能发生的损失和费用，做出合理预计，以增强抵御风险的能力。

7.4.3 施工项目成本核算程序

1. 发生成本的确认

进行项目成本核算，首先要对发生的各种成本和费用一一进行确认，确定应该记入项目成本的费用及费用数额、各种消耗记录、完成状况度量。

2. 成本的归集与分配

所谓成本归集是指在会计制度下，以有序的方式进行成本数据的收集与汇总的过程；成本分配则是指将归集的成本分配给成本对象的过程。

项目实施过程中既有直接成本，也存在间接成本，大多数直接成本的核算简单易行，可按照定额标准和单价直接核算，而间接成本则需要按照一定的标准进行归集与分配。

3. 确定实际发生成本

经过对项目成本的确认、归集与分配，就完成了项目成本核算的主体工作，为确保核算结果的准确性，必须要对未完成的项目工程再次进行最后盘点，最终确定一定期间内完成项目的实际成本。

4. 提交项目成本核算报表

确认最终实际成本之后，要将已经完工的项目成本转入"项目结算成本"等科目中，并结转相关的期间费用，经过必要的会计处理之后，生成项目成本核算报表，并最终提交相关部门，对核算结果进行分析总结，及时调整施工战略与方法。

7.4.4　施工项目成本核算方法

最常用的核算方法有会计核算方法、业务核算方法、表格核算方法与统计核算方法，四种方法互为补充，各具特点，形成完整的项目成本核算体系。

会计核算法是以传统的会计方法为主要的手段，以货币为度量单位，以会计记账凭证为依据，对各项资金来源去向进行综合、系统、完整地记录、计算、整理汇总的一种方法。

业务核算法是对项目中的各项业务的各个程序环节，用各种凭证进行具体核算管理的一种方法。

统计核算是建立在会计核算与业务核算基础之上的一种成本核算方法，主要的统计内容有产值指标、物耗指标、质量指标、成本指标等。

表格核算法主要是建立在内部各项成本核算基础上，通过项目的各业务部门与核算单位定期采集相关信息、填制相应表格，形成项目成本核算体系的一种方式。

7.5　施工项目成本分析与考核

7.5.1　施工项目成本分析

1. 施工项目成本分析的概念

施工成本分析是在施工成本核算的基础上，对成本的形成过程和影响成本升降的因素进行分析，以寻求进一步降低成本的途径，其中包括有利偏差的挖掘和不利偏差的纠正。施工成本分析贯穿于施工成本管理

施工项目成本分析
的概念.mp3

的全过程，其在成本的形成过程中，主要利用施工项目的成本核算资料(成本信息)，与目标成本、预算成本以及类似的施工项目的实际成本等进行比较，了解成本的变动情况。同时也要分析主要技术经济指标对成本的影响，系统地研究成本变动的因素，检查成本计划的合理性，并通过成本分析，深入揭示成本变动的规律，寻找降低施工项目成本的途径，以便有效地进行成本控制。成本偏差的控制，分析是关键，纠偏是核心，要针对分析得出的偏差发生原因，采取切实措施，加以纠正。

成本偏差分为局部成本偏差和累计成本偏差。局部成本偏差包括项目的月度(或周、天等)核算成本偏差、专业核算成本偏差以及分部分项作业成本偏差等；累计成本偏差是指已完工程在某一时间点上实际总成本与相应的计划总成本的差异。对成本偏差的原因分析，应采取定量和定性相结合的方法。

成本的波动和变化，例如进口设备由于汇率在短期内大幅度变化所形成的价格波动。尽管对工程项目实施活动所消耗和占用资源的价格进行预测是可以实现的，但是这种预测结果本身就包含着不确定性，这些不确定性也会直接造成工程项目成本的波动与变化。

随着工程项目的逐步实施，各种完全不确定的事物和条件将逐步地向风险性事件转化，然后风险事件再进一步向确定性事件转化。与此同时，工程项目所有的不确定性成本也会随着项目的展开和逐步实施，从最初的不确定性成本逐步转为风险性成本，然后转变为一个完全确定的工程项目成本。

综上所述，工程项目成本的不确定性是绝对的，确定性是相对的。工程项目成本的不确定性是客观存在的，这就要求我们在工程项目的成本管理中必须开展对于包括风险性成本和不可预见费等预备费在内的各种风险性成本管理储备资金的直接控制。

2. 工程项目成本分析的方法

成本分析的方法可以单独使用，也可结合使用。尤其是在进行成本综合分析时，必须使用基本方法。为了更好地说明成本升降的具体原因，必须依据定量分析的结果进行定性分析。

工程项目成本分析的方法包括：比较法、因素分析法、差额计算法、比率法等方法。

工程项目成本分析的方法.mp3

1) 比较法

比较法，又称"指标对比分析法"，就是通过技术经济指标的对比，检查目标的完成情况，分析产生差异的原因，进而挖掘内部潜力的方法。这种方法，具有通俗易懂、简单易行、便于掌握的特点，因而得到了广泛的应用，但在应用时必须注意各技术经济指标的可比性。比较法的应用详见右侧二维码。

2) 因素分析法

因素分析法又称连环置换法。这种方法可用来分析各种因素对成本的影响程度。在进行分析时，首先要假定众多因素中的一个因素发生了变化，而其他因素不变，然后逐个替换，分别比较其计算结果，以确定各个因素的变化对成本的影响程度。因素分析法计算步骤详见右侧二维码。

扩展资源6.pdf

3) 差额计算法

差额分析法也称绝对分析法，是连环替代法的特殊形式，是利用各个因素的比较值与基准值之间的差额，来计算各因素对分析指标的影响。它通过分析财务报表中有关科目的绝对数值的大小，据此判断工程的财务状况和经营成果。

扩展资源 7.pdf

(1) 差额分析法的原理：差额分析法是连环替代法的简化方法。

(2) 差额分析法的计算方法：设某一分析指标 R 是由相互联系的 A、B、C 三个因素相乘得到，报告期(实际)指标和基期(计划)指标为

$$报告期(实际)指标\ R_1 = A_1 \times B_1 \times C_1$$
$$基期(计划)指标\ R_0 = A_0 \times B_0 \times C_0$$

在测定各因素变动对指标 R 的影响程度时可按顺序连环替代进行：

① 基期(计划)指标 $R_0 = A_0 \times B_0 \times C_0$；

② 第一次替代 $A_1 \times B_0 \times C_0$；

③ 第二次替代 $A_1 \times B_1 \times C_0$；

④ 第三次替代 $R_1 = A_1 \times B_1 \times C_1$。

②−①→A 变动对 R 的影响。③−②→B 变动对 R 的影响。④−③→C 变动对 R 的影响。

把各因素变动综合起来，总影响：$\Delta R = R_1 - R_0$，用下面公式直接计算各因素变动对 R 的影响；$(A_1 - A_0) \times B_0 \times C_0$→$A$ 变动对 R 的影响；$A_1 \times (B_1 - B_0) \times C_0$→$B$ 变动对 R 的影响；$A_1 \times B_1 \times (C_1 - C_0)$→$C$ 变动对 R 的影响。

综上可见，连环替代法和差额分析法得出的结论是一致的。

(3) 差额分析法说明。

① 各因素的排列顺序：数量指标在前，质量指标在后；基础指标在前，派生指标在后；实物指标在前，货币指标在后。如净利润可分解为销售量×单价×销售净利率。关于替代顺序的确定问题，一般来说在题目条件中会有说明。

② 固定时期：按先后顺序分析，分析过的固定在报告期或用实际数，未分析过的固定在基期或用计划数。如分析销售量、单价、销售净利率对净利润的影响；分析销售量变动对净利润的影响时，应把其他两个未分析过的指标固定在基期或者用计划数；分析单价变动对净利润的影响时，分析过的销售量固定在报告期或者用实际数，未分析过的销售净利率应固定在基期或计划数；分析销售净利率对净利润的影响时，已分析过的销售量和单价应固定在报告期或者用实际数。

(4) 差额分析法的局限性。

差额分析法有很大的局限性，它无法解释求出的数值大或小至什么程度，也无法说明数值以多大或多小为宜。而许多数值如营运资金和流动资产等，并不是越大越好，所以，财务分析不能仅仅满足于差额分析法，要结合其他分析方法，才能达到财务分析的目的。

差额分析法的
局限性.mp3

4) 比率法

比率法是指用两个以上的指标的比例进行分析的方法。它的基本特点是：先把对比分析的数值变成相对数，再观察相互之间的关系。

(1) 使用前提。

运用相关比率法必须具备两个前提：

① 相关指标比较稳定且反映未来的发展趋势，通常以基期数据为依据，并考虑计划期变动因素或参照同行业先进水平调整确定；

② 相关指标的预测已经完成，可利用下列公式确定目标利润：

$$目标利润=预计销售收入×销售收入利润率$$
$$目标利润=预计总资产平均占有额×总资产利润率$$

(2) 预测公式。

① 销售利润与销售收入的关系。

$$产品销售利润=预测产品销售收入总额×销售收入利润率$$

② 销售利润与资金占用的关系。

$$产品销售利润=预测全部资金平均占用额×全部资金利润率$$

③ 计划期与上年相比的增长率关系。

$$预测产品销售利润=上年产品销售利润×(1+计划年度产品比销售收入增长百分比)$$

公式中预测产品销售收入总额可采用有关销售的预测资料，预测全部资金平均占用额可采用有关固定资金、流动资金的预测资料；公式中销售收入利润率和全部资金利润率，可以基期利润率为依据，考虑计划年度变动因素加以确定；也可参照同行业平均先进水平调整。

【案例 7-3】 某森林半岛项目，在小区供暖方案上，有的楼设计采用的是 PPR 管，有的楼设计采用的是铝塑管。PPR 管、铝塑管是技术性能完全不同的两类管材。幼儿园工程设计时，结构设计师没有明确当地的墙体材料，设计的墙体材料为多孔砖。在图纸会审时，结构工程师要求本工程必须用多孔砖，原因是设计荷载是按多孔砖考虑的。而多孔砖在该市没有生产厂家，最近的生产厂家在 A 市 B 县，运输成本为 0.2 元/块，方案很不经济，并且供货很难满足正常的施工需要。经与设计院多方沟通，设计院最终同意采用普通粘土砖，以降低造价 8 万元。结合上下文分析本案例，理解分析本案例采用的成本控制方法。

7.5.2　施工项目成本考核

施工成本考核是指在施工项目完成后,对施工项目成本形成中的各责任者，按施工项目成本目标责任制的有关规定，将成本的实际指标与计划、定额、预算进行对比和考核，评定施工项目成本计划的完成情况和各责任者的业绩，并以此给以相应的奖励和处罚。通过成本考核，才

施工成本考核的
概念.mp3

能做到有奖有惩，赏罚分明，才能有效地调动每一位员工在各自施工岗位上努力完成目标成本的积极性，为降低施工项目成本和增加企业的积累，做出自己的贡献。

施工成本考核是衡量成本降低的实际成果，也是对成本指标完成情况的总结和评价。成本考核制度包括考核的目的、时间、范围、对象、方式、依据、指标、组织领导、评价与奖惩原则等内容。

以施工成本降低额和施工成本降低率作为成本考核的主要指标，要加强组织管理层对

项目管理部的指导，并充分依靠技术人员、管理人员和作业人员的经验和智慧，防止项目管理在企业内部异化为靠少数人承担风险的以包代管模式。成本考核也可分别考核组织管理层和项目经理部。

项目管理组织对项目经理部进行考核与奖惩时，既要防止虚赢实亏，也要避免实际成本归集差错等的影响，使施工成本考核真正做到公平、公正、公开，并在此基础上兑现施工成本管理责任制的奖惩或激励措施。

施工成本管理的每一个环节都是相互联系和相互作用的。成本预测是成本决策的前提，成本计划是成本决策所确定目标的具体化。成本计划控制则是对成本计划的实施进行控制和监督，保证决策的成本目标的实现，而成本核算又是对成本计划是否实现的最后检验，它所提供的成本信息又可为下一个施工项目成本预测和决策提供基础资料。成本考核是实现成本目标责任制的保证和实现决策目标的重要手段。

本 章 小 结

本章通过对项目成本管理概念、作用，项目成本预测与计划，项目成本控制，项目成本核算以及项目成本分析与考核等内容的学习，深入介绍项目成本管理，帮助学生了解项目成本管理，掌握项目成本管理的相关内容。

实 训 练 习

一、单选题

1. 施工项目成本按经济用途分析其构成，包括直接成本和间接成本。其中直接成本是构成施工项目实体的费用，包括材料费、人工费、(　　)、其他直接费和现场经费。

    A. 机械使用费　　B. 管理费　　　　C. 税金　　　　　D. 利润

2. 根据成本信息和施工项目的具体情况，运用一定的专门方法，对未来的成本水平及其可能发展趋势做出科学的估计，这是(　　)。

    A. 施工成本控制　　B. 施工成本计划　　C. 施工成本预测　　D. 施工成本核算

3. 以货币形式编制施工项目在计划期内的生产费用、成本水平、成本降低率以及为降低成本所采取的主要措施和规划的书面方案，这是(　　)。

    A. 施工成本控制　　　　　　　　B. 施工成本计划

    C. 施工成本预测　　　　　　　　D. 施工成本核算

4. 施工成本管理的每一环节都是相互联系和相互作用的，其中(　　)是成本决策的前提。

    A. 成本预测　　　　B. 成本计划　　　C. 成本核算　　　　D. 成本考核

5. (　　)是指按照规定开支范围对施工费用进行归集，计算出施工费用的实际发生额，并根据成本核算对象，采用适当的方法，计算出该施工项目的总成本和单位成本。

    A. 施工成本分析　　B. 施工成本考核　　C. 施工成本控制　　D. 施工成本核算

6. (　　)是在成本形成过程中，对施工项目成本进行的对比评价和总结工作。

A. 施工成本分析　B. 施工成本考核　C. 施工成本控制　　D. 施工成本核算

7. (　　)是指施工项目完成后，对施工项目成本形成中的各责任者，按施工项目成本目标责任制的有关规定，将成本的实际指标与计划、定额、预算进行对比和考核，评定施工项目成本计划的完成情况和各责任者的业绩，并以此给以相应的奖励和处罚。

A. 施工成本考核　B. 施工成本分析　C. 施工成本控制　　D. 施工成本核算

二、多选题

1. 施工成本管理的任务主要包括(　　)。

A. 成本预测　　　　B. 成本计划　　　C. 成本控制

D. 成本核算　　　　E. 施工计划

2. 施工成本控制可分为(　　)。

A. 前馈控制　　　　B. 后馈控制　　　　C. 事先控制

D. 事中控制　　　　E. 事后控制

3. 成本分析的基本方法包括(　　)。

A. 比较法　　　　B. 因素分析法　　　C. 曲线法

D. 差额计算法　　　E. 比率法

4. 为了取得施工成本管理的理想成果，应当从多方面采取措施实施管理，通常可以将这些措施归纳为(　　)。

A. 管理措施　　　　B. 组织措施　　　　C. 技术措施

D. 经济措施　　　　E. 合同措施

5. 施工成本计划的编制依据包括(　　)。

A. 合同报价书，施工预算

B. 施工组织设计成本施工方案

C. 人、料、机市场价格

D. 公司颁布的材料指导价格、公司内部机械台班价格、劳动力内部挂牌价格

E. 施工设计图纸

6. 编制施工成本计划的方法有(　　)。

A. 按施工成本组成编制施工成本计划　B. 按子项目组成编制施工成本计划

C. 按工程进度编制施工成本计划　　　D. 按施工预算编制施工成本计划

E. 按总报价编制施工成本计划

三、简答题

1. 简述产生费用偏差的原因。

2. 简述施工成本控制的依据。

3. 施工成本控制的步骤有哪些？

4. 简述施工项目成本核算原则。

5. 工程项目成本分析的基本方法有哪些？

第 7 章　课后答案.pdf

实训工作单一

班级			姓名		日期	
教学项目			建筑工程项目成本管理			
学习项目	成本管理预测、计划、措施及控制、核算方法		学习要求		1. 熟悉成本管理预测、计划； 2. 掌握成本控制及核算； 3. 能独立进行小型项目核算	
相关知识			成本管理作用及分析			
其他内容						
学习过程记录						
评语				指导老师		

实训工作单二

班级		姓名		日期	
教学项目		建筑工程项目成本核算			
学习项目	施工项目成本核算	学习要求		了解施工成本核算内容，熟悉核算程序、方法	
相关知识		成本管理作用及分析			
其他内容					
学习过程记录					
评语			指导老师		

第 8 章　建筑工程项目
质量管理.pdf

第 8 章　建筑工程项目质量管理 08

第 8 章　建筑工程项目
质量管理.pptx

【学习目标】

- 了解建筑施工项目质量管理的概念
- 掌握建筑工程质量管理的内容和方法
- 掌握建筑工程项目质量的改进和质量事故的处理

【教学要求】

本章要点	掌握层次	相关知识点
建筑工程项目质量管理概述	1. 了解质量管理的概念 2. 掌握工程项目质量管理的原则及特征	项目质量管理
建筑工程项目质量控制的内容和方法	1. 了解建筑工程项目质量控制的内容 2. 掌握建筑工程项目质量控制的方法	项目质量控制
建筑工程项目质量改进和质量事故的处理	1. 了解建筑工程项目质量改进 2. 熟悉建筑工程项目质量事故的处理	质量改进和质量事故的处理

【项目案例导入】

重庆綦江彩虹桥为中承式钢管混凝土提篮拱桥，桥长 140 m，主拱净跨 120 m，桥面总宽 6 m，净宽 5.5 m。该桥在未向有关部门申请立项的情况下，施工中将原设计沉井基础改为扩大基础，基础均嵌入基石中。主拱钢管由重庆通用机械厂劳动服务部加工成 8 m 长的标准节段，全拱钢管在标准节段没有任何质量保证资料且未经验收的情况下焊接拼装合拢。钢管拱成型后管内分段用混凝土填注。某日 30 余名群众正行走于彩虹桥上，另有 22 名武警战士进行训练，由西向东列队跑步至桥上约三分之二处时，整座大桥突然垮塌，桥上群众和武警战士全部坠人河中。

【项目问题导入】

结合本章所学内容，分析本案例中事故发生的原因有几方面？

8.1　建筑工程项目质量管理概述

8.1.1　质量管理的概念

建筑工程质量简称工程质量。工程质量是指满足业主要求的，符合国家法律、法规、技术规范标准、设计文件及合同规定的特性综合。建设工程作为一种特殊的产品，除具有一般产品共有的质量特性，如性能、寿命、可靠性、安全性、经济性等满足社会需要的使用价值及其属性外，还具有特定的内涵。

质量.avi

建筑工程项目质量管理就是确立质量方针的全部职能及工作内容，并对其工作效果进行的一系列工作，也就是为了保证工程项目质量满足工程合同、设计文件、规范标准所采取的一系列措施、方法和手段。它是一个组织全部管理的重要组成部分，有计划、有系统的活动。

工程项目质量管理和控制可定义为达到工程项目质量要求所采取的作业技术和活动。其质量要求主要表现为工程合同、设计文件、规范规定的质量标准。因此，工程质量控制也就是为了保证达到工程合同规定的质量标准而采取的一系列措施、手段和方法。建筑工程的质量取决于项目的各个环节，如前期规划、设计、施工、后期维护、配套设施的建设等。因此要对建筑工程项目的质量进行控制，就必须对施工的各个环节进行控制，大致如下：

质量管理目的.mp3

(1) 项目可行性研究。这是决定项目能否施工的关键因素，也是决定性因素。建筑施工项目选址的地理位置、自然条件、甚至风向都是必须考虑的因素。

(2) 项目决策。如果项目是可行的，那么项目决策主要取决于项目投资方的投资意志。主要参考因素是是否盈利、是否对人民有利、是否能促进经济发展等。

(3) 工程勘测设计。为施工做前期准备，主要针对地基，周边环境，道路等进行前期性的勘测。工程勘测设计对工程施工具有较大影响，特别是对后期建筑施工的建筑参数。

(4) 工程施工。施工阶段的质量控制主要是人为因素，如施工工艺、人员管理、材料质量控制等。施工质量是工程施工项目中最容易由人的因素来控制的环节。

8.1.2　工程项目质量管理的原则及特征

1. 工程项目质量管理的原则

在进行建筑工程项目质量管理过程中，应遵循以下几点原则：

1）坚持质量第一、用户至上原则

市场经济经营的原则是"质量第一，用户至上"。工程项目作为一种特殊的商品，使用年限较长，直接关系到人民生命财产的安全。所以，工程项目在施工中应自始至终地把质量第一作为质量控制的基本原则。

工程项目质量管理
的原则.mp3

2）以项目团队成员为管理核心的原则

企业应注重对员工的管理，包括绩效管理、职业生涯规划、培训和提高等，这是保证工程项目施工质量的基本要求。人是质量的创造者，质量控制必须"以人为核心"，充分调动人的积极性、创造性；增强人的责任感，树立"质量第一"观念，通过提高人的素质来避免人的失误，以人的工作质量保证各工序的质量，促进工程建设质量。

3）以预防、预控为主的原则

预防为主，就是要从对质量的事后检查把关，转向对质量的事前控制、事中控制，从对产品质量的检查，转向对工作质量的检查、对工序质量的检查、对中间产品质量的检查，这是确保施工项目质量的有效措施。

4）坚持质量标准，严格检查的原则

质量标准是评价产品质量的尺度，数据是质量控制的基础和依据。产品质量是否符合质量标准，必须通过严格检查，用数据说话。

5）贯彻科学、公正、守法的原则

建筑施工企业的项目经理，在处理质量问题过程中，应尊重客观事实、尊重科学、不持偏见；遵纪守法，杜绝不正之风；既要坚持原则、严格要求、秉公办事，又要谦虚谨慎、实事求是、以理服人、热情帮助。

2. 工程项目质量管理的特征

由于建筑工程项目涉及面广，是一个极其复杂的综合过程，再加上项目建筑位置固定、生产流动、结构类型不一、质量要求不一、施工方法不一、体型大、整体性强、建设周期长、受自然条件影响大等特点，工程项目的质量管理比一般工业产品的质量管理难度更大，故工程项目质量具有以下特点。

工程项目质量管理
的特征.mp3

1）工程项目质量形成过程复杂

项目建设过程就是项目质量的形成过程，因而项目决策、设计、施工和竣工验收，对工程项目质量形成都起着重要作用和影响。

2）影响质量的因素多

工程项目质量不仅受项目决策、材料、机械、施工工艺、操作方法、施工人员素质等人为因素的直接以及间接影响，还受到地理、地区资源等环境因素的影响。如地形地貌、地质条件、水文、气象等，均直接影响施工项目的质量。

3) 质量波动大

由于工程项目的施工不像工业产品的生产，有固定的生产流水线，有规范化的生产工艺和完善的检测技术，有成套的生产设备和稳定的生产环境，同时，由于影响项目施工质量的偶然性因素和系统性因素都较多，因此，很容易产生质量变异。为此，在施工中要严防出现系统性因素的质量变异，要把质量变异控制在偶然性因素范围内。

4) 质量隐蔽性

建设项目在施工过程中，分项工程工序交接多，中间产品多，隐蔽工程多，若不及时检查实质，只依靠事后查看表面情况，就容易产生二次判断错误，也就是说，容易将不合格的产品，认为是合格的产品。反之，若检查不认真、测量仪表不准、读数有误，则就会产生第一判断错误，也就是说容易将合格产品认为是不合格的产品。这在进行质量检查验收时，应特别注意。

5) 终检的局限性

工程项目建成后，不可能像某些工业产品那样，再拆卸或解体来检查内在的质量，或重新更换零件，即使发现质量有问题，也不可能像工业产品那样实行包换或退款。如果发现严重质量问题，要整改也很难，如果要不得不推倒重建，必然导致重大损失。工程项目的终检无法进行工程内在质量的检验，发现隐蔽的质量缺陷，这是终检的局限性。

【案例 8-1】某工程于 2014 年 6 月上旬开工，自开工以来建设单位资金到位，施工单位认真负责，监理单位合理履行其职责，各方配合默契，工程进行顺利。至 2014 年 8 月下旬，该工程的某分项工程具备了验收条件。在此情况下施工单位的项目经理出面组织建设单位、监理单位等单位的相关人员进行了该分项工程的验收，结果合格。验收工作结束后，施工单位绘制了分项工程质量验收记录表，表格包括工程名称、结构类型、检验批次、建设单位名称、建设单位项目负责人、项目法人、监理单位名称、总监理工程师、施工单位名称、项目经理、项目技术负责人、检验批部位与区段、施工单位检查评定结果、检查结论、验收结论等项目。监理工程师在分项工程质量验收记录表的"检查结论"项目中签字，施工单位项目经理在"验收结论"项目中签字。结合本章分析，文中所述的分项工程质量验收工作有什么不妥之处？

8.2　建筑工程项目质量控制的内容和方法

8.2.1　建筑工程项目质量控制的内容

完整的工程质量应该是功能、设施完善，能满足寿命期间正常的使用。充分发挥工程的投资价值。要全面控制工程质量，需从全方位和全过程两方面进行。

全方位控制.avi

1. 全方位控制

1) 人

在所有因素中，人是最关键、最具决定性的因素。

2) 机

人的因素.mp3

机是指投入到工程上的机器设备。当代工程建设项目规模大、技术新、精度高，必须依靠先进的施工机械才能进行施工，有些工程项目要借助专业化的设备，否则很难胜任和开展此项工作，更不要说保证质量。同样地，有针对性地把工程所需的机械设备配备齐全，工程质量也将会水到渠成。

3) 料

材料的因素.mp3

一项工程建设，是一个不断投入、产出的循环过程。投入原材料、半成品，到中间过程产品，直至成品。而且工程的特点是：上道工序将被下道工序所覆盖，其间的质量问题难以被发现，如果质量问题有所表现，则往往是较为严重且难于补救，或产生费用过高的问题。而且质量问题不会随着时间的推移而自动消除，因此在生产过程中按规定技术标准控制合格的原材料、半成品就非常重要。

4) 法

法是指操作工艺、方法。工程建设是一个复杂的生产过程，而且新的工艺方法不断涌现。工艺对质量有重大的影响。如钢筋的连接，以前有搭接，后来出现了焊接，大大地提高了质量；混凝土现场搅拌，质量离散性大，后来采用集中搅拌站(或是商品混凝土)，质量的稳定性大大提高，而且施工性能发生极大的改变；大体积混凝土有严重的水化热问题，采用掺入粉煤灰后，可以节约水泥，同时又能降低水化热。特殊的工艺方法成为一些公司的制胜法宝。

5) 环

环就是环境。工程建设的施工总是在一些特定的环境中，环境有力地影响工程的质量。如：气温低、湿度大对防水工程施工就不利，而同样的条件对粉刷砂浆就是有利的条件，施工质量将会较好；低温度下钢筋的焊接比较容易出现冷脆，所以要保证质量就需要设置热处理装置。人无法控制环境，但人可以有选择地避开不利的环境影响，最大限度地保证质量。

2. 工程质量的全过程控制

工程一般要经过决策、可行性研究、设计、施工、运行、保修等阶段。

1) 决策

工程项目建设的程序首先是投资意向、寻找投资项目，然后决策考虑是否要上项目。它是项目的源头，也是项目的基调，以后的项目均由此引发。一个决策失误的项目，就已经决定了奔向失败的方向。

2) 项目可行性研究

有了投资意向，考虑上项目后，就需进行项目的可行性研究。这需要建设单位仔细分析、预测项目的经济效益、社会效益、环境效益，初步确定规模、整体规划、标准等大的方向问题，为后期的建设定下总体框架，可行性研究是最终确定项目"上"还是"不上"

的决策文件，编制质量的高与低，决定项目生死存亡。

3) 设计

设计根据可行性研究决定的基本纲要，统一安排项目的功能、总体布置、造型、设备选型、用料等，施工图出来以后，工程项目就已经完全确定。据国内外工程界的统计数据：设计费用占工程建设费用的1%，但是设计质量的高低确决定了整个项目另外的99%。

4) 施工

设计图决定了工程项目的全部内容，工程实体能否完整地体现设计的意图，把图上的工程变成可触摸的工程。产生效益，施工的质量是关键，特别是工业建设项目，经常存在由于施工质量不到位，不能达到设计生产能力，最终导致项目没有效益或效益低下的情况。

5) 运行和保修阶段

工程项目投入使用后要按设计的使用标准合理使用，并妥为保护，方可正常发挥工程的价值。不正当、超负荷、超强度使用工程，会加快工程的磨损，从而导致工程的提前损坏。要让工程按照人们的意愿充分发挥价值就需加强运行和保修阶段的质量控制。

【案例8-2】 某建筑工程位于繁华市区，建筑面积213000m^2，混凝土现浇结构，筏板式基础，地下2层，地上15层，基础埋深10.2m。工程所在地区地势北高南低，地下水流从北向南。施工单位的降水方案计划在基坑北边布置单排轻型井点。基坑开挖到设计标高后，施工单位和监理单位对基坑进行验槽，并对基底进行了钎探，发现地基东南角有约350m^{2}的软土区，监理工程师随即指令施工单位进行换填处理。工程主体结构施工时，2层现浇钢筋混凝土阳台在拆模时沿阳台根部发生断裂，经检查发现是由于施工人员将受力主筋位置布置错误所致。事故发生后，业主立即组织了质量大检查，发现一层大厅梁柱节点处有露筋；已绑扎完成的楼板钢筋位置与设计图纸不符；施工人员对钢筋绑扎规范要求不清楚。工程进入外墙面装修阶段后，施工单位按原设计完成了1065m^{2}的外墙贴面砖工作，业主认为原设计贴面与周边环境不协调，要求更换为大理石贴面，施工单位按业主要求进行了更换。结合本章试分析工程质量事故和业主检查出的问题反映出施工单位质量管理中存在哪些主要问题？

8.2.2　建筑工程项目质量控制的方法

1. 工程质量控制的方法

(1) 质量控制应以事前控制(预防)为主。

(2) 应按监理规划、监理实施细则的要求对施工过程进行检查，及时纠正违规操作，消除质量隐患，跟踪质量问题，验证纠正效果；

(3) 应采用必要的检查、测量和试验手段，以验证施工质量；

(4) 应对工程的关键工序和重点部位施工过程进行旁站监理；

(5) 应严格执行现场见证取样和送检制度；

(6) 应撤换承包单位不称职的人员及不合格的分包单位。

工程质量的控制
方法.mp3

2. 工程质量控制的措施

1) 事前控制

施工准备阶段是施工单位为正式施工进行各项准备、创造开工条件的阶段。施工阶段发生的质量问题、质量事故，往往是由于施工准备阶段工作的不充分而引起的。因此，项目监理部在进行质量控制时，要十分关注施工准备阶段各项准备工作的落实情况。项目监理部将通过抓住

事前控制.mp3

工程开工审查关，采集施工现场各种准备情况的信息，及时发现可能造成质量问题的隐患，以便及时采取措施，实施预防。

在施工准备阶段，项目监理部采取预控方法进行监理，具体控制要点及手段主要有：

(1) 检查和督促施工单位健全质量及安全保证措施。

每个施工承包单位都应由项目经理全面负责，并有设施工员、质量员、资料员和安全员，在施工现场进行全过程质量管理和质量控制。建立施工工序的自检验收制度。

(2) 对施工队伍及人员控制。

审查承包单位施工队伍及人员的技术资质与条件是否符合要求，项目监理部审查认可后，方可上岗施工；对不合格人员，项目监理部有权要求承包单位予以撤换。

(3) 施工准备的检验和监理。

施工准备工作的检查是预控的重要环节。对于分部工程的开工，监理工程师要着重从保证工程质量角度逐项审查；对于不具备开工条件者，有权要求施工单位暂缓开工，直至达到开工条件为止。

(4) 施工组织设计和技术措施的审批。

项目监理部进驻施工现场后，将严格审查施工承包单位编写的施工组织设计和技术措施，审查应以确保工程质量为前提。项目监理部将以施工单位是否按施工承包合同中所承诺的机具、人员、材料进行投入来作为衡量是否已做好开工准备的条件之一。

(5) 苗木植物材料、建筑原材料、半成品供应商的审批。

在保证质量的前提条件下，项目监理部允许施工单位在多个苗木植物材料、建筑原材料、半成品供应商中间进行合理的选择，但施工单位必须进行采样试验，并将试验结果报项目监理部审批，以确定原材料、半成品供应厂商。

(6) 种植土壤、植物检疫、建筑原材料、半成品的试验与审批。

对植物种植的土壤、外地苗木的植物检疫、运抵施工现场的各种建筑原材料、半成品，施工单位必须按照规范规定的技术要求、试验方法进行验收试验(项目监理部实行见证取样)，并将试验结果报项目监理部，项目监理部将根据质检站和施工单位的验收结果，做出是否批准相应种植土、外地苗木的使用及建筑原材料、半成品用于工程。

(7) 配合比试验与审批。

项目监理部要求施工单位对批准进场使用的原材料，按照设计要求进行配合比试验。项目监理部将根据质检站和施工单位的试验结果做出是否批准相应的混凝土配合比用于工程，未经批准的混凝土配合比不得在工程中使用。

(8) 进场施工机械、设备的检查与审批。

项目监理部要求施工单位在施工机械进场前填写"进场机械报验单"，并提供进场施工机械清单(包括设备名称、规格、型号、数量及运行质量情况)。经项目监理部检查合格后

方可在工程施工中使用，未经批准的任何施工机械、设备不得在工程中使用。

(9) 测量、施工放样审核。

项目监理部要求施工单位在每个施工项目开工前填写"施工放样报验单"并附施工放样检查资料，一并报驻地监理审核。督促有关项目组并对水准点和本工程的重要控制点定期进行复测、保护，监理部负责复核。

(10) 特殊施工技术方案和特殊工艺的审批。

如果因为工程需要，施工单位提出了特殊技术措施和特殊工艺，项目监理部应要求施工单位填写"施工技术方案报验单"并附具体的施工技术方案，一并报项目监理部审核。项目监理部将坚持以"成功的经验、成熟的工艺、有专家评审意见、有利于保证质量"作为审核特殊技术措施和特殊工艺的标准。

(11) 质量保证体系的建立。

项目监理部将通过建立、健全质量管理网络，落实隐蔽工程自检、互检、抽检的验收三级检查制度，使质量管理深入基层，最大限度发挥施工单位在质量工作中的保证作用，以使施工中的质量缺陷、质量隐患尽可能地在自检、互检、抽检过程中得到发现，并及时纠正。

(12) 开工批准。

施工单位在完成上述报审后，经项目监理部审核，确定具备开工条件，由总监理工程师批准开工，签发开工令。

2) 事中控制

(1) 监理工程师对施工现场有目的地进行巡视检查、检测和旁站。

① 在巡视过程中发现和及时纠正施工中的不符合规范要求并最终导致产品质量不合格的问题；

② 对施工过程的关键工序、特殊工序在施工完成以后难以检查、存在问题难以返工或返工影响大的重点部位，应进行现场旁站监督、检测；

③ 对所发现的问题应先口头通知承包单位改正，然后由监理工程师签发《整改通告》；

④ 承包单位应将整改结果进行书面回复，由监理工程师进行复查。

(2) 核查工程预检。

① 承包单位填写《预检工程检查记录单》报送项目监理部核查；

② 监理工程师针对《预检工程检查记录单》的内容到现场进行抽查；

③ 对不合格的分项工程，应通知承包单位整改，并跟踪复查，合格后才可准予进行下一道工序。

(3) 验收隐蔽工程。

① 承包单位按有关规定对隐蔽工程先进行自检，自检合格，将《隐蔽工程检查记录》报送项目监理部。

② 监理工程师对《隐蔽工程检查记录》的内容到现场进行检测、核查。

③ 对隐检不合格的工程，应由监理工程师签发《不合格工程项目通知》，由承包单位整改，合格后由监理工程师复查。

④ 监理单位对隐检合格的工程应签认《隐蔽工程检查记录》，并准予进行下一道工序。

⑤ 按合同规定，行使质量否决权，如有以下情况，监理单位可会同建设方下停工令。

a. 施工中出现质量异常情况，经提出后仍不采取改进措施；

b. 隐蔽作业未通过现场监理人员检查，而自行掩盖者；

c. 擅自变更设计图纸进行施工；

d. 使用没有技术合同证的工程材料；

e. 未经技术资质审查人员进入现场施工；

f. 其他质量严重事件。

⑥ 对施工质量不合格项目，可建议建设单位拒付工程款，并督促施工单位施工。

(4) 分项工程验收。

① 承包单位在一个分项工程完成并自检合格后，填写《分项/分部工程质量报验认可单》报项目监理部；

② 监理工程师对报验的资料进行审查，并到施工现场进行抽检、核查；

③ 对符合要求的分项工程由监理工程师签认，并确定质量等级；

④ 对不符合要求的分项工程，由监理工程师签发《不合格工程项目通知》，责令承包单位进行整改；

⑤ 经返工或返修的分项工程应按质量评定标准进行再评定和签认；

⑥ 安装工程的分项工程签认，必须在施工试验、检测完备、合格后进行。

(5) 分部工程验收。

① 承包单位在分部工程完成后，应根据监理工程师签认的分项工程质量评定结果进行分部工程的质量等级汇总评定，并填写《分项/分部工程质量报验认可单》，附《分部工程质量检验评定表》，报项目监理部签认。

② 单位工程基础分部已完成，进入主体结构施工时，或主体结构完成，进入装修前应进行基础和主体工程验收，承包单位填写《基础/主体工程验收记录》进行申报；再由总监理工程师组织建设单位、承包单位和设计单位共同核查承包单位的施工技术资料，并进行现场质量验收，最后由各方协商验收意见，并在《基础/主体工程验收记录》上签字认可。

3) 事后控制

(1) 分项、分部、单位工程的质量检查评定验收。

对符合设计、验收规范所提出的质量要求的各分项工程，项目监理部应对所有已完成工序的隐蔽工程进行验收，评定已完成分项工程的质量等级，并签署验收意见。验收频率为 100%。

(2) 质量问题和质量事故处理。

① 监理工程师对施工中的质量问题除在日常巡视、重点旁站、分项、分部工程检验过程中解决外，可针对质量问题的严重程度分别进行处理。

② 对可以通过返修弥补的质量缺陷，应责成承包单位先写出质量问题调查报告，提出处理方案；监理工程师审核后(必要时经建设单位和设计单位认可)，批复承包单位处理；处理结果应重新进行验收。

③ 对需要进行返工处理或加固补强的质量问题，除应责成承包单位先写出质量问题调查报告，提出处理意见外；总监理工程师还应签发《工程部分暂停指令》，并与建设单位和设计单位研究，由设计单位提出处理方案，监理单位批复承包单位处理；处理结果应重新进行验收。

④ 监理工程师应将完整的质量问题处理记录归档。施工中发现的质量事故，承包单位应按有关规定上报处理；总监理工程师应书面报告业主及监理单位。

⑤ 监理工程师应对质量问题和质量事故的处理结果进行复查。

【案例 8-3】 某市路南区建设一综合楼，结构型式采用现浇框架——剪力墙结构体系，地上 20 层，地下 2 层，建筑物檐高 66.75m，建筑面积 56000m²，混凝土强度等级为 C35，于 2010 年 3 月 12 日开工，在工程施工中出现了以下质量问题：试验测定地上 3 层和 4 层混凝土标准养护试块强度未达到设计要求，监理工程师采用回弹法测定，结果仍不能满足设计要求，最后法定检测单位从 3 层和 4 层钻取部分芯样，为了进行对比，又在试块强度检验合格的 2 层钻取部分芯样，检测结果发现，试块强度合格的芯样强度能达到设计要求，而试块强度不合格的芯样强度仍不能达到原设计要求。

结合上下文思考分析针对该工程，施工单位应采取哪些质量控制的对策来保证工程质量？为避免以后施工中出现类似质量问题，施工单位应采取何种方法对工程质量进行控制？

8.3 建筑工程项目质量改进和质量事故的处理

8.3.1 建筑工程项目质量改进

1. 对设计单位的质量控制

工程项目的质量目标与水平，是通过设计使其具体化的，据此作为施工的依据。设计质量的优劣，直接影响工程项目的使用价值和功能，是工程质量的决定性环节。

在初步设计阶段，应审核工程所采用的技术方案是否符合总体方案的要求，以及是否达到项目决策阶段确定的质量标准；在技术设计阶段，应审核专业设计是否符合预定的质量标准和要求；施工图设计阶段，是设计阶段质量控制的重点，应注重反映使用功能及质量要求是否得到满足，尽量减少施工中的设计变更。施工完全依靠设计，设计的好坏是决定是否有一个好的结果的重要保证。设计的可施工性好坏直接影响着施工质量的好坏。施工可行性好，施工难度低的设计，就比较容易得到一个好的质量，相反如果施工可行性差，施工难度很高的设计，就很难达到高质量，或者要付出很大的投入才能够达到预期的目的。

设计的修改量的多少，也是决定工程整体质量的一个重要因素。一次性浇注时预留出来的混凝土孔洞和后来用通过钻或凿出来的孔是有本质区别的。现场通过修改的钢结构必定比不上一次性在预制场中加工完的钢结构。

2. 对施工单位的质量控制

1) 建立健全质量保证体系

要建立健全质量保证体系，应加强合同管理，审查施工单位的施工现场质量管理是否有相应的施工技术标准、健全的质量管理体系、施工质量检验制度和综合施工质量水平评定考核制度，并督促施工单位落实到位。仔细审查施工组织设计和施工方案，检查和审查工程材料、设备的质量，杜绝质量事故隐患。

2) 做到对人、材料的控制

(1) 人的控制。

要配备好"三大员"，即施工员、材料员、质检员，他们必须责任心强、坚持原则、业务熟练、经验丰富、有较强的预见性。有三大员的严格把关，项目经理就可以把更多的精力放到偶然性质量因素方面。此外，是人员的使用。工程施工与其他产业相比机械化程度低，大部分劳动靠人来操作，所以应发挥各自的特长，做到人尽其才。人的技术水平直接影响工程质量的水平，尤其对技术复杂、难度大的操作应由熟练工人去完成，必要时，还应对他们的技术水平予以考核，实行持证上岗。对于新型施工工艺，要引入"样板工程"。

(2) 材料的控制。

材料是工程施工的物质条件，材料供应及时可防止偷工减料，材料质量是工程质量的基础，材料质量不符合要求，工程质量也就不可能符合标准。所以加强材料的质量控制，是提高工程质量的重要保障。要求施工单位在人员配备、组织管理、检测程序、方法、手段等各个环节上加强管理，明确对材料的质量要求和技术标准。对用于工程的主要材料，进场必须具备正式的出厂合格证和材质化验单，如不具备或对检验证明有疑问时，应查明原因。材料检验和进场必须在监理工程师的见证监督下进行。

3) 做到动态控制

动态控制即事中认真检查把好隐蔽工程的签字验收关，发现质量隐患及时向施工单位提出、整改。在进行隐蔽工程验收时，首先要求施工单位自检合格，再由公司专职质检员核定等级并签字，并填写好验收表单递交监理；然后由监理工程师组织施工单位项目专业质量(技术)负责人等进行验收。现场检查复核原材料要保证资料齐全，合格证、试验报告齐全，各层标高、轴线也要层层检查，严格验收。要求施工单位质检员签字不能只流于形式，要真正去检查验收，再由监理工程师检查。监理工程师发现问题应及时以书面形式通知施工单位，待施工单位处理或返工完后，还要再进行复检，严格检查把关，保证质量。

8.3.2　建筑工程项目质量事故的处理

1. 工程质量事故的定义和特点

根据我国有关质量、质量管理和质量保证方面的国家标准的定义，凡工程产品质量没有满足某个规定的要求，就称之为质量不合格；而没有满足某个预期的使用要求或合理的期望(包括与安全性相关的要求)，称之为质量缺陷。在建设工程中通常所称的工程质量缺陷，一般是指工程不符合国家或行业现行有关技术标准、设计文件及合同中对质量的要求。质量缺陷分三种情况：一是致命缺陷，根据判断或经验，对使用、维护产品或与此有关的人员可能造成危害或不安全状况的缺陷，或可能损坏最终产品的基本功能的缺陷；二是严重缺陷，是指尚未达到致命缺陷程度，但显著地降低工程预期性能的缺陷；三是轻微缺陷，是指不会显著降低工程产品预期性能的缺陷，或偏离标准但轻微影响产品的有效使用或操作的缺陷。

质量事故的定义.mp3

工程质量事故的
特点.mp3

由于工程质量不合格或质量缺陷，而引发或造成一定的经济损失、工期延误或危及人的生命安全和社会正常秩序的事件，称为工程质量事故。

由于影响工程质量的因素众多而且复杂多变，难免会出现某种质量事故或不同程度的质量缺陷。因此，处理好工程的质量事故，认真分析原因，总结经验教训，改进质量管理与质量保证体系，使工程质量事故减少到最低程度，是质量管理工作的一个重要内容与任务。工程施工中的各个单位应当重视工程质量不良可能带来的严重后果，切实加强对质量风险的分析，及早制定对策和措施，重视对质量事故的防范和处理，避免已发事故的进一步恶化和扩大。

工程质量事故具有复杂性、严重性、可变性和多发性的特点。

1) 复杂性

建筑工程与一般工业相比具有产品固定，生产过程中人和生产随着产品流动的特点。由于建筑工程结构类型不一造成产品多样化；并且露天作业多，环境、气候等自然条件复杂多变；建筑工程产品所使用的材料品种、规格多，材料性能也不相同；多工种、多专业交叉施工，相互干扰大，手工操作多；工艺要求也不尽相同，施工方法各异，技术标准不一等。因此，影响工程质量的因素繁多，造成质量事故的原因错综复杂，即使是同一类的质量事故，而原因却可能多种多样，截然不同。这增加了质量事故的原因和危害的分析难度，也增加了工程质量事故的判断和处理的难度。复杂性实例详见右侧二维码。

扩展资源 8.pdf

扩展资源 9.pdf

2) 严重性

建筑工程是一项特殊的产品，不像一般生活用品可以报废，降低使用等级或使用档次，工程项目一旦出现质量事故，其影响较大。轻者影响施工顺利进行，拖延工期、增加工程费用，重者则会留下隐患成为危险的建筑，影响使用功能或者不能使用，更严重的还会引起建筑物的失稳、倒塌，造成人民生命、财产的巨大损失。建筑工程的严重性实例详见右侧二维码。

3) 可变性

许多建筑工程的质量问题出现后，其质量状态并非稳定于发现时的初始状态，而是有可能随着时间进程而不断地发展、变化。例如：地基基础的超量沉降可能随上部荷载的不断增大而继续发展；混凝土结构出现的裂缝可能随环境温度的变化而变化，或随荷载的变化及持荷时间而变化；也就是材料特性的变化、荷载和应力的变化、外界自然条件和环境的变化等，都会引起工程质量问题不断发生变化。因此，在初始阶段并不严重的质量问题，如不能及时处理和纠正，有可能发展成严重的质量事故，例如：开始时的细微裂缝有可能发展导致结构断裂或倒塌事故；土坝的涓涓渗漏有可能发展为溃坝。所以，在分析、处理工程质量事故时，一定要注意质量事故的可变性，及时采取可靠的措施，防止事故进一步恶化，或加强观测与试验，取得数据，预测未来发展的趋向。

4) 多发性

由于建筑工程产品中，受手工操作和原材料多变等影响，建筑工程中某些质量事故在各项工程中经常发生，降低了建筑标准，影响了使用功能，甚至危及了使用安全，成为多发性的质量通病。例如：屋面漏水、卫生间漏水、抹灰层开裂、脱落、预制构件裂缝、悬挑梁板开裂、折断，雨篷塌覆等。因此，总结经验、吸取教训、分析原因，采取有效措施预防这类问题十分必要。

2. 工程质量事故的分类

根据《关于做好房屋建筑和市政基础设施工程质量事故报告和调查处理工作的通知》(建

质〔2010〕111 号)，工程质量事故造成的人员伤亡或者直接经济损失，工程质量事故分为 4 个等级：

(1) 特别重大事故，是指造成 30 人以上死亡，或者 100 人以上重伤，或者 1 亿元以上直接经济损失的事故；

(2) 重大事故，是指造成 10 人以上 30 人以下死亡，或者 50 人以上 100 以下重伤，或者 5000 万元以上 1 亿元以下直接经济损失的事故；

(3) 较大事故，是指造成 3 人以上 10 以下死亡，或者 10 以上 50 人以下重伤，或者 1000 万元以上 5000 万元以下直接经济损失的事故；

(4) 一般事故，是指造成 3 人以下死亡，或者 10 人以下重伤，或者 100 万元以上 1000 万元以下直接经济损失的事故。

3. 工程质量事故处理的程序

建筑工程在设计、施工和使用过程中，不可避免会出现各种问题，而工程质量事故是其中最为严重又较为常见的问题，它不仅涉及建筑物的安全与正常使用，而且还关系到社会的稳定。近几年来，随着人民群众对工程质量的重视，有关建筑工程质量的投诉有增加的趋势，群体上访的事件也时有发生。建筑工程质量事故的原因有时较为复杂，其涉及的专业和部门较多，因此如何正确处理显得尤为重要。事故的正确处理应遵循一定的程序和原则，以达到科学准确、经济合理，为各方所接受。工程质量事故处理的一般程序如图 8-1 所示。

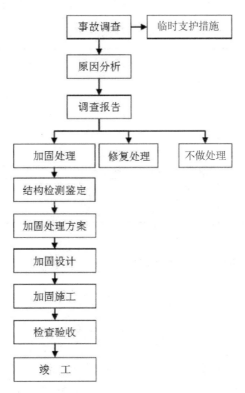

图 8-1　工程质量事故处理程序

1) 事故调查

事故调查包括事故情况与性质;涉及工程勘察、设计、施工各部门;使用条件和周边环境等各个方面。一般可分为初步调查、详细调查和补充调查。

初步调查主要针对工程事故情况、设计文件、施工内业资料、使用情况等方面,进行调查分析,根据初步调查结果,判别事故的危害程度,确定是否需采取临时支护措施,以确保人民生命财产安全,并对事故处理提出初步处理意见。

详细调查是在初步调查的基础上,有必要时,还要进一步对设计文件进行计算复核与审查,并对施工进行检测以确定是否符合设计文件要求,以及对建筑物进行专项观测与测量。

补充调查是在已有调查资料还不能满足工程事故分析处理时,需增加的项目。一般需做某些结构试验与补充测试,如工程地质补充勘察,结构、材料的性能补充检测,载荷试验等。

2) 原因分析

在完成事故调查的基础上,对事故的性质、类别、危害程度以及发生的原因进行分析,为事故处理提供必要的依据。在进行原因分析时,往往会存在原因的多样性和综合性,要正确区别同类事故的各种不同原因,需要通过详细的计算与分析、鉴别找到事故发生的主要原因。在综合原因分析中,除确定事故的主要原因外,应正确评估相关原因对工程质量事故的影响,以便能采取切实有效的综合加固修复方法。工程质量事故的常见原因见表8-1,其中第1至5项主要出现在施工阶段,第6至8项主要出现在使用阶段。

表 8-1　工程质量事故的常见原因

1	违返程序	未经审批,无证设计无证施工
2	地质勘察	勘察不符合要求,报告不详细,不准确
3	设计计算	结构方案不正确,计算错误,违反规范
4	工程施工	施工工艺不当,组织不善,施工结构理论错误
5	建筑材料	施工用材料、构件、制品不合格
6	使用损害	改变使用功能,破坏受力构件,增加使用荷数
7	周边环境	高温、氯等有害物体腐蚀
8	自然灾害	地震、风害、水灾、火灾

3) 调查后的处理

根据调查与分析形成的报告,应提出对工程质量事故是否需进行修复处理、加固处理或不做处理的建议。

经相关部门签证同意、确认工程质量事故不影响结构安全和正常使用,可对事故不做处理。例如经设计计算复核,原有承载能力有一定余量可满足安全使用要求,混凝土强度虽未达到设计值,但相差不多,预估混凝土后期强度能满足安全使用要求等。

工程质量事故不影响结构安全,但影响正常使用或结构耐久性的,应进行修复处理。如构件表层的蜂窝麻面、非结构性裂缝、墙面渗漏等,修复处理应委托专业施工单位进行。工程质量事故影响结构安全时,必须进行结构加固补强,此时应委托有资质的单位进行结构检测鉴定和加固方案设计，并由有专业资质的单位进行施工。

按照规定的工程施工程序，建筑结构的加固设计与施工，宜进行施工图审查与施工过程的监督和监理，防止加固施工过程中再次出现质量事故带来的各方面影响。建筑工程事故修复加固处理应满足下列原则：

(1) 技术方案切合实际，满足现行相关规范要求；

(2) 安全可靠，满足使用或生产要求；

(3) 经济合理，具有良好的性价比；

(4) 施工方便，具有可操作性；

(5) 具有良好的耐久性。

建筑工程事故
修复加固处理
原则.mp3

修复加固处理应依据事故调查报告和建筑物实际情况，并应满足现行国家相关规范要求，并经业主同意确认。修复处理可选择不同的方法和不同的材料，它对原有结构的影响以及工程费用有直接关系，因此处理方法应遵循上述原则和要求，应根据具体工程条件确定，以确保处理工作顺利进行。

同样，修复加固处理施工应严格按照设计要求和相关标准规范的规定进行，以确保处理质量和安全，达到要求的处理效果。

8.4　案　例　分　析

【背景】

某大型公共建筑工程项目，建设单位为 A 房地产开发有限公司，设计单位为 B 设计研究院，监理单位为 C 工程监理公司，工程质量监督单位为 D 质量监督站，施工单位是 E 建设集团公司，材料供应为 F 贸易公司。该工程地下 2 层，地上 9 层，基底标高-5.80m，檐高 29.97m，基础类型为墙下钢筋混凝土条形基础，局部筏式基础，结构形式为现浇剪力墙结构，楼板采用无黏结预应力混凝土。由于该施工单位缺乏预应力混凝土的施工经验，故该楼板无黏结预应力施工对其来说有难度。

【问题】

(1) 为保证工程质量，施工单位应对哪些影响质量的因素进行控制？

(2) 什么是质量控制点？质量控制点设置的原则是什么？如何对质量控制点进行质量控制？该工程无黏结预应力混凝土是否应作为质量控制点？为什么？

(3) 施工单位对该工程应采用哪些质量控制的方法？

(4) 在施工过程中，A 房地产开发有限公司、B 设计研究院、C 工程监理公司、D 质量监督站、E 建设集团公司，谁是自控主体？谁是监控主体？

【答案】

(1) 为保证工程质量，施工单位应对人、材料、机械、方法和环境五个影响质量的主要因素进行控制。

(2) 质量控制点是施工质量控制的重点，凡属关键技术、重要部位、控制难度大、影响大、经验欠缺的施工内容以及新材料、新技术、新工艺、新设备等，均可列为质量控制点，实施重点控制。质量控制点设置的原则：根据工程的重要程度，即质量特性值对整个工程质量的影响程度来确定。

对质量控制点进行质量控制的步骤：首先要对施工的工程对象进行全面分析、比较，以明确质量控制点；而后进一步分析所设置的质量控制点在施工中可能出现的质量问题或造成质量隐患的原因，针对隐患的原因，提出相应的对策措施用以预防。

该工程无黏结预应力混凝土应作为质量控制点。原因是：该施工单位缺乏预应力混凝土经验，对楼板无黏结预应力施工有难度，因此应设置为质量控制点，实施重点控制。

(3) 施工单位质量控制的方法：主要是审核有关技术文件和报告，直接进行现场质量检验或必要的试验等。

(4) 在施工过程中，E建设集团公司、B设计研究院是自控主体，A房地产开发有限公司、C工程监理公司、D质量监督站是监控主体。

本 章 小 结

在工程建设活动中，工程的质量管理对建筑工程来说有着至关重要的地位，本章通过对建筑工程质量管理的相关概念，建筑工程控制的内容和方法，建筑工程质量的改进和工程质量事故的处理等方面的介绍，帮助学生了解建筑工程质量管理。

实 训 练 习

一、填空题

1. 工程建设的不同阶段对工程项目质量的形成起着不同的作用和影响，决定工程质量的关键阶段是(　　)。

    A. 可行性研究阶段　　　　　　　　B. 决策阶段

    C. 设计阶段　　　　　　　　　　　D. 保修阶段

2. 建筑工程项目质量控制的内容是指人、材料、机械及(　　)。

    A. 方法与环境　　　　　　　　　　B. 方法与设计方案

    C. 投资额与合同工期　　　　　　　D. 投资额与环境

3. 在影响施工质量的五大因素中，建设主管部门推广的高性能混凝土技术，属于(　　)的因素。

    A. 环境　　　　B. 方法　　　　C. 材料　　　　D. 机械

4. 某工程混凝土浇筑过程中发生脚手架倒塌，造成11名施工人员当场死亡，此次工程质量事故等级认定为(　　)。

    A. 特别重大事故　B. 重大事故　C. 较大事故　D. 一般事故

5. 用于分析和说明各种因素如何导致或产生各种潜在的问题和后果是(　　)。

    A. 因果分析图　B. 原因结果图　C. 流程图　　D. 相关图

二、多选题

1. 施工质量控制的特点有(   )。
   A. 影响质量的因素多   B. 质量波动大
   C. 工程项目质量形成过程复杂   D. 结果控制要求高
   E. 终检局限性大

2. 美国质量管理专家将质量管理划分为三个过程，它们是(   )。
   A. 质量策划   B. 质量保证   C. 质量改进
   D. 质量控制   E. 质量确定

3. 项目质量策划的主要依据是(   )。
   A. 标准与规则   B. 战略质量目标   C. 项目质量方针
   D. 顾客需求   E. 项目范围陈述

4. 项目质量策划的结果是(   )。
   A. 明确项目质量目标
   B. 明确达到质量目标应采取的措施
   C. 明确应提供的必要条件
   D. 明确项目参与各方部门或岗位的质量职责
   E. 明确质量管理的过程

5. 战术性质量目标为项目质量的具体目标，包括(   )。
   A. 项目可靠性   B. 项目总体目标   C. 总体质量水平
   D. 安全性目标   E. 时间性目标

6. 项目质量目标的来源有(   )。
   A. 顾客的需求   B. 人类的内在活动   C. 社会
   D. 项目客观规律   E. 技术推动

7. 项目特征开发过程是一个优化过程，该过程经过(   )。
   A. 顾客需求清单   B. 项目分析   C. 项目特征开发
   D. 总结程序   E. 顾客特征及目标

三、简答题

1. 简述工程项目质量管理的原则。
2. 工程项目质量具有哪些特点？
3. 工程质量控制的方法有哪些？
4. 工程质量控制的措施有哪些？

第 8 章 课后答案.pdf

实训工作单

班级		姓名		日期	
教学项目			建筑工程项目质量管理		
学习项目	建筑工程项目质量管理概念、质量管理控制		学习要求	可以分析项目质量控制事故的原因，思考给出解决办法	
相关知识			建筑工程项目质量改进和事故处理		
其他内容					
学习过程记录					
评语				指导老师	

第9章 建筑工程项目
合同管理教案.pdf

第9章 建筑工程项目合同管理 09

【学习目标】

- 了解工程项目合同管理的相关法律知识
- 熟悉合同管理的主要过程
- 掌握不同类型的建筑工程合同的内容和格式

第9章 建筑工程项目
合同管理.pptx

【教学要求】

本章要点	掌握层次	相关知识点
合同管理基础	1. 了解合同的概述 2. 了解合同的概念和特征 3. 熟悉合同的订立、关系主体和内容	合同管理
建筑工程合同管理	了解建筑工程项目合同管理的概述、目的、任务及体系	建筑工程项目合同管理
施工项目合同管理	1. 了解施工项目合同管理的概念及内容 2. 熟悉施工项目合同的两级管理 3. 熟悉施工项目合同的种类和内容 4. 掌握施工项目合同的签订及履行	施工项目合同管理
建筑工程项目索赔管理	1. 了解建筑工程项目索赔的概述、原则 2. 掌握建筑工程项目索赔的程序与方法 3. 掌握建筑工程项目反索赔	索赔管理

【项目案例导入】

某城市拟新建一大型火车站，目前已审核立项。审批过程中，项目法人以公开招标方式与三家中标的一级建筑单位签订《建设工程总承包合同》，约定由该三家建筑单位共同为车站主体工程承包商，承包形式为一次包干，估算工程总造价 18 亿元。但合同签订后，国务院计划主管部门公布该工程为国家重大建设工程项目，批准的投资计划中主体工程部分仅为 15 亿元。因此，该计划下达后，委托方(项目法人)要求建筑单位修改合同，降低包干造价，建筑单位不同意，委托方诉至法院，要求解除合同。

【项目问题导入】

试结合本章内容，分析项目合同管理的重要性及管理的方法。

9.1　合同管理基础

9.1.1　合同的概述

合同是为适应私有制的商品经济的客观要求而出现的，是商品交换在法律上的表现形式。商品产生后，为了交换的安全和信誉，人们在长期的交换实践中逐渐形成了许多关于交换的习惯和仪式。这些商品交换的习惯和仪式便逐渐成为调整商品交换的一般规则。随着私有制的确立和国家的产生，统治阶级为了维护私有制和正常的经济秩序，把有利于他们的商品交换的习惯和规则用法律的形式加以规定，并以国家强制力保障实行。于是商品交换的合同法律形式便应运而生。

合同概述.mp3

古罗马时期，合同就受到人们的重视，签订合同必须经过规定的方式，才能发生法律效力。如果合同仪式的术语和动作被遗漏任何一个细节，就会导致整个合同无效。随着商品经济的发展，这种烦琐的形式直接影响到商品交换的发展。在理论和实践上，罗马法逐渐克服了缔约中的形式主义。要物合同和合意合同的出现，标志着罗马法从重视形式转为重视缔约人的意志，从而使商品交换从烦琐的形式中解脱出来，并且成为现代合同自由观念的历史渊源。

9.1.2　合同的概念和特征

1. 合同的概念

《中华人民共和国民法通则》第八十五条："合同是当事人或当事双方之间设立、变更、终止民事关系的协议。依法成立的合同，受法律保护。"广义合同指所有法律部门中确定权利、义务关系的协议；狭义合同指一切民事合同；还有最狭义合同仅指民事合同中的债权合同。

合同的概念.mp3

2．合同的特征

《中华人民共和国合同法》(下称《合同法》)所称合同，是指平等主体的自然人、法人、其他组织之间设立、变更、终止民事权利义务关系的协议。根据这条规定，合同具有以下法律特征：

1) 合同是平等主体之间的民事法律关系

合同是平等当事人之间从事的法律行为，任何一方不论其所有制性质及行政地位，都不能将自己的意志强加给对方。非平等主体之间的合同不属于合同法的调整对象。根据《政府采购法》第四十三条的规定，政府采购合同适用《合同法》。

2) 合同是双方或者多方法律行为

首先，合同至少需要两个或两个以上的当事人；其次，合同是法律行为，故当事人的意思表示是合同的核心要素；最后，因为合同是双方法律行为或者多方法律行为，因此合同成立不但需要当事人有意思表示，而且要求当事人之间的意思表示一致。

3) 合同是当事人之间民事权利与义务关系的协议

首先，根据《合同法》的规定，虽然平等主体之间有关民事权利义务关系设立、变更、终止的协议均在合同法的调整范围。但根据《合同法》第二条第二款的规定，婚姻、收养、监护等有关身份关系的协议，不适用《合同法》的调整。其次，合同作为一种法律事实，是当事人自由约定，协商一致的结果。如果当事人之间的约定合法，则在当事人之间产生相当于法律的效力，当事人就必须按照约定履行合同义务。任何一方违反合同，都要依法承担违约责任。

9.1.3　合同的订立、关系主体和内容

1．合同的订立

在日常的工作生活中，合同是当事人或当事双方之间设立、变更、终止民事关系的协议。依法成立的合同，受法律保护。合同订立的五大原则如下。

平等原则.mp3

1) 平等原则

根据《中华人民共和国合同法》第三条"合同当事人的法律地位平等，一方不得将自己的意志强加给另一方"的规定，平等原则是指地位平等的合同当事人，在充分协商达成一致意思表示的前提下订立合同的原则。这一原则包括三方面内容：

(1) 合同当事人的法律地位一律平等。不论所有制性质，也不问单位大小和经济实力的强弱，其地位都是平等的。

(2) 合同中的权利义务对等。当事人所取得财产、劳务或工作成果与其履行的义务大体相当；要求一方不得无偿占有另一方的财产，侵犯他人权益；要求禁止平调和无偿调拨。

(3) 合同当事人必须就合同条款充分协商，取得一致，合同才能成立。任何一方都不得凌驾于另一方之上，不得把自己的意志强加给另一方，更不得以强迫、命令、胁迫等手段签订合同。

2) 自愿原则

根据《中华人民共和国合同法》第四条"当事人依法享有自愿订立合同的权利，任何单位和个人不得非法干预"的规定，民事活动除法律强制性的规定外，由当事人自愿约定。包括：

(1) 订不订立合同自愿；

(2) 与谁订合同自愿；

(3) 合同内容由当事人在不违法的情况下自愿约定；

(4) 当事人可以协议补充、变更有关内容；

(5) 双方也可以协议解除合同；

(6) 可以自由约定违约责任，在发生争议时，当事人可以自愿选择解决争议的方式。

3) 公平原则

根据《中华人民共和国合同法》第五条"当事人应当遵循公平原则确定各方的权利和义务"的规定，公平原则要求合同双方当事人之间的权利义务要公平合理，具体包括：

(1) 在订立合同时，要根据公平原则确定双方的权利和义务；

(2) 根据公平原则确定风险的合理分配；

(3) 根据公平原则确定违约责任。

公平原则.mp3

4) 诚实信用原则

根据《中华人民共和国合同法》第六条"当事人行使权利、履行义务应当遵循诚实信用原则"的规定，诚实信用原则要求当事人在订立合同的全过程中，都要诚实，讲信用，不得有欺诈或其他违背诚实信用的行为。

5) 善良风俗原则

根据《中华人民共和国合同法》第七条"当事人订立、履行合同，应当遵守法律、行政法规，尊重社会公德，不得扰乱社会经济秩序，损害社会公共利益"的规定，"遵守法律、行政法规，尊重社会公德，不得扰乱社会经济秩序和损害社会公共利益"指的就是善良风俗原则。包括以下内涵：第一，合同的内容要符合法律、行政法规规定的精神和原则；第二，合同的内容要符合社会上被普遍认可的道德行为准则。

2. 合同的关系主体

合同关系主体，又称为合同当事人，包括债权人和债务人。债权人有权请求债务人依据法律和合同的规定履行义务；而债务人则依据法律和合同负有实施一定的行为的义务。当然，债权人与债务人的地位是相对的。在某些合同关系中，由于一方当事人只享受权利，而另一方当事人仅负有义务，所以债权人与债务人是容易确立定的。但在另一些合同关系中，当事人双方互为权利义务，即一方享受的权利是另一方所应尽的义务，另一方承担的义务则是一方所享受的权利，因此，双方互为债权人和债务人。

合同关系的主体都是特定的。从这个意义上，合同债权又被称为相对权。主体的特定化是合同关系与物权关系、人身权关系、知识产权关系等的重要区别。不过，合同关系的主体或称当事人是特定的，但并非是固定不变的。依据法律和合同的规定，债权人可以将其债权全部或部分地转让给第三人，债务人可以将其债务全部或部分地转让给第三人。这样，第三人可以取代债权人和债务人的地位或加入合同关系，成为合同关系的主体。这种债权主体变更，并没有改变合同关系主体的相对性，因为第三人一旦取代原合同关系当事人一方或者加入合同关系中，都已经成为特定的合同关系当事人，因此合同关系的主体仍然是特定的。

3. 合同的内容

除由法律、法规直接规定外，合同双方当事人的权利义务是通过合同条款来确定的。因此，《合同法》第十二条规定，合同的内容由当事人约定，但一般包括以下内容：

1) 当事人的名称或者姓名和住所

如果当事人是自然人，其住所就是其户籍所在地的居住地；自然人的经常居住地与住所不一致的，其经常居住地视为住所。如果当事人是法人，其住所是其主要办事机构所在地。如果法人有两个以上的办事机构，即应区分何者为主要办事机构，主要办事机构之外的办事机构为次要办事机构，而以该主要办事机构所在地为法人的住所。

2) 标的

标的是合同权利义务所指向的对象，标的是一切合同必须具备的主要条款。合同中应清楚地写明标的的名称，以使其特定化。特别是作为标的的同一种物品会因产地的差异和质量的不同而存在差别时，更是需要详细说明标的的具体情况。例如：白棉布有原色布与漂白布之分，因此如果购买白棉布，就必须说明是购买原色布，还是漂白布。

3) 数量

合同双方当事人应选择共同接受的计量单位和计量方法，并允许规定合理的磅差和尾差。

4) 质量

标的的质量主要包括 5 个方面：

(1) 标的物的物理和化学成分；

(2) 标的物的规格，通常是用度、量、衡来确定的质量特性；

(3) 标的物的性能，如强度、硬度、弹性、抗腐蚀性、耐水性、耐热性、传导性和牢固性等；

(4) 标的物的款式，例如标的物的色泽、图案、式样等；(5)标的物的感觉要素，例如标的物的味道、新鲜度等。

5) 价款或者报酬

价款是购买标的物所应支付的代价，报酬是获得服务应当支付的代价，这两项作为合同的主要条款，应予以明确规定。

6) 履行期限、地点和方式

当事人可以就履行期限是即时履行、定时履行、分期履行做出规定；当事人应对履行地点是在出卖人所在地，还是买受人所在地；以及履行方式是一次交付，还是分批交付，是空运、水运还是陆运应做出明确规定。

7) 违约责任

当事人可以在合同中约定违约致损的赔偿方法以及赔偿范围等。

8) 解决争议的方法

当事人可以约定在双方协商不成的情况下，选择是仲裁解决、还是诉讼解决买卖纠纷。当事人还可以约定解决纠纷的仲裁机构或诉讼法院。

另外，根据《合同法》第一百三十一条的规定，买卖合同的内容除依照上述规定以外，还可以包括包装方式、检验标准和方法、结算方式、合同使用的文字及其效力等条款。

【案例 9-1】 某商住楼工程项目，合同价位 4100 万元，工期为 1.5 年。业主通过招标选择了某施工单位进行该项目的施工。在正式签订工程施工承包合同前，发包人和承包人草拟了一份《建设工程施工合同(示范文本)》，供双方再斟酌，试分析以下相关条款中不妥当之处：

(1) 承包人必须按工程师批准的进度计划组织施工，接受工程师对进度的检查、监督。工程实际进度计划与计划进度不符合时，承包人应按工程师提出的要求提出改进措施，经工程师确认后执行，承包人有权就改进措施提出追认合同价款。

(2) 工程师应对承包人提交的施工组织设计进行审批或提出修改意见。

(3) 发包人向承包人提供施工场地的工程地喷和地下主要管网线路资料，供承包人参考使用。

(4) 承包人不能将工程转包，但允许分包，也允许分包单位将分包的工程再次分包给其他施工单位。

(5) 工程未经竣工验收或竣工验收未通过的，发包人不得使用。发包人强行使用时，发生的质量问题及其他同题，由发包人承担责任。

(6) 因不可抗力事件导致的费用及延误的工期由双方共同承担。

9.2 建筑工程合同管理

9.2.1 建筑工程项目合同管理概述

建筑工程合同管理是对工程项目中相关合同的策划、签订、履行、变更、索赔和争议的管理，它是工程项目管理的重要组成部分。工程合同管理就是合同管理的主体对工程合同的管理，根据合同管理的对象，可将合同管理分为两个层次，一是对单项合同的管理，二是对整个项目合同的管理。单项合同的管理，主要是指合同当事人从合同开始到合同结束的全过程对某个合同进行的管理，包括合同的提出、合同文本的起草、合同的订立、合同的履行、合同的变更和索赔控制、合同收尾等环节。整个项目的合同管理，是指由于合同在工程中的特殊作用，项目的参加者以及与项目有关的组织都有合同管理工作，但不同的单位或人员，如政府行政管理部门、律师、业主、工程师、承包商、供应商等，在工程项目中的角色不同，则有不同角度、性质、内容和侧重点的合同管理工作。

建筑工程合同
管理概述.mp3

9.2.2　建筑工程合同管理的目的及任务

建筑工程合同管理的目的.mp3

1. 建筑工程合同管理的目的

从宏观上讲，工程合同管理的目的就是为了加强建筑活动的监督管理，维护建筑市场秩序，保证建设工程质量和安全，促进建筑业的健康发展，为建筑市场的各个环节提供法律依据，同时也为我国建筑业进一步向国际标准化迈进提供保障。

(1) 规范市场主体、市场价格和市场交易；

(2) 发展与完善现代企业制度；

(3) 提高建筑工程合同履约率；

(4) 努力开拓国际建筑市场。

2. 建筑工程合同管理的任务

建筑工程合同管理的主要任务是，促进项目法人责任制、招标投标制、工程监理制和合同管理等制度的实行，并协调好"四制"的关系，规范各种合同的文体和格式，使建筑市场交易活动中各主体之间的行为由合同约束。

(1) 保障工程建设事业的可靠发展；

(2) 规范建设程序和建设主体；

(3) 提高工程建设的管理水平；

(4) 避免和克服建筑领域的经济违法和犯罪。

9.2.3　建筑工程合同的体系

工程项目是一个极为复杂的社会生产过程，它分别经历可行性研究、勘察设计、工程施工和运行等阶段；有建筑、土建、水电、通讯、机械设备等专业设计和施工活动；需要各种材料、设备、资金和劳动力的供应。由于现代社会化大生产和专业化分工，一个稍大一点的工程项目其参加单位就有十几个、几十个，甚至成百上千个。它们之间形成各式各样的经济关系。由于维系这种关系的纽带是合同，所以就有各式各样的合同，形成一个复杂的合同体系。在这个体系中，业主和承包商是两个最主要的节点。

1. 业主的主要合同关系

业主作为工程的所有者，他可能是政府、企业、其他投资者，或几个企业的组合(合资或联营)，或政府与企业的组合(例如：合资项目，BOT 项目)。

业主根据对工程的需求，确定工程项目的总目标。工程总目标是通过许多工程活动的实施来实现的，如工程的勘察、设计、各专业工程施工、设备和材料供应、咨询(可行性研究、技术咨询、招标工作)与项目管理等工作。业主通过合同将这些工作委托出去，以实施项目，实现项目的总目标。按照不同的项目实施策略，业主签订的合同种类和形式是多种多样的，签订合同的数量变化也很大。

(1) 工程承包合同。任何一个工程都必须有工程承包合同。一份承包合同所包括的工程或工作范围会有很大的差异。业主可以采用不同的工程承发包模式，可以将工程施工分专业、分阶段委托，也可以将材料和设备供应分别委托，也可以将上述工作以各种形式合并委托，也可采用"设计—采购—施工"总承包模式。一个工程可能有一份、几份，甚至几十份承包合同。在工程中，与业主签订的合同通常被称为主合同。通常业主签订的工程承包合同的种类包括如下几点。

工程承包合同.mp3

① "设计—采购—施工"总承包合同，即全包合同。业主将工程的设计、施工、供应、项目管理全部委托给一个承包商，即业主仅面对一个工程承包商。

② 工程施工合同，即一个或几个承包商承包或分别承包工程的土建、机械安装、电器安装、装饰、通讯等施工。根据施工合同所包括的工作范围的不同，又可以分为：施工总承包合同、单位工程施工承包合同、特殊专业工程施工承包合同。

(2) 勘察合同，即业主与勘察单位签订的合同。

(3) 设计合同，即业主与设计单位签订的合同。

(4) 供应合同，对由业主负责提供的材料和设备，业主必须与有关的材料和设备供应单位签订供应(采购)合同。在一个工程中，业主可能签订许多供应合同，也可以把材料委托给工程承包商，把整个设备供应委托给一个成套设备供应企业。

(5) 项目管理合同，在现代工程中，项目管理的模式是丰富多彩的。如业主自己管理，或聘请工程师管理，或业主代表与工程师共同管理，或采用 CM 模式。项目管理合同的工作范围可能有：可行性研究、设计监理、招标代理、造价咨询和施工监理等某一项或几项，或全部工作，即由一个项目管理公司负责整个项目管理工作。

(6) 贷款合同，即业主与金融机构(如银行)签订的合同。后者向业主提供资金保证，按照资金来源的不同，可能有贷款合同、合资合同或项目融资合同等。

(7) 其他合同，如由业主负责签订的工程保险合同等。

2. 承包商的主要合同关系

承包商是工程承包合同的执行者，其任务是完成承包合同所确定的工程范围的设计、施工、竣工和保修任务，为完成这些工程提供劳动力、施工设备、材料和管理人员。任何承包商都不可能，也不必具备承包合同范围内所有专业工程的施工能力、材料和设备的生产和供应能力，他同样必须将许多专业工程或工作委托出去。所以承包商常常又有自己复杂的合同关系。

1) 工程分包合同

承包商把从业主那里承接到的工程中的某些专业工程施工分包给另一承包商来完成，与他签订分包合同。承包商在承包合同下可能订立许多工程分包合同。

分包商仅完成承包商的工程，向承包商负责，与业主无合同关系。承包商向业主担负全部工程责任，负责工程的管理和所属各分包商工作之间的协调，以及各分包商之间合同责任界面的划分，同时承担协调失误造成损失的责任。

2) 采购合同

承包商为工程所进行的必要的材料、设备的采购和供应，必须与供应商签订采购合同。

3）运输合同

运输合同是承包商为解决材料和设备的运输问题而与运输单位签订的合同。

4）加工合同

加工合同即承包商将建筑构配件、特殊构件加工任务委托给加工承揽单位而签订的合同。

5）租赁合同

在建筑工程中承包商需要许多施工设备、运输设备、周转材料。当有些设备、周转材料在现场使用率较低，或承包商不具备自己购置设备的资金实力时，可以采用租赁方式，与租赁单位签订租赁合同。

6）劳务供应合同

劳务供应合同即承包商与劳务供应商签订的合同，由劳务供应商向工程提供劳务。

7）保险合同

承包商按施工合同要求对工程进行保险，与保险公司签订保险合同。

在主合同范围内承包商签订的这些合同被称为分合同。它们都与工程承包合同相关，都是为了完成承包合同责任而签订的。

3. 其他情况

在实际工程中还可能有如下情况：

(1) 设计单位、各供应单位也可能存在各种形式的分包。

(2) 如果承包商承担工程(或部分工程)的设计(如"设计—采购—施工"总承包)，则承包商有时也必须委托设计单位，签订设计合同。

(3) 如果工程付款条件苛刻，要求承包商带资承包，承包商也必须借款，与金融单位订立借(贷)款合同。

(4) 在许多大工程中，尤其是业主要求总承包商的工程中，承包商经常是几个企业的联营体，即联营承包。若干家承包商(最常见的是设备供应商、土建承包商、安装承包商、勘察设计单位)之间订立联营承包合同，联合投标，共同承接工程。联营承包已成为许多承包商的经营战略之一，在国内外工程中很常见。

(5) 在一些大工程中，工程分包商也需要材料和设备的供应，也可能租赁设备，委托加工，需要材料和设备的运输，需要劳务人员。所以分包商又有自己复杂的合同关系。

9.3　施工项目合同管理

9.3.1　施工项目合同管理概念及内容

1. 施工项目合同管理的概念

施工项目合同管理是对工程项目施工过程中所发生的或所涉及的一切经济、技术合同的签订、履行、变更、索赔、解除、解决争议、终止与评价的全过程进行的管理工作。

施工合同管理的
概念.mp3

施工项目合同管理的任务是根据法律、政策的要求，运用指导、组织、检查、考核、监督等手段，促使当事人依法签订合同，全面而实际地履行合同，及时妥善地处理合同争议和纠纷，不失时机地进行合理索赔，预防违约行为发生，避免造成经济损失，保证合同目标顺利实现，从而提高企业的信誉和竞争能力。

2. 施工项目合同管理的内容

(1) 建立健全施工项目合同管理制度，包括合同归口管理制度；考核制度；合同用章管理制度；合同台账、统计及归档制度等。

合同管理.avi

(2) 经常对合同管理人员、项目经理及有关人员进行合同法律知识教育，提高合同业务人员法律意识和专业素质。

(3) 在谈判签约阶段，重点是了解对方的信誉，核实其法人资格及其他有关情况和资料；监督双方依照法律程序签订合同，避免出现无效合同、不完善合同，预防合同纠纷发生；组织配合有关部门做好施工项目合同的鉴证、公证工作，并在规定时间内送交合同管理机关等有关部门备案。

(4) 合同履约阶段，主要的日常工作是经常检查合同以及有关法规的执行情况，并进行统计分析，如统计合同份数，合同金额、纠纷次数，分析违约原因、变更、索赔情况、合同履约率等，以便及时发现问题并解决问题；做好有关合同履行中的调解、诉讼、仲裁等工作，协调好企业与各方面、各有关单位的经济协作关系。

(5) 专人整理保管合同、附件、工程洽商资料、补充协议、变更记录及与业主委托的监理工程师之间的来往函件等文件资料，随时备查；合同期满，工程竣工结算后，将全部合同文件整理归档。

9.3.2 施工项目合同的两级管理

1. 企业的合同管理

企业设立专职合同管理部门，在企业经理授权范围内负责制定合同管理的制度、组织全企业所有施工项目的各类合同的管理工作；编写企业施工项目分包、材料供应统一合同文本，参与重大施工项目的投标、谈判、签约工作；定期汇总合同的执行情况，并向经理汇报、提出建议；负责基层上报企业的有关合同的审批、检查、监督工作，并给予必要的指导与帮助。

2. 施工项目经理部的合同管理

(1) 项目经理是项目总合同、分合同的直接执行者和管理者。在谈判签约阶段，预选的项目经理应参加项目合同的谈判工作，经授权的项目经理可以代表企业法人签约；项目经理还应亲自参与或组织本项目有关合同及分包合同的谈判与签署工作。

(2) 项目经理部设立专门的合同管理人员，负责本部所有合同的报批、保管和归档工作；参与选择分包商工作，在项目经理授权后负责分包合同的起草、洽谈，并制定分包的工作程序，以及总合同变更合同的洽谈，资料的收集，定期检查合同的履约工作；负责需经企业经理签字方能生效的重大施工合同的上报审批手续等工作；监督分包商履行合同工作，以及向业主、监理工程师、分包单位发送涉及合同问题的备忘录、索赔单等文件。

9.3.3　施工项目合同的种类和内容

施工项目的合同
种类.mp3

1. 施工项目的合同种类

按计价方式不同，建筑工程施工合同可以划分为总价合同、单价合同和成本加酬金合同三大类。根据招标准备情况和建筑工程项目的特点不同，建筑工程施工合同可选用其中的任何一种。

1) 总价合同

总价合同又分为固定总价合同和可调总价合同。

(1) 固定总价合同，承包商按投标时业主接受的合同价格一笔包死。在合同履行过程中，如果业主没有要求变更原定的承包内容，承包商在完成承包任务后，不论其实际成本如何，均应按合同价获得工程款的支付。采用固定总价合同时，承包商要考虑承担合同履行过程中的全部风险，因此，投标报价较高。固定总价合同的适用条件一般为：

① 工程招标时的设计深度已达到施工图设计的深度，合同履行过程中不会出现较大的设计变更，以及承包商依据的报价工程量与实际完成的工程量不会有较大差异。

② 工程规模较小，技术不太复杂的中小型工程或承包内容较为简单的工程部位。这样可以使承包商在报价时能够合理地预见到实施过程中可能遇到的各种风险。

③ 工程合同期较短(一般为 1 年之内)，双方可以不必考虑市场价格浮动可能对承包价格的影响。

(2) 可调总价合同，这类合同与固定总价合同基本相同，但合同期较长(1 年以上)，只是在固定总价合同的基础上，增加合同履行过程因市场价格浮动对承包价格调整的条款。由于合同期较长，承包商不可能在投标报价时合理地预见 1 年后市场价格的浮动影响，因此，应在合同内明确约定合同价款的调整原则、方法和依据。常用的调价方法有：文件证明法、票据价格调整法和公式调价法。

2) 单价合同

单价合同是指承包商按工程量报价单内的分项工作内容填报单价，以实际完成工程量乘以所报单价确定结算价款的合同。承包商所填报的单价应为计入各种摊销费用后的综合单价，而非直接费用单价。

单价合同大多用于工期长、技术复杂、实施过程中会发生各种不可预见因素较多的大型土建工程，以及业主为了缩短工程建设周期，初步设计完成后就进行施工招标的工程。单价合同的工程量清单内所开列的工程量一般为估计工程量，而非准确工程量。

3) 成本加酬金合同

成本加酬金合同是将工程项目的实际造价划分为直接成本费和承包商完成工作后应得酬金两部分。工程实施过程中发生的直接成本费由业主实报实销，另按合同约定的方式付给承包商相应报酬。

成本加酬金合同大多适用于边设计、边施工的紧急工程或灾后修复工程。由于在签订合同时，业主还不可能为承包商提供用于准确报价的详细资料，因此，在合同中只能商定酬金的计算方法。在成本加酬金合同中，业主需承担工程项目实际发生的一切费用，因而也就承担了工程项目的全部风险。而承包商由于无风险，其报酬往往也较低。

按照酬金的计算方式不同，成本加酬金合同的形式有：成本加固定酬金合同、成本加固定百分比酬金合同、成本加浮动酬金合同、目标成本加奖罚合同等。

2. 建筑工程施工合同的内容

根据有关工程建筑施工的法律、法规，结合我国工程建筑施工的实际情况，并借鉴了国际上广泛使用的土木工程施工合同(特别是 FIDIC 土木工程施工合同条件)，国家建设部、国家工商行政管理局于 1999 年 12 月 24 日发布了《建设工程施工合同(示范文本)》(以下简称《施工合同文本》)。《施工合同文本》是各类公用建筑、民用住宅、工业厂房、交通设施及线路管道施工合同和设备安装合同的样本。

1)《施工合同文本》的组成

《施工合同文本》由《协议书》《通用条款》《专用条款》三部分组成，并附有三个附件：附件一是《承包人承揽工程项目一览表》，附件二是《发包人供应材料设备一览表》，附件三是《工程质量保修书》。

(1)《协议书》是《施工合同文本》中总纲性的文件，其内容包括工程概况、工程承包范围、合同工期、质量标准、合同价款、组成合同的文件等。它规定了合同当事人双方最主要的权利和义务，规定了组成合同的文件及合同当事人对履行合同义务的承诺。合同当事人在《协议书》上签字盖章后，表明合同已成立、生效，具有法律效力。

(2)《通用条款》是将建设工程施工合同中共性的一些内容抽象出来编写的一份完整的合同文件，有十一部分四十七条。它是根据《合同法》《建筑法》《建设工程施工合同管理办法》等法律、法规对承发包双方的权利以及义务做出的规定，除双方协商一致对其中的某些条款做了修改、补充或删除外，双方都必须履行。《通用条款》具有很强的通用性，基本适用于各类建设工程。通用条款的内容详见右侧二维码。

扩展资源 10.pdf

(3)《专用条款》是由于建筑工程的内容、施工现场的环境和条件各不相同，工期、造价也随之变动，承包人、发包人各自的能力、要求都不会一样，《通用条款》不可能完全适用于每个具体工程，考虑由当事人根据工程的具体情况予以明确或者对《通用条款》进行的必要修改和补充，而形成的合同文件，从而使《通用条款》和《专用条款》体现双方统一意愿。《专用条款》的条款号与《通用条款》相一致。

(4)《施工合同文本》的附件，是对施工合同当事人权利义务的进一步明确，并且使得施工合同当事人的有关工作一目了然，便于执行和管理。

2) 施工合同文件的组成及解释顺序

《施工合同文本》第二条规定了施工合同文件的组成及解释顺序。组成建筑工程施工合同的文件包括：

(1) 施工协议合同书；

(2) 中标通知书；

(3) 投标书及其附件；

(4) 施工合同专用条款；

(5) 施工合同通用条款；

(6) 标准、规范及有关技术文件；

(7) 图纸；

(8) 工程量清单；

(9) 工程报价单或预算书。

双方有关工程的洽商、变更等书面协议或文件都被视为施工合同的组成部分，上述合同文件应能够互相解释、互相说明。当合同文件中出现不一致时，上面的顺序就是合同的优先解释顺序。当合同文件出现含糊不清或者当事人有不同理解的问题时，按照合同中争议的解决方式处理。

【案例 9-2】　某海滨城市为发展旅游业，经批准兴建一座三星级大酒店。该项目甲方于 2010 年 10 月 10 日分别与某建筑工程公司(乙方)和某外资装饰工程公司(丙方)签订了主体建筑工程施工合同和装饰工程施工合同。合同约定主体建筑工程施工于当年 11 月 10 日正式开工。

合同日历工期为 2 年 5 个月。因主体工程与装饰工程分别为两个独立的合同，故由两个承包商承建，为保证工期，当事人约定：主体与装饰施工采取立体交叉作业，即主体完成三层，装饰工程承包商立即进入装饰作业。为保证装饰工程达到三星级水平，业主委托某监理公司实施"装饰工程监理"。在工程施工 1 年 6 个月时，甲方要求乙方将竣工日期提前 2 个月，双方协商修订施工方案后达成协议。该工程按变更后的合同工期竣工，经验收后投入使用。

在该工程投入使用 2 年 6 个月后，乙方因甲方少付工程款起诉甲方至法院。诉称：甲方于该工程验收合格后签发了竣工验收报告，并已开张营业。在结算工程款时，甲方本应付工程总价款 1600 万元人民币，但只付 1400 万人民币。请求法庭判决被告支付剩余的 200 万元及拖期的利息。试结合上述案例分析应该如何进行合同签订及履行，发生纠纷时应如何进行处理？

9.3.4　施工项目合同的签订及履行

1. 施工项目合同的签订

1) 施工合同签订的原则

(1) 依法签订的原则。

① 施工合同的签订必须依据《中华人民共和国合同法》《建筑安装工程承包合同条例》《建设工程合同管理办法》等有关法律、法规。

② 合同的内容、形式、签订的程序均不得违法。

③ 当事人应当遵守法律、行政法规和社会公德，不得扰乱社会经济秩序，不得损害社会公共利益。

④ 根据招标文件的要求，结合合同实施中可能发生的各种情况进行周密、充分的准备，按照"缔约过失责任原则"保护企业的合法权益。

(2) 平等互利协商一致的原则。

① 发包方、承包方作为合同的当事人，双方均平等地享有经济权利，平等地承担经济

义务，其经济法律地位是平等的，没有主从关系。

② 合同的主要内容，须经双方经过协商、达成一致，不允许一方将自己的意志强加于对方，一方以行政手段干预对方、压服对方等现象发生。

(3) 等价有偿原则。

① 签约双方的经济关系要合理，当事人的权利义务是对等的。

② 合同条款中亦应充分体现等价有偿原则，即：

a. 一方给付，另一方必须按价值相等原则作相应给付。

b. 不允许发生无偿占有、使用另一方财产的现象。

③ 对工期提前、质量全优要予以奖励。

④ 延误工期、质量低劣应罚款。

⑤ 提前竣工的收益由双方分享等。

(4) 严密完备的原则。

① 充分考虑施工期内各个阶段，施工合同主体间可能发生的各种情况和一切容易引起争端的焦点问题，并预先约定解决问题的原则和方法。

② 条款内容力求完备，避免疏漏，措词力求严谨、准确、规范。

③ 对合同变更、纠纷协调、索赔处理等方面应有严格的合同条款做保证，以减少双方矛盾。

(5) 履行法律程序的原则。

① 签约双方都必须具备签约资格，手续健全齐备。

② 代理人超越其权限签订的工程合同无效。

③ 签约的程序符合法律规定。

④ 签订的合同必须经过合同管理的授权机关鉴证、公证和登记等手续，对合同的真实性、可靠性、合法性进行审查，并给予确认，方能生效。

2) 签订施工合同的程序

(1) 市场调查建立联系。

① 施工企业对建筑市场进行调查研究；

② 追踪获取拟建项目的情况和信息，以及业主情况；

③ 当对某项工程有承包意向时，可进一步详细调查，并与业主取得联系。

(2) 表明合作意愿投标报价。

① 接到招标单位邀请或公开招标通告后，企业领导做出投标决策；

② 向招标单位提出投标申请书、表明投标意向；

③ 研究招标文件，着手具体投标报价工作。

(3) 协商谈判。

① 接受中标通知书后，组成包括项目经理的谈判小组，依据招标文件和中标书草拟合同专用条款；

② 与发包人就工程项目具体问题进行实质性谈判；

③ 通过协商达成一致，确立双方具体权利与义务，形成合同条款；

④ 参照施工合同示范文本和发包人拟定的合同条件与发包人订立施工合同。

（4）签署书面合同。

① 施工合同应采用书面形式的合同文本；

② 合同使用的文字要经双方确定，用两种以上语言的合同文本，须注明几种文本是否具有同等法律效力；

③ 合同内容要详尽具体，责任义务要明确，条款应严密完整，文字表达应准确规范；

④ 确认甲方，即业主或委托代理人的法人资格或代理权限；

⑤ 施工企业经理或委托代理人代表承包方与甲方共同签署施工合同。

（5）鉴证与公证。

① 合同签署后，必须在合同规定的时限内完成履约保函、预付款保函、有关保险等保证手续；

② 送交工商行政管理部门对合同进行鉴证并缴纳印花税；

③ 送交公证处对合同进行公证；

④ 经过鉴证、公证，确认了合同真实性、可靠性、合法性后，合同发生法律效力，并受法律保护。

2. 施工项目合同的履行

施工项目合同履行的主体是项目经理和项目经理部，项目经理部必须从施工项目的施工准备、施工、竣工至维修期结束的全过程中，认真履行施工合同，实行动态管理，跟踪收集、整理、分析合同履行中的信息，合理、及时地对施工合同进行调整。还应对合同履行进行预测，及早提出和解决影响合同履行的问题，以避免或减少风险。

1）项目经理部履行施工合同时应遵守的规定

（1）必须遵守《合同法》《建筑法》规定的各项合同履行原则和规则。

（2）在行使权力、履行义务时应当遵循诚实信用原则和坚持全面履行的原则。全面履行包括实际履行（标的的履行）和适当履行（按照合同约定的品种、数量、质量、价款或报酬等的履行）。

（3）项目经理由企业授权负责组织施工合同的履行，并依据《合同法》规定，与业主或监理工程师打交道，进行合同的变更、索赔、转让和终止等工作。

（4）如果发生不可抗力致使合同不能履行或不能完全履行时，应及时向企业报告，并在委托权限内依法及时进行整改处置。

（5）遵守合同对不明条款、价格发生变化的履行规则，以及合同履行担保规则和抗辩权、代位权、撤销权规则的约定。

（6）承包人按专用条款的约定分包所承担的部分工程，并与分包单位签订分包合同。未经发包人同意，承包人不得将承包工程的任何部分分包。

（7）承包人不得将其承包的全部工程倒手转给他人承包，也不得将全部工程肢解后以分包的名义分别转包给他人，这是违法行为。工程转包是指承包人不行使承包人的管理职能，不承担技术经济责任，将其承包的全部工程、或将其肢解以后以分包的名义分别转包给他人；或将工程的主要部分、或群体工程的半数以上的单位工程倒手转给其他施工单位；以及分包人将承包的工程再次分包给其他施工单位，从中提取回扣的行为。

2) 项目经理部履行施工合同应做的工作

(1) 项目经理部应在施工合同履行前，针对工程的承包范围、质量标准和工期要求，承包人的义务和权力，工程款的结算、支付方式与条件，合同变更、不可抗力影响、物价上涨、工程中止、第三方损害等问题产生时的处理原则和责任承担，争议的解决方法等重要问题进行合同分析，对合同内容、风险、重点或关键性问题做出特别说明和提示。向各职能部门人员交底，落实根据施工合同确定的目标，依据施工合同，指导其工程实施和项目管理工作。

(2) 组织施工力量；签订分包合同；研究、熟悉设计图纸及有关文件资料；多方筹集足够的流动资金；编制施工组织设计、进度计划、工程结算付款计划等，做好施工准备，按时进入现场，按期开工。

(3) 制订科学周密的材料、设备采购计划，采购符合质量标准的价格实惠的材料、设备，按施工进度计划，及时进入现场，搞好供应和管理工作，保证顺利施工。

(4) 按照设计图纸、技术规范和规程组织施工；做好施工记录，按时报送各类报表；进行各种有关的现场或实验室抽检测试，保存好原始资料；制订各种有效措施，采取先进的管理方法，全面保证施工质量达到合同要求。

(5) 按期竣工，试运行，通过质量检验，交付业主，收回工程价款。

(6) 按合同规定，做好责任期内的维修、保修和质量回访工作。对属于承包方责任的工程质量问题，无偿负责修理。

(7) 履行合同中关于接受监理工程师监督的规定，如有关计划、建议须经监理工程师审核批准后方可实施；有些工序需监理工程师监督执行，所做记录或报表要得到其签字确认；根据监理工程师要求报送各类报表、办理各类手续；执行监理工程师的指令，接受一定范围内的工程变更要求等。承包商在履行合同时还要自觉地接受公证机关、银行的监督。

(8) 项目经理部在履行合同期间，应注意收集、记录对方当事人违约事实的证据，即对发包方或业主履行合同进行监督，作为索赔的依据。

9.4 建筑工程项目索赔管理

9.4.1 建筑工程项目索赔概述

建筑工程索赔通常是指在工程合同履行过程中，合同当事人一方因对方不履行或未能正确履行合同或者由于其他非自身因素而受到经济损失或权利损害，通过合同规定的程序向对方提出经济或时间补偿要求的行为。

索赔一词来源于英语"claim"，其原意表示"有权要求"，法律上叫"权利主张"，并没有赔偿的意思。工程建筑索赔通常是指在合同履行过程中，对于并非自己的过错，而是应由对方承担责任的情况造成的实际损失，向对方提出经济补偿和(或)工期顺延的要求。

建筑工程项目
索赔.mp3.

9.4.2　建筑工程项目索赔原则

1．索赔必须以合同为依据

遇到索赔事件时，监理工程师应以完全独立的身份，站在客观公正的立场上，以合同为依据审查索赔要求的合理性、索赔价款的正确性。另外，承包商也只有以合同为依据提出索赔时，才容易索赔成功。

2．及时、合理处理索赔

如承包方的合理索赔要求长时间得不到解决，积累下来可能会影响其资金周转，从而影响工程进度。此外，索赔初期可能只是普通信件来往的单项索赔，如拖到后期综合索赔，将使索赔问题复杂化(如涉及利息、预期利润补偿、工程结算及责任的划分、质量的处理等)大大增加处理索赔的难度。

3．必须注意资料的积累

积累一切可能涉及索赔论证的资料、技术问题、进度问题和其他重大问题的会议应做好文字记录，并争取会议参加者签字，作为正式文档资料。同时应建立严密的工程日志，建立业务往来文件编号档案等制度，做到处理索赔时以事实和数据为依据。

4．加强索赔的前瞻性

有效避免过多的索赔事件的发生。监理工程师应对可能引起的索赔有所预测，及时采取补救措施，避免过多索赔事件的发生。

9.4.3　建筑工程项目索赔程序与方法

建筑工程项目
索赔程序.avi

1．承包商递交索赔意向书

在施工过程中，若发生索赔事件，在该事件发生后的索赔时效内，承包商必须以正式函件向监理工程师(或业主)送达索赔意向书，并根据合同约定抄送、报送有关单位。

索赔意向书并不需要附有具体的索赔数额及其证据，只需要就具体的索赔事件向工程师和业主表示的索赔愿望和要求，其通常包括以下四个方面的内容：

(1) 事件发生的时间和情况的简单描述；

(2) 索赔依据的合同条款和理由；

(3) 有关后续资料的提供，包括表明将及时记录并提供事件发展的动态；

(4) 对工程成本和工期产生不利影响的严重程度。

此处需要注意的是：按照国际惯例索赔有效期间是 28 天，当然这并非法律的强制性规定，合同双方当事人可以根据自己的意愿自由约定索赔期间，亦可根据不同的索赔事项确定不同的索赔期间。

2. 准备索赔材料

索赔事件发生后承包商原则上应该继续施工,并保持从索赔事件发生日至终止日的同期记录,同时提请监理工程师说明是否需要做其他记录。同期记录的内容有:索赔事件发生时及过程中现场实际状况,必要时可以拍照、录像、公证;索赔事件导致现场人员、设备闲置的清单;索赔事件对工期的影响;索赔事件对工程的损害程度;索赔事件导致费用增加的项目及所用人员、机械、材料数量、有效票据等。同期记录应当有现场监理工程人员的签字。

索赔事件发生后,承包商应当进行详细调查,分析事件发生的原因,全面收集证据。索赔事件的证明材料很大程度上决定了索赔的成败,是工程索赔的依据。因此,承包商在正式提出索赔报告前的资料准备工作极为重要,这就要求承包商注重记录、整理、保存各方面的工程信息资料,比如施工日志、来往函件、气象资料、备忘录、会议纪要、工程照片和工程声像资料、工程进度计划、工程核算资料、工程图纸、招投标文件等方面的资料,以随时从中提取与索赔事件有关的证据资料。

3. 提交索赔文件

承包商应在发生索赔事件后,向监理工程师发出索赔通知后的 28 天内,或在工程师同意的合理时间内,向工程师报送索赔文件,说明索赔数额和索赔依据。索赔文件是承包商向业主索赔的正式书面材料,也是业主审议承包商索赔请求的主要依据,包括索赔信、索赔报告、附件三部分,其中最主要的为索赔报告。

承包商的索赔可分为工期索赔和费用索赔,一般地,对大型、复杂工程应分别编写和报送,而小型工程可将工期索赔报告和费用索赔报告合二为一。如果索赔时间具有联系影响性,实际中的一般做法是,承包商的上述报告将被认为是第一次临时详细报告,并每隔 28 天或按工程师合理要求的时间间隔,提交进一步的临时详细报告,说明索赔的费用额和工期延长期,并提供相应的证明资料。承包商在索赔事件所产生的影响结束后 28 天内向工程师发出一份最终详细报告,说明索赔的总额、工期延长的天数和全部的索赔证据。

4. 工程师审核索赔文件

我国《建设工程施工合同》(GF—2013—0201)中规定,工程师收到承包商递交的索赔报告和有关资料后,应在 28 天内给予答复,或要求承包商进一步补充索赔理由和证据。如果在 28 天内既未给予答复,也未对承包商做进一步要求的话,则视为承包商提出的该项索赔要求已经认可。

一般情况下,工程师接到承包商的索赔报告后,会立即建立该索赔事件的索赔档案,核查承包商的同期记录,并对其随时提出意见或者向承包商提出制作其他相关记录的要求。工程师接到正式的索赔文件后,会根据事实情况以及合同的约定,对索赔文件进行审核,必要时会要求承包商提供进一步的材料及索赔计算依据。

5. 工程师做出处理决定

工程师审核索赔文件后,如认为同时符合以下条件,则会认为索赔成立:

(1) 与合同对照,该事件已造成了承包人施工成本的额外支出,或者直接工期损失;

(2) 该事件造成费用增加或工期损失的原因，按合同约定不属于承包商责任和风险责任；

(3) 承包商按照合同规定的程序提交了索赔意向通知书和索赔报告。

工程师可与承包商就索赔事项进行协商，不论是否协商一致，工程师均有权在权限范围内做出批准给予补偿的款额和顺延工期的天数，并将《索赔处理决定》发送承包商，并抄送业主。《索赔处理决定》主要内容包括索赔事项、建议给予补偿的金额或延长的工期，《索赔处理决定》一般附有索赔评价报告。索赔款将计入下月支付工程进度款的支付证书内，顺延的工期加到原合同工期里面去。

6. 业主审查索赔处理

当工程师确定的索赔数额超过其权限范围时，必须报请业主批准。业主先根据时间以及发生原因、责任范围、合同条款审核承包商的索赔申请和工程师的处理报告，再依据工程建设的目的、投资控制、竣工投产日期要求以及针对承包人在施工中的缺陷或违反合同规定等情况，决定是否批准工程师的处理意见。索赔报告经业主批准后，工程师即可签发有关证书。

7. 承包商是否接受最终索赔处理决定

若承包商接受了最终的索赔处理决定，这一所索赔事件即告结束，若承包商不接受监理工程师及业主单方面决定，则须采取下列方法之一对索赔处理决定做出反应：

(1) 向工程师发出对该索赔事件保留继续进行索赔权利的意向通知，等到颁发整个工程的移交证书后，在提交的竣工报表中做出进一步的索赔；

(2) 在合同约定的时间内进行友好协商解决，如果未能协商解决，则通过诉讼或者仲裁解决。

【案例 9-3】　某汽车制造厂土方工程中，承包商在合同标明有松软石的地方没有遇到松软石，因此工期提前 1 个月。但在合同中另一未标明有坚硬岩石的地方遇到更多的坚硬岩石，开挖工作变得更加困难，因此造成了实际生产率比原计划低得多，经测算影响工期 3 个月。由于施工速度减慢，使得部分施工任务拖到雨季进行，按一般公认标准推算，又影响工期 2 个月。为此承包商准备提出索赔。试结合案例分析：

(1) 该项施工索赔能否成立？为什么？

(2) 在该索赔事件中，应提出得索赔内容包括哪两方面？

(3) 在工程施工中，通常可以提供得索赔证据有哪些？

(4) 承包商应提供的索赔文件有哪些？请协助承包商拟定一份索赔通知。

9.4.4　建筑工程项目反索赔

反索赔有两种含义，一种是指建设单位向承包商提出的索赔，另一种就是反驳、反击或者防止对方提出索赔，不让对方索赔成功或者全部索赔成功。一般认为，索赔是双向的，业主和承包商都可以向对方提出索赔要求，任何一方也都可以对对方提出的索赔要求进行反驳和反击，这种反击和反驳就是反索赔。反索赔有工期延误反索赔、施工缺陷反索赔等六种类型，针对一方的索赔要求，反索赔的　方应以事实为依据，以合同为准绳，反驳和拒绝对方的不合理要求或索赔要求中的不合理部分。

1. 对承包商履约中的违约责任进行索赔

(1) 工期延误反索赔。由于承包商的原因造成工期延误的。业主可要求支付延期竣工违约金，确定违约金的费率时可考虑的因素有：业主盈利损失；由于工程延误引起的贷款利息的增加；工程延期带来的附加监理费用及租用其他建筑物时的租赁费。

(2) 施工缺陷反索赔。如工程存在缺陷，承包商在保修期满前(或规定的时限内)未完成应负责的修补工程，业主可据此向承包商索赔，并有权雇用他人来完成工作，发生的费用由承包商承担。

(3) 对超额利润的索赔。如工程量增加很多(超过有效合同价的15%)，使承包商在不增加任何固定成本的情况下预期收入增大，或由于法规的变化导致实际施工成本降低，业主可向承包商索赔，收回部分超额利润。

(4) 业主合理终止合同或承包商不正当放弃合同的索赔。此时业主有权从承包商手中收回由新承包商完成工程所需的工程款与原合同未付部分的差额。

(5) 由于工伤事故给业主方人员和第三方人员造成的人身或财产损失的索赔，以及承包商运送建材、施工机械设备时损坏公路、桥梁或隧道时，道桥管理部门提出的索赔等。

(6) 对指定分包商的付款索赔。在承包商未能提供已向指定分包商付款的合理证明时，业主可据监理工程师的证明书将承包商未付给指定分包商的所有款项(扣除保留金)付给该分包商，并从应付给承包商的任何款项中扣除。

2. 驳承包商的索赔

(1) 此项索赔是否具有合同依据、索赔理由是否充分及索赔论证是否符合逻辑。

(2) 索赔事件的发生是否为承包商的责任，是否为承包商应承担的风险。

(3) 在索赔事件初发时承包商是否采取了控制措施。据国际惯例，凡遇偶然事故发生影响工程施工时，承包商有责任采取力所能及的一切措施，防止事态扩大，尽力挽回损失。如的确有事实证明承包商在当时未采取任何措施，业主可拒绝其补偿损失的要求。

(4) 承包商是否在合同规定的时限内(一般为发生索赔事件后的 28 天内)向业主和监理工程师报送索赔意向通知。

(5) 认真核定索赔款额，肯定其合理的索赔要求，反驳修正其不合理的要求，使之更加可靠准确。

总之，掌握工程索赔知识，熟练运用索赔技巧是对每个从事建筑工程管理及建筑经济活动的人员的基本要求，也是其应具备的基本素质。

9.5 案例分析

【背景】

某施工单位根据领取的 2000m³ 两层厂房的工程项目招标文件和全套施工图纸，采用低价策略编制了投标文件，并且中标。该施工单位(乙方)于某年某月某日与建设单位(甲方)签定了该工程项目的固定价格施工合同。合同工期为 8 个月。甲方在乙方进入施工现场后，因资金短缺，无法如期支付工程款，口头要求乙方暂停施工一个月，乙方一口头答应。工程按合同规定期限验收时，甲方发现工程质量有问题，要求返工。两个月后，返工完毕。结算时甲方认为乙方迟延交付工程，应按合同约定偿付逾期违约金。乙方认为临时停工是甲方要求的。乙方为抢工期，加快施工进度才出现了质量问题，因此延迟交付的责任不在乙方。甲方则认为临时停工和不顺延工期是当时乙方答应的。乙方应履行承诺，承担违约责任。

在工程施工过程中，遭受到了多年不遇的强暴风雨的袭击，造成了相应的损失，施工单位及时向监理工程师提出索赔要求，并附有与索赔有关的资料和证据。索赔报告中的基本要求如下：

(1) 遭受多年不遇的强暴风雨的袭击属于不可抗力事件，不是因施工单位原因造成的损失，故应由业主承担赔偿责任。

(2) 强暴风雨给已建部分工程造成破坏损失 18 万元，应由业主承担修复的经济责任，施工单位不承担修复的经济责任。

(3) 施工单位人员因此灾害导致数人受伤，处理伤病医疗费用和补偿总计 3 万元，业主应给予赔偿。

(4) 施工单位进场的在使用机械、设备受到损坏，造成损失 8 万元，由于现场停工造成台班费损失 4.2 万元，业主应负担赔偿和修复的经济责任。工人窝工费 3.8 万元，业主应予支付。

(5) 因暴风雨造成的现场停工 8 天，要求合同工期顺延 8 天。

(6) 由于工程破坏，清理现场需费用 2.4 万元，业主应予支付。

【问题】

(1) 该工程采用固定价格合同是否合适？

(2) 该施工合同的变更形式是否妥当？此合同争议依据合同法律规定范围应如何处理？

(3) 监理工程师接到施工单位提交的索赔申请后，应进行哪些工作？

【答案】

(1) 因为固定价格合同适用于工程量不大且能够较准确计算、工期较短、技术不太复杂、风险不大的项目。该工程基本符合这些条件，故采用固定价格合同是合适的。

(2) 根据《中华人民共和国合同法》和《建设工程施工合同(示范文本)》的有关规定，建设工程合同应当采取书面形式，合同变更亦应当采取书面形式。若在应急情况下，可采取口头形式，但事后应以书面形式确认。否则，在合同双方对合同变更内容有争议时，往往因口头协议形式很难取证，只能以书面协议约定的内容为准。本案中甲方要求临时停工，乙方亦答应，是甲、乙双方的口头协议，且事后并未以书面的形式确认，所以该合同变更形式不妥当。在竣工结算时双方发生了争议，对此只能以原书面合同规定为准。

在施工期间，甲方因资金紧缺未能及时支付工程款，并要求乙方停工一个月，此时乙方应享有索赔权。乙方虽然未按规定程序及时提出索赔，丧失了索赔权，但是根据《民法通则》之规定，在民事权利诉讼时效期(2 年)内，仍享有要求甲方承担违约责任的权利。甲方未能及时支付工程款，应对停工承担责任，故应赔偿乙方停工一个月的实际经济损失，工期延期一个月。工程因质量问题产生返工费用，造成逾期支付责任在乙方，故乙方应当支付逾期交工一个月的违约金。因质量问题引起的返工费用由乙方承担。

(3) 监理工程师接到索赔申请通知后应进行以下主要工作：

① 进行调查、取证；

② 审查索赔成立条件，确定索赔是否成立；

③ 分清责任，认可合理索赔；

④ 与施工单位协商，统一意见；

⑤ 签发索赔报告，处理意见报业主核准。

本 章 小 结

本章节主要讲了建设工程项目合同管理的一些内容。它包括合同管理的基础、合同的概念及特征以及合同的订立，合同的关系主体和内容；还有建设工程合同管理的概述、目的、内容和建设合同的体系；以及施工项目合同管理的概念和建设工程项目管理索赔等内容。

实 训 练 习

一、单选题

1. 对于单价合同，下列叙述中正确的是(   )。

    A. 采用单价合同，要求工程清单数量与实际工程数量偏差很小

    B. 可调单价合同只适用于地质条件不太落实的情况

    C. 单价合同的特点之一是风险由合同双方合理分担

    D. 固定单价对发包人有利，而对承包人不利

2. 关于建设工程索赔成立的条件，下列说法中正确的是(   )。

    A. 导致索赔的事件必须是对方的过错，索赔才成立

    B. 只要对方有过错，不管是否造成损失，索赔都可以成立

    C. 只要索赔事件的事实存在，在合同有效期内任何时候提出索赔都可以成立

    D. 不按照合同规定的程序提交索赔报告，索赔不能成立

3. 某工程项目合同价为 2000 万元，合同工期为 20 个月，后因增建该项目的附属配套工程需增加工程费用 160 万元，则承包商可提出的工期索赔为(   )个月。

    A. 0.8   B. 1.2   C. 1.6   D. 1.8

4. (   )是索赔处理的主要依据。

    A. 工程变更   B. 结算资料   C. 市场价格   D. 合同文件

5. 索赔事件发生后(   )日内，向工程师发出索赔意向通知。

    A. 7   B. 14   C. 28   D. 36

二、多选题

1. 公开招标条件下，所发布的招标公告主要内容包括(   )。

  A. 工程概况   B. 项目资金来源 C. 投标须知

  D. 评标方法   E. 招标范围

2. 根据《合同法》规定，生效的要约可因一定事由的发生而失效，这些事由包括(   )。

  A. 要约人依法撤回要约   B. 要约人依法撤销要约

  C. 拒绝要约的通知到达要约人 D. 受要约人对要约内容做出变更

  E. 承诺期限届满，受要约人未做出承诺

3. 委托合同的基本特征有(   )。

  A. 合同的标的是劳务   B. 必须是有偿合同

  C. 合同是诺成，非要式合同 D. 条款内不包括违约责任

  E. 合同是双务的

4. 设计阶段监理的内容包括(   )。

  A. 选择勘察设计单位   B. 组织设计方案竞赛

  C. 确定设计使用的技术参数 D. 审查勘察设计方案和结果

  E. 编制项目概预算

5. 承揽合同主要包括(   )等型合同。

  A. 修理   B. 仓储   C. 定做

  D. 复制   E. 检验

三、简答题

1. 合同的特征有哪些？

2. 简述施工项目的合同种类。

3. 简述建设工程项目索赔原则。

4. 简述建设工程项目索赔程序与方法。

第9章 课后答案.pdf

实训工作单一

班级		姓名		日期	
教学项目			施工现场学习合同管理		
学习项目	合同的订立、合同管理的内容	学习要求	1. 掌握合同的合同的订立、合同管理的内容； 2. 结合实例案例进行学习、分析		
相关知识		合同的种类、主体关系、合同履行及管理的目的和任务			
其他内容					
学习过程记录					
评语				指导老师	

实训工作单二

班级		姓名		日期	
教学项目			参考实际案例学习施工索赔		
学习项目	索赔概述、索赔原则、程序、依据及方法		学习要求	1. 了解索赔概述、索赔原则； 2. 重点掌握索赔程序、依据及方法	
相关知识			索赔项目(工期和费用)、索赔计算		
其他内容			反索赔		
学习过程记录					
评语				指导老师	

第 10 章　建筑工程项目风险管理

10

【学习目标】

- 了解风险管理概念
- 熟悉掌握风险管理的识别、评估、控制和管理

【教学要求】

本章要点	掌握层次	相关知识点
建筑工程项目风险管理概述	了解建筑工程项目风险管理基本知识	项目风险管理
建筑工程项目风险的识别与评估	1. 掌握建筑工程项目风险的识别 2. 掌握建筑工程项目风险的评估	工程项目风险的识别与评估
建筑工程项目风险的控制与管理	1. 建筑工程项目风险的控制 2. 建筑工程项目风险的管理	项目风险的控制与管理

【项目案例导入】

　　某公司以融资租赁方式向客户提供重型卡车 30 台，用以大型水电站施工。车辆总价值 820 万元，融资租赁期限为 12 个月，客户每月应向公司缴纳 75 万元，为保证资产安全，客户提供了足额的抵押物。合同执行到第 6 个月时，客户出现支付困难，抵押物的变现需时太长，不能及时收回资金。公司及时启动了预先部署的风险防范措施，与一家信托投资公司合作，由信托公司全款买断 30 台车，客户与公司终止合同，与信托公司重新签订 24 个月的融资租赁合同。此措施缓解了客户每月的付款压力，使其有能力继续经营。而信托公司向客户收取了一定比例的资金回报，公司及时收回了全部资金，解除了风险。

工程项目风险
管理概述.mp4

试结合本章内容简述风险管理的重要性，并分析企业应如何进行风险管理和风险规避？

10.1 建筑工程项目风险管理概述

风险管理是一门新兴的管理学科，它的历史时间并不长。风险管理最早起源于美国，在 20 世纪 30 年代，由于受到 1929—1933 年的世界性经济危机的影响，美国约有 40%左右的银行和企业破产，经济倒退了约 20 年。美国企业为应对经营上的危机，许多大中型企业都在内部设立了保险管理部门，负责安排企业的各种保险项目。可见，当时的风险管理主要依赖保险手段。

1938 年以后，美国企业对风险管理开始采用科学的方法，并逐步积累了丰富的经验。20 世纪 50 年代风险管理发展成为一门学科，风险管理一词才形成。20 世纪 70 年代以后逐渐掀起了全球性的风险管理运动。20 世纪 70 年代以后，随着企业面临的风险复杂多样和风险费用的增加，法国首当其冲从美国引进了风险管理并在法国国内传播开来。与法国同时，日本也开始了风险管理研究。

接下来的 20 年，美国、英国、法国、德国、日本等国家先后建立起全国性和地区性的风险管理协会。1983 年在美国召开的风险和保险管理协会年会上，世界各国专家学者云集纽约，共同讨论并通过了"101 条风险管理准则"，它标志着风险管理的发展已进入了一个新的阶段。1986 年，由欧洲 11 个国家共同成立的"欧洲风险研究会"将风险研究扩大到国际交流范围。1986 年 10 月，风险管理国际学术讨论会在新加坡召开，风险管理已经由环大西洋地区向亚洲太平洋地区发展。

中国对于风险管理的研究开始于 20 世纪 80 年代。一些学者将风险管理和安全系统工程理论引入中国，在少数企业试用中感觉比较满意。中国大部分企业缺乏对风险管理的认识，也没有建立专门的风险管理机构。到目前为止，作为一门学科，风险管理学在中国仍旧处于起步阶段。

工程项目风险管理是指通过风险识别和风险评估去认识工程项目的风险，并以此为基础合理地使用各种风险应对措施、管理方法、技术和手段对项目的风险实行有效的控制，妥善处理风险事件造成的不利后果，以最少的成本保证项目总体目标实现的管理工作。

10.2 建筑工程项目风险的识别与评估

10.2.1 建筑工程项目风险的识别

1. 风险的概念

风险是一个具有极其深刻而又广泛含义的概念，至今对于风险还没有公认的标准化的定义。在众多风险的定义中，大致可分为两类：第一类定义强调风险的不确定性，可称为广义风险；第二类定义强调风险损失的不确定性，可称为狭义风险。广义的风险暗示着伴随风险而来的既可能是某种机会，也可能是威胁，而狭义的风险则强调风险带来的不利后果。由于在通常情况下，人们对意外损失比对意外收益的关切要强得多，因此学者们在研究风险时，侧重于减少损失，主要从不利的方面来考察风险，经常把风险看成是不利事件，及其发生的可能性。

2. 项目风险定义

很多学者认为项目的立项、各种分析、研究、设计和计划都是基于对将来情况(政治、经济、社会、自然等方面)的预测之上的，基于正常的、理想的技术、管理和组织之上的。而在实际实施以及项目的运行过程中，这些因素都有可能会产生变化，各个方面都存在着不确定的目标。这些项目中事先不能确定的内部和外部的干扰因素，人们将它们称之为项目的风险。

项目风险定
义.mp4

3. 项目风险识别

1) 项目风险识别的概念

项目风险识别是项目管理者识别风险来源、确定风险发生、描述风险性并评价风险影响的过程。项目风险识别是对所面临的和潜在的工程风险加以判断、归类整理和鉴定风险性质的过程。是在各类风险事件发生之前运用各种方法对风险进行的辨认和鉴别，是系统地发现风险和不确定性的过程。

2) 项目风险识别的程序和依据

项目风险识别主要有四个步骤。一是工程项目包括哪些活动；二是各活动中存在哪些风险；三是风险产生的原因是什么；四是项目中哪些风险是重要的。风险的识别要采用系统分析的方法，以确保项目组织所有主要活动及其风险可以包括进来，并进行有效的分类。风险识别还需要确定三个相互关联的因素：风险来源、风险事件、风险征兆。风险识别贯穿项目全生命过程，需要根据项目的不同阶段，根据项目内外环境的变化，对项目风险进行多次识别。风险识别的主要依据有：项目规划、风险管理规划、风险种类、历史资料、项目的制约因素和假设条件。

项目风险识别
内容.mp4

3) 项目风险识别的内容

项目风险识别主要内容是识别引起风险的主要因素，识别风险的性质，识别风险可能引起的后果。风险识别的主要成果：风险事件名称、风险来源、风险事件概率估计、风险损失影响后果估计、预期发生时间估计、风险征兆、风险种类和对其他方面的要求等。风险识别主要由五项风险识别活动组成，一是确定风险识别目标；二是明确风险识别主要参与者；三是收集项目识别的基础资料；四是估计项目风险形势；最后进行风险识别成果整理。

风险识别的
方法.mp4

4) 项目风险识别方法

风险识别方法目前经学者研究的很多，但比较成熟和用得较多的主要有以下几种。

(1) 检查表法。

检查表是管理中用来记录和整理数据的常用工具。用它进行风险识别时，将工程项目可能发生的许多潜在风险列于一个表上，供识别人员进行检查核对，用来判别某项目是否存在表中所涉及的风险。检查表中所列都是历史上类似工程曾经发生过的风险，是工程项目管理经验的结晶，一个成熟的工程项目公司或项目组织要掌握丰富的风险识别检查表工具。检查表可以包含多种内容，其中主要包括工程项目成功或失败的原因，其他方面规划的结果(范围、融资、成本、质量、进度、采购与合同、人力资源与沟通等计划成果)，工程可用的资源等。

(2) 工作分解结构法(WBS)。

风险识别要减少项目的结构不确定性，就要弄清项目的组成以及各个组成部分的性质、它们之间的关系、项目环境之间的关系等。项目工作分解结构是完成这项任务的有力工具。项目管理的其他方面，例如范围、进度和成本管理，也要使用项目工作分解结构。因此，在风险识别中利用这个已有的现成工具并不会给项目班子增加额外的工作量。这种工具的原则是化大系统为小系统，将复杂事物分解为较简单、易被认识的事物。工作分解结构法的具体步骤为：先将施工项目按类别和层次分解为若干个子项目，找出它们各自存在的风险因素，然后进一步分解子项目，层层分解，直到能基本确定全部风险因素为止。最后再进行综合分析，绘出分解图。

(3) 常识、经验和判断法。

项目班子成员个人的常识(以前完成的项目累积起来的资料、数据、经验和教训)、经验和判断在风险识别时非常有用。对于那些采用新技术、无先例可循的项目，更是如此。另外，把项目有关各方找来，同他们就风险识别进行面对面的讨论，也有可能触及一般规范活动中未曾或不能发现的风险

(4) 实验或试验结果法。

利用实验或试验结果识别风险，包括数字模型、计算机模型或市场调查等方法。这种方法对风险识别来说是一种较感性的方法，它能很准确地识别风险，识别风险的程度比较高。

(5) 敏感性分析。

敏感性分析研究在项目寿命期内，当项目变数(例如产量、价格、变动成本等)以及项目的各种前提假设也发生变动时，项目的性能(例如现金流的净现值、内部收益率等)会出现怎样的变化以及变化范围如何，敏感性分析能够回答哪些项目变数或假设的变化对项目的性能影响最大。这样，项目管理人员就能识别出风险隐藏在哪些项目变数或假设下。

(6) 事故树分析法。

事故树分析法是利用图解的形式，将大的故障分解成小的故障，或对各种引起故障的原因进行分析。此法不仅能识别出导致事故发生的风险因素，还能计算出风险事故的发生概率、提出各种控制风险因素的方案。既可做定性分析，也可做定量分析。事故树由结点和连接点的线组成。结点表示事件，而连线则表示事件之间的关系。事故树分析是从结果出发，通过演绎推理查找原因的一种过程。事故树分析一般用于技术性强、较为复杂的项目。

事故树分析法.mp4

(7) 专家经验法。

专家经验法主要包括专家个人判断法、头脑风暴法和德尔菲法等十余种方法。其中头脑风暴法和德尔菲法是用途较广、具有代表性的两种。这种方法是基于专家对风险的认识水平高于一般人的基础之上，它不仅用于风险的识别，而且还用于风险评价。

(8) 流程图法。

流程图法是根据施工项目的施工生产活动，建立一系列流程图，通过对流程图的分析，解释施工项目管理全过程的"瓶颈"分布位置及其影响，从而识别可能存在的风险。

建筑工程项目风险识别的方法很多，不同的方法对风险因素识别的范围和程度是不同的。以上所列的风险识别的几种方法，在使用中应针对实际问题不同的特点进行选择，这些风险识别方法实际上是有关知识、推断和搜索的理论应用于风险因素的分析研究。风险识别从某种角度来说是一种分类过程，在识别的过程中，实际上对各种风险因素按概率大小和后果严重程度进行了分类，从风险识别要用到概率这一角度来看，它又是信息、搜索、探测和报警理论的一部分。

4. 项目风险识别研究的意义

风险识别是工程项目风险管理的基础和重要组成部分，风险识别是项目管理者识别风险来源、确定风险发生条件、描述风险特征并评价风险影响的过程。风险识别是动态的过程，随项目和项目环境的发展变化而变化。只有对项目进行有效的风险识别，才有可能实现正确的项目风险管理，从而实现更好的项目管理工作。

【案例 10-1】　2008 年 9 月 20 日 22 时 50 分，舞王俱乐部内有数百人正在喝酒、看歌舞表演。在节目表演过程中，由于演员将烟花打到了顶棚上，击中了大厅正中的一盏舞灯，舞灯立即起火。大火立即蔓延到整个大厅的顶棚并向四周扩散，人们在惊慌之中纷纷向楼梯涌去。起火点位于舞王俱乐部 3 楼，现场有一条大约 10m 长的狭窄过道。现场人员发现起火后一起涌向出口，使得过道上十分拥挤，造成惨剧。消防部门在接到报警后，迅速赶到现场抢救，火灾在 23 时 30 分被扑灭。火灾造成 44 人死亡，88 人受伤，51 名伤者被立即送往附近医院救治。

试结合案例分析风险识别在项目风险管理中的重要性。

10.2.2　建筑工程项目风险的评估

风险评估是指，在风险事件发生之前或之后(但还没有结束)，对该事件给人们的生活、生命、财产等各个方面造成的影响和损失的可能性进行量化评估的工作。即风险评估就是量化测评某一事件或事物带来的影响或损失的可能程度。

从信息安全的角度来讲，风险评估是对信息资产(即某事件或事物所具有的信息集)所面临的威胁、存在的弱点、造成的影响，以及三者综合作用所带来风险的可能性的评估。作为风险管理的基础，风险评估是组织确定信息安全需求的一个重要途径，属于组织信息安全管理体系策划的过程。

1. 风险评估的基础

首先要对以下几项内容进行估计：风险事件发生的可能性大小；可能的结果范围和危害程度；预期发生的时间；一个风险因素所产生的风险事件的发生频率。常用的方法工具包括：风险可能和危害分析等级矩阵、项目假定测试、数据精度分级。

1) 风险可能性和危害分析等级矩阵

风险的大小是由两个方面决定的，一是风险发生的可能性，另一个是风险发生后对项目目标所造成的危害程度，对这两方面，可以用一些定性的描述词分别进行描述，如"非常高的""高的""适度的""低的"和"非常低的"等。

2) 项目假定测试

风险评估中的项目假定测试是一种模拟技术，它是分别对一系列的假定及其推论进行测试，进而发现风险的一些定性信息。

3) 数据精度分级

风险估计需要准确的、不带偏见的有益于管理的数据，数据精度分级就是应用于这方面的一种技术，它可以估计有关风险的数据对风险管理有用的程度。它包括以下几个方面：风险的了解范围；有关风险的数据；数据的质量；数据的可信度和真实度等。

项目管理的本质是计划、预测、预算和估算，这都表明了项目中的确定因素是很少的。因此，要决定项目的不确定性就需要考虑项目的方方面面。但这是非常不切实际的，因为评估需要的成本和时间是有限的，所以一般需要保证的是，风险评估的对象必须是那些在项目中受到最严重的约束和具有最大不确定性的地方。另外，需要强调的是，这个评估的过程实际上是反复的，只有当评估者和项目经理都认为所有未发现的风险都无关紧要的时候，风险评估才能完成。

2. 项目评估的基本步骤

风险评估包括风险辨识、风险分析、风险评价三个步骤。

1) 风险辨识

风险辨识是指查找企业各业务单元、各项重要经营活动及其重要业务流程中有无风险，有哪些风险。

2) 风险分析

风险分析是对辨识出风险及其特征进行明确的定义描述，分析和描述风险发生可能性的高低、风险发生的条件。

3) 风险评价

风险评价是评估风险对企业实现目标的影响程度、风险的价值等。

3. 风险评估的依据

1) 已识别的风险

已识别的项目风险是项目风险评估的基础。

2) 项目的进展情况

在项目的不同阶段，所面临的风险程度是不同的。一般来说，随

风险评估的依据.mp4

着项目的进展，项目的风险和不确定性就会逐步降低。

3）项目的性质和规模

由于各项目的性质不同，风险对其影响程度也不一样。一般来说，较小的项目风险程度较低，大型、复杂的项目或高新技术项目的风险程度则会比较高。

4）数据的准确性和可靠性

数据的准确性和可靠性都会影响项目风险评估的结果，所以要对数据的准确性和可靠性进行评估。

4. 风险评估的方法

项目风险评估一般有定性和定量两种方法。在项目管理实践中，将专家和项目管理人员的评估与有限数据相结合，成为项目风险评估中运用较多的方法。在项目风险评估中，采用何种方法，取决于项目风险的来源、发生的概率、风险的影响程度和管理者对风险的态度。

1）定性风险评估

(1) 历史资料法。

在项目情况基本相同的条件下，通过观察各个潜在的风险在长时期内已经发生的次数，就能估计每一可能事件发生的概率，这种估计是基于事件过去已经发生的频率。

(2) 理论概率分布法。

当项目的管理者没有足够的历史信息和资料来确定项目风险事件的概率时，可根据理论上的某些概率分布来补充或修正，从而建立风险的概率分布图。

常用的风险概率分布是正态分布，正态分布可以描述许多风险的概率分布，如交通事故、财产损失、加工制造的偏差等。除此之外，在风险评估中常用的理论概率分布还有离散分布、等概率分布、阶梯形分布、三角形分布和对数正态分布等。

(3) 主观概率。

由于项目的一次性和独特性，不同项目的风险往往存在差别。因此，项目管理者在很多情况下要根据自己的经验，去测度项目风险事件发生的概率或概率分布，这样得到的项目风险概率被称为主观概率。主观概率的大小常常根据人们长期积累的经验、对项目活动及其有关风险事件的了解而评估。

(4) 风险事件后果的评估。

风险事故造成的损失大小要从三个方面来衡量：风险损失的性质、风险损失范围的大小和风险损失的时间分布。

2）定量风险评估

定量风险评估包括访谈法、盈亏平衡分析、敏感性分析、决策树分析和非肯定型决策分析。

项目风险评估最重要的结果就是量化了的项目风险清单。该清单综合考虑了项目风险发生的概率、风险后果的影响程度等因素，因此项目承担单位可依此对项目风险进行排序，从而确定采取什么样的风险应对措施以及控制措施应实施到什么程度。

定量风险评估.avi

项目风险清单一般可包括以下内容：

(1) 项目风险发生概率的大小；

(2) 项目风险可能影响的范围；

(3) 对项目风险预期发生时间的估算；

(4) 项目风险可能产生的后果；

(5) 项目风险等级的确定。

评估的基本步骤.mp4

5. 项目风险的等级

项目风险等级是根据项目风险清单前四项进行确定的，项目风险可分为四个等级：

(1) 灾难级——这类等级的风险必须立即予以排除；

(2) 严重级——这类风险会造成项目偏离目标，需要立即采取控制措施；

(3) 轻微级——暂时不会对项目产生危害，但也要考虑采取应对措施；

(4) 忽略级——这类风险可以忽略，不用采取控制措施。

10.3　建筑工程项目风险的控制与管理

10.3.1　建筑工程项目风险的控制

作为管理者会采取各种措施减小风险事件发生的可能性，或者把可能的损失控制在一定的范围内，以避免在风险事件发生时带来的难以承担的损失。管理者所作这些措施叫作风险控制。

风险控制的四种基本方法是：风险控制、风险规避、风险转移和风险保留(风险承担)。

1. 风险控制

风险控制又称为风险降低，风险控制不是放弃风险，而是制定具体计划和采取恰当措施降低风险的可能性或者是减少实际损失。控制的阶段包括事前、事中和事后三个阶段。事前控制的目的主要是为了降低风险的概率，事中和事后的控制主要是为了减少实际发生的损失。

2. 风险规避

风险规避是指企业回避、停止或退出蕴含某一风险的商业活动或商业环境，避免成为风险的所有人。例如：

(1) 退出某一市场以避免激烈竞争；

(2) 拒绝与信用不好的交易对手进行交易；

(3) 外包某项对工人健康安全风险较高的工作；

(4) 停止生产可能有潜在安全隐患的产品。

3. 风险转移

风险转移是指企业通过合同将风险转移到第三方，企业对转移后的

风险转移.mp4

风险不再拥有所有权。转移风险不会降低其可能的严重程度，只是从一方移除后转移到另一方。例如：

(1) 保险。保险合同规定保险公司为预定的损失支付补偿，作为交换，在合同开始时，投保人要向保险公司支付保险费。

(2) 非保险型的风险转移。将风险可能导致的财务损失负担转移给非保险机构。例如服务保证书等。

(3) 风险证券化。利用保险资产证券化技术，通过构造和资本市场上发行保险连接型证券，使保险市上的风险得以分割和标准化，将承担风险转移到资本市场。这种债券的利息支付和本金偿还取决于某个风险事件的发生或严重程度。

4. 风险承担

风险承担亦称风险保留、风险自留。风险承担是指企业对所面临的风险采取接受的态度，从而承担风险带来的后果。对未能辨识出的风险，企业只能采用风险承担。对于辨识出的风险，企业也可能由于以下几种原因采用风险承担：

(1) 缺乏能力进行主动管理，对这部分风险只能承担。

(2) 没有其他备选方案。

(3) 从成本效益考虑，这一方案是最适宜的方案。对于企业的重大风险，即影响到企业目标实现的风险，企业一般不应采用风险承担。

【案例 10-2】 2014 年初，甲保险公司先后承保乙公司的地下工程和主体建筑工程，包括震动、移动或减弱支撑扩展条款。该广场建筑结构由三幢 7 层厂房，1 层裙房和 10 m 深的地下室组成。

2014 年 4 月 19 日，在基坑开挖近两个月后，由于钢板桩打桩引起震动，致使周边土体向坑内位移，坑底向上隆起，造成周边建筑物及土体水平位移和垂直沉降。

距基坑北侧钢板仅 1.0～1.5 m 处的丙工厂主厂房发生墙体及地面开裂和倾斜，引起工厂电焊条流水线生产异常，产出废品。丙工厂请当地建筑科学院对厂房及设备进行检测和鉴定后，向甲保险公司索赔设备费用 323 万元，建筑物损失费用 152 万元，停产损失约 56 万元，合计人民币 532 万元。

请结合上下文分析乙公司面对风险时的做法，这种做法是否有用。

10.3.2 建筑工程项目风险的管理

建筑工程项目的风险包括项目决策的风险和项目实施的风险，项目实施的风险主要包括设计的风险、施工的风险以及材料、设备和其他建筑物资的风险等。建筑工程施工的风险类型有多种分类方法，以下就可以构成风险的因素分为四类。

1. 构成风险的因素

1) 组织风险

(1) 承包商管理人员和一般技工的知识、经验和能力；

(2) 施工机械操作人员的知识、经验和能力；

(3) 损失控制和安全管理人员的知识、经验和能力等。

2) 经济与管理风险

(1) 工程资金供应条件；

(2) 合同风险；

(3) 现场与公用防火设施的可用性及其数量；

(4) 事故防范措施和计划；

(5) 人身安全控制计划；

(6) 信息安全控制计划等。

3) 工程环境风险

(1) 自然灾害；

(2) 岩土地质条件和水文地质条件；

(3) 气象条件；

(4) 引起火灾和爆炸的因素等。

4) 技术风险

(1) 工程设计文件；

(2) 工程施工方案；

(3) 工程物资；

(4) 工程机械等。

2. 施工风险管理过程

风险管理是为了达到一个组织的既定目标，而对组织所承担的各种风险进行管理的系统过程，其采取的方法应符合公众利益、人身安全、环境保护以及有关的法规要求。风险管理包括策划、组织、领导、协调和控制等方面的工作。

施工风险管理过程包括施工全过程的风险识别、风险评估、风险响应和风险控制。

1) 风险识别

风险识别的任务是识别施工全过程存在的风险，其工作程序包括：

(1) 收集与施工风险有关的信息；

(2) 确定风险因素；

(3) 编制施工风险识别报告。

2) 风险评估

风险评估包括以下工作：

(1) 利用已有数据资料(主要是类似项目有关风险的历史资料)和相关专业方法分析各种风险因素发生的概率；

(2) 分析各种风险的损失量，包括可能发生的工期损失、费用损失，以及对工程的质量、功能和使用效果等方面的影响；

(3) 根据各种风险发生的概率和损失量，确定各种风险的风险量和风险等级。

3) 风险响应

风险响应指的是针对项目风险而采取的相应对策。常用的风险对策包括风险规避、减轻、自留、转移及其组合等策略。风险对策应形成风险管理计划，它包括：

(1) 风险管理目标；

(2) 风险管理范围；

(3) 可使用的风险管理方法、工具以及数据来源；

(4) 风险分类和风险排序要求；

(5) 风险管理的职责和权限；

(6) 风险跟踪的要求；

(7) 相应的资源预算。

4) 风险控制

风险控制是为了最大限度地降低风险事故发生的概率和减小损失幅度而采取的风险处置技术。风险控制是实施任何项目都应采用的风险处置方法，应认真研究。

风险控制.mp4

在施工进展过程中应收集和分析与风险相关的各种信息，预测可能发生的风险，对其进行监控并提出预警。也只有这样才可以使项目处于一个比较安全的状态，同时又可以为企业节约成本，提高项目质量。

【案例 10-3】　在我国，随着经济的开发、搞活和建设事业的进一步发展，科学技术不断进步，复杂的大型综合工程项目(如三峡工程)的上马和大型企业集团的组建，甚至我们国家整个改革开放大业，都是一项复杂的系统工程，都需要认真考虑风险问题。1994 年，我国陆上油田管理部门开始着手风险分析和管理探索，并委托天津大学海洋与船舶工程系进行"淮河跨越大桥的安全寿命与风险分析"，节约了上亿元的重建费，之后又委托天津大学建筑工程学院完成了管道系统的安全评估方法研究。我们在借鉴国外研究成果的基础上，逐渐形成适合我国的风险评估体系。

试从上述案例思考：在项目建设中推动风险管理这一现代化科学管理技术的重要性以及风险管理在工程中所发挥的作用。

10.4　案例分析

【案例】

我国某工程联合体在承建非洲某公路项目时，由于风险管理不当，造成工程严重拖期，亏损严重，同时也影响了中国承包商的声誉。该项目业主是该非洲国政府工程和能源部，出资方为非洲开发银行和该国政府，项目监理是英国监理公司。

在项目实施的四年多时间里，中方遇到了极大的困难，尽管投入了大量的人力、物力，但由于种种原因，合同于 2005 年 7 月到期后，实物工程量只完成了 35%。2005 年 8 月，项目业主和监理工程师不顾中方的反对，单方面启动了延期罚款，金额每天高达 5000 美元。为了防止国有资产的进一步流失，维护国家和企业的利益，中方承包商在我国驻该国大使馆和经商处的指导和支持下，积极开展外交活动。2006 年 2 月，业主致函我方承包商同意延长 3 年工期，不再进行工期罚款，条件是中方必须出具由当地银行开具的约 1145 万美元的无条件履约保函。由于保函金额过大，又无任何合同依据，且业主未对涉及工程实施的重大问题做出回复，为了保证公司资金安全，维护我方利益，中方不同意出具该保函，而用中国银行出具的 400 万美元的保函来代替。但是，由于政府对该项目的干预往往得不到项目业主的认可，2006 年 3 月，业主在监理工程师和律师的怂恿下，不顾政府高层的调解，无视中方对继续实施本合同所做出的种种努力，以中方不能提供所要求的 1145 万美元履约保函的名义，致函终止了与中方公司的合同。针对这种情况，中方公司积极采取措施并委托律师，争取安全、妥善、有秩序地处理好善后事宜，力争把损失降至最低。

【案例分析】

该项目的风险主要有：

(1) 外部风险。

项目所在地土地全部为私有，土地征用程序及纠纷问题极其复杂，地主阻工的事件经常发生，当地工会组织活动活跃；当地天气条件恶劣，可施工日很少，一年只有三分之一的可施工日；该国政府对环保有特殊规定，任何取土采沙场和采石场的使用都必须事先进行相关环保评估并最终获得批准方可使用，而政府机构办事效率极低，这些都给项目的实施带来了不小的困难。

(2) 承包商自身风险。

在陌生的环境特别是当地恶劣的天气条件下，中方的施工、管理、人员和工程技术等不能适应于该项目的实施。

在项目实施之前，尽管中方公司从投标到中标的过程还算顺利，但是其间蕴藏了很大的风险。业主委托一家对当地情况十分熟悉的英国监理公司起草该合同。该监理公司根据对当地情况的熟悉，将合同中几乎所有可能存在的对业主的风险全部转嫁给了承包商，包括雨季计算公式、料场情况、征地情况。中方公司在招投标前期做的工作不够充分，对招标文件的熟悉和研究不够深入，现场考察也未能做好，对项目风险的认识不足，低估了项目的难度和复杂性，对可能造成工期严重延误的风险并未做出有效的预测和预防，造成了投标失误，给项目的最终失败埋下了隐患。

随着项目的实施，该承包商也采取了一系列的措施，在一定程度上推动了项目的进展，但由于前期的风险识别和分析不足以及一些客观原因，导致这一系列措施并没有收到预期的效果。特别是由于合同条款先天就对中方承包商极其不利，从而造成了中方索赔工作成效甚微。

另外，在项目执行过程中，由于中方内部管理不善，野蛮使用设备，没有建立质量管理保证体系，现场人员素质不能满足项目的需要，现场的组织管理沿用国内模式，不适合该国的实际情况，对项目质量也产生了一定的影响。这一切都造成项目进度严重滞后，成本大大超支，工程质量也不如意。

该项目由某央企工程公司和省工程公司双方五五出资参与合作，项目组主要由该省公司人员组成。项目初期，设备、人员配置不到位，部分设备选型错误，中方人员低估了项目的复杂性和难度，当项目出现问题时又过于强调客观理由。现场人员素质不能满足项目的需要，现场的组织管理沿用国内模式。在一个以道路施工为主的工程项目中，道路工程师却严重不足甚至缺位，所造成的影响是可想而知的。在项目实施的四年间，中方竟三次调换办事处总经理和现场项目经理。在项目的后期，由于项目举步维艰，加上业主启动了惩罚程序，这对原本亏损巨大的项目是雪上加霜，项目组织也未采取积极措施稳定军心。由于看不到希望，现场中外职工情绪不稳，人心涣散，许多职工纷纷要求回国，当地劳工纷纷辞职, 这对项目也产生了不小的负面影响。

由上可见, 尽管该项目有许多不利的客观因素, 但是项目失败的主要原因还是在于承包商的失误, 而这些失误主要还是源于前期工作不够充分, 特别是风险识别、分析管理的过程不够科学。尽管在国际工程承包中价格因素极为重要而且由市场决定, 但可以说, 承包商风险管理(及随之的合同管理)的好坏直接关系到企业的盈亏。

本 章 小 结

通过本章节的学习, 学生了解了风险管理的概念, 熟悉了项目风险的识别、评估、控制和管理, 掌握了在实际工作生活中如何利用风险管理的知识去解决有关问题。

实 训 练 习

一、单选题

1. 项目风险的可预测性比重复进行的生产或业务活动的风险要(　　)。
　　A. 强　　　　　　　B. 差　　　　　　　C. 一样　　　　　D. ABC 都有可能

2. 项目最大的不确定性风险存在于项目的(　　)。
　　A. 早期　　　　　　B. 中期　　　　　　C. 后期　　　　　D. ABC 都有可能

3. 管理项目风险的主体是(　　)。
　　A. 施工负责人　　　B. 设备负责人　　　C. 采购负责人　　D. 项目经理

4. 风险衡量的基本统计工具是(　　)。
　　A. 函数　　　　　　B. 概率　　　　　　C. 方程　　　　　D. 公式

5. 风险防范又称风险理财, 其主要方法有(　　)。
　　A. 风险承担　　　　　　　　　　　　　B. 保险
　　C. 财务型非保险风险转移　　　　　　　D. ABC 都是

6. 控制风险转移的主要方式有(　　)。
　　A. 出售和发包　　　　　　　　　　　　B. 开脱责任合同
　　C. 担保　　　　　　　　　　　　　　　D. ABC 都是

二、多选题

1. 确定客观概率的方法主要有(　　)。
　　A. 代数法　　　　　B. 演绎法　　　　　C. 统计法
　　D. 归纳法　　　　　E. 推理法

2. 人为风险可分为(　　)。
　　A. 政治风险　　　　B. 经济风险　　　　C. 行为和组织风险
　　D. 技术风险　　　　E. 其他风险

3. 下面各个风险中, 相对独立的风险是(　　)。

    A. 技术风险　　　B. 自然风险　　　C. 经济风险

    D. 社会风险和政治风险　　　E. 管理风险

4. 风险损失的无形成本包括(　　)。

    A. 减少了机会　　　B. 降低了生产率　　　C. 资源分配不当

    D. 中间成本　　　E. 利润

5. 国际风险主要包括(　　)。

    A. 政治风险　　　B. 经济风险　　　C. 社会风险

    D. 商务风险　　　E. 组织风险

三、简答题

1. 风险管理的基本原理是什么？建筑项目风险管理的意义和目的是什么？

2. 风险识别的目的和意义是什么？

3. 风险的主要分类有什么？建筑项目的风险因素主要包括哪几个方面？

4. 风险识别的原则是什么？

5. 风险评估应用方法主要有哪几种？其主要的特点是什么？

第 10 章　课后答案.pdf

实训工作单

班级		姓名		日期	
教学项目		现场学习工程项目风险管理			
学习项目	项目风险管理评估、识别、控制及管理	学习要求	1. 掌握项目风险管理评估、识别、控制及管理; 2. 会对简单的小项目进行风险分析		
相关知识		风险规避措施			
其他内容		风险危险等级			
学习过程记录					
评语				指导老师	

第 11 章　建设工程职业健康安全与环境管理

11

【学习目标】

- 了解职业健康安全管理概述
- 熟悉职业健康安全管理体系的建立与运行
- 熟悉建设工程安全生产管理
- 了解工程环境管理概述
- 熟悉工程环境管理体系的建立与运行

【教学要求】

本章要点	掌握层次	相关知识点
建设工程职业健康安全管理	1. 了解建设工程职业健康安全管理的概述 2. 建设工程职业健康安全管理体系的建立和运行	建设工程职业健康安全管理
建设工程安全生产管理	1. 了解建设工程安全生产管理制度体系 2. 掌握建设工程安全生产管理的措施	安全生产管理
建设工程环境管理	1. 了解建设工程环境管理的概述 2. 熟悉建设工程环境管理的建立和运行	环境管理

【项目案例导入】

2017 年 12 月 4 日至 6 日，北京泰瑞特认证中心对 38 所进行了为期三天的职业健康安全与环境管理体系第二次外部监督性审核。由于《环境管理体系　要求及使用指南》(GB/T 24001—2016)于 2017 年 5 月正式实施，并取代原 GB/T 24001—2004 版，7 月份，38 所即对职业健康安全和环境管理体系的三层次文件进行了转版工作，并于 10 月 8 日经批准后正式发布实施。

【项目问题导入】

职业健康、安全与环境管理已经越来越被重视，在项目施工、管理过程中，职业健康、安全与环境管理是必须要做的工作，结合本章内容试分析其原因。

11.1　建设工程职业健康安全管理

11.1.1　建设工程职业健康安全管理的概述

1. 职业健康安全管理体系的概念

职业健康安全管理体系是 20 世纪 80 年代后期在国际上兴起的现代安全生产管理模式，它与 ISO 9000 和 ISO 14000 等标准体系一并被称为"后工业化时代的管理方法"。

2. 职业健康安全管理体系产生的背景

职业健康安全
概念.mp4

职业健康安全管理体系产生的主要原因是企业自身发展的要求。随着企业规模扩大和生产集约化程度的提高，市场对企业的质量管理和经营模式提出了更高的要求。企业必须采用现代化的管理模式，使得包括安全生产管理在内的所有生产经营活动科学化、规范化和法制化。

职业健康安全管理体系产生的另外一个重要原因是世界经济全球化和国际贸易发展的需要。WTO 的最基本原则是"公平竞争"，其中包含环境和职业健康安全问题。换句话说，如果没有实行统一职业健康标准的国家和地区的企业所生产的产品将不能在北美和欧洲地区销售。我国已经加入世界贸易组织(WTO)，在国际贸易中享有与其他成员国相同的待遇，职业健康安全问题对我国社会与经济发展产生了巨大的影响。因此，在我国必须大力推广职业健康安全管理体系。

职业健康安全
管理的目的.mp4

3. 建设工程施工职业健康安全管理的目的

职业健康安全管理的目的是在生产活动中，通过职业健康安全生产的管理活动，对影响生产的具体因素的状态进行控制，使生产因素中的不安全行为和状态减少或消除，避免事故的发生，以保证生产活动中人员的健康和安全。

对于建设工程项目，施工职业健康安全管理的目的是防止和减少生产安全事故、保护产品生产者的健康与安全、保障人民群众的生命和财产免受损失；控制影响工作场所内员工、临时工作人员、合同方人员、访问者和其他有关部门人员健康和安全的条件和因素；考虑和避免因管理不当对员工健康和安全造成的危害。

4. 职业健康安全管理体系的作用

职业健康安全
作用.mp4

(1) 为企业提高职业健康安全绩效提供了一个科学、有效的管理手段;

(2) 有助于推动职业健康安全法规和制度的贯彻执行;

(3) 使组织的职业健康安全管理由被动强制行为转变为主动自愿行为, 提高职业健康安全管理水平;

(4) 有助于消除贸易壁垒;

(5) 对企业产生直接和间接的经济效益;

(6) 将在社会上树立良好的企业品质和形象。

5. 施工职业健康安全与环境管理的特点

建设工程产品及其生产与工业产品不同, 有其自身的特殊性。而正是由于其特殊性, 对建设工程职业健康安全和环境管理显得尤为重要。建设工程职业健康安全与环境管理有以下特点。

1) 复杂性

建设工程一方面涉及大量的露天作业, 受到气候条件、工程地质和水文地质、地理条件和地域资源等不可控因素的影响;另一方面受工程规模、复杂程度、技术难度、作业环境和空间有限等复杂多变因素的影响, 导致施工现场的职业健康安全与环境管理比较复杂。

2) 多变性

一方面是项目建设现场材料、设备和工具的流动性大, 另一方面由于技术进步, 项目不断引入新材料、新设备和新工艺等变化因素, 以及施工作业人员文化素质低, 并处在动态调整的不稳定状态中, 加大了施工现场的职业健康安全与环境管理难度。

3) 协调性

项目建设涉及的单位多、专业多、界面多、材料多、工种多, 包括大量的高空作业、地下作业、用电作业、爆破作业、施工机械及起重作业等较危险的工程, 并且各工种经常需要交叉或平行作业, 这就要求施工方做到各专业之间、各单位之间互相配合, 要注意施工过程中的材料交接、专业接口部分对职业健康安全与环境管理的协调性。

4) 持续性

项目建设一般具有建设周期长的特点, 从前期决策、设计、施工直至竣工投产, 诸多环节、工序环环相扣。前一道工序的隐患, 可能在后续的工序中暴露, 酿成安全事故。

5) 经济性

一方面由于项目生产周期长, 消耗的人力、物力和财力大, 必然使施工单位考虑降低工程成本的因素多, 从而一定程度影响了职业健康安全与环境管理的费用支出, 导致施工现场的健康安全问题和环境污染现象时有发生;另一方面由于建筑产品的时代性、社会性与多样性决定了管理者必须对职业健康安全与环境管理的经济性做出评估。

6) 环境性

项目的生产中手工作业和湿作业多, 机械化水平低, 劳动条件差, 工作强度大, 从而对施工现场的职业健康安全影响较大, 环境污染因素多。

由于上述特点的影响, 将导致施工过程中事故的潜在不安全因素和人的不安全因素较多，使企业的经营管理，特别是施工现场的职业健康安全与环境管理比其他工业企业的管理更为复杂。

6. 施工职业健康安全管理的基本要求

根据《建设工程安全生产管理条例》和《职业健康安全管理体系》GB/T 28000 标准，建设工程对施工职业健康安全管理的基本要求如下。

(1) 坚持安全第一、预防为主和防治结合的方针，建立职业健康安全管理体系并持续改进职业健康安全管理工作。

(2) 施工企业在其经营生产的活动中必须对本企业的安全生产负全面责任。企业的法定代表人是安全生产的第一负责人，项目经理是施工项目生产的主要负责人。施工企业应当具备安全生产的资质条件，取得安全生产许可证的施工企业应设立安全生产管理机构，配备合格的专职安全生产管理人员，并提供必要的资源；施工企业要建立健全职业健康安全体系以及有关的安全生产责任制和各项安全生产规章制度。施工企业对项目要编制切合实际的安全生产计划，制定职业健康安全保障措施；实施安全教育培训制度，不断提高员工的安全意识和安全生产素质；项目负责人和专职安全生产管理人员应持证上岗。

(3) 在工程设计阶段，设计单位应按照有关建设工程法律法规的规定和强制性标准的要求，进行安全保护设施的设计；对涉及施工安全的重点部分和环节在设计文件中应进行注明，并对防范生产安全事故提出指导意见，防止因设计考虑不周而导致生产安全事故的发生；对于采用新结构、新材料、新工艺的建设工程和特殊结构的建设工程，设计文件中应提出保障施工作业人员安全和预防生产安全事故的措施和建议。

(4) 在工程施工阶段，施工企业应根据风险预防要求和项目的特点，制定职业健康安全生产技术措施计划；在进行施工平面图设计和安排施工计划时，应充分考虑安全、防火、防爆和职业健康等因素；施工企业应制定安全生产应急救援预案，建立相关组织，完善应急准备措施；发生事故时，应按国家有关规定，向有关部门报告；处理事故时，应防止二次伤害。

建设工程实行总承包的，由总承包单位对施工现场的安全生产负总责并自行完成工程主体结构的施工。分包单位应当接受总承包单位的安全生产管理，分包合同中应当明确各自在安全生产方面的权利、义务。分包单位因不服从管理导致生产安全事故的，由分包单位承担主要责任，总承包单位和分包单位对分包工程的安全生产承担连带责任。

(5) 应明确和落实工程安全环保设施费用、安全施工和环境保护措施费等各项费用。

(6) 施工企业应按有关规定必须为从事危险作业的人员在现场工作期间办理意外伤害保险。

(7) 现场应将生产区与生活、办公区分离，配备紧急处理医疗设施，使现场的生活设施符合卫生防疫要求，采取防暑、降温、保温、消毒、防毒等措施。

(8) 工程施工职业健康安全管理应遵循下列程序：

① 识别并评价危险源及风险；

② 确定职业健康安全目标；

③ 编制并实施项目职业健康安全技术措施计划；

④ 职业健康安全技术措施计划实施结果验证；

⑤ 持续改进相关措施和绩效。

11.1.2　建设工程职业健康安全管理体系的建立和运行

1. 建设工程职业健康安全管理体系的建立

职业健康安全管理体系的建立应当遵循以下步骤。

1）领导决策

组织建立职业健康安全管理体系需要领导者的决策，特别是要最高管理者的决策。只有在最高管理者认识到建立职业健康安全管理体系必要性的基础上，组织才有可能在其决策下开展这方面的工作。

职业健康安全管理体系的建立.avi

2）成立工作组

工作组的主要任务是负责建立职业健康安全管理体系。工作组的成员来自组织内部各个部门，工作组的规模可大可小，可专职或兼职，可是一个独立的机构，也可挂靠在某个部门。

3）人员培训

工作组在开展工作之前，应接受职业健康安全管理体系标准及相关知识的培训。同时，对组织体系运行需要的内审员，也要进行相应的培训。

职业健康安全管理的建立.mp4

4）初始状态评审

初始状态评审是建立职业健康安全管理体系的基础。组织应为此建立一个评审组，评审组可由组织的员工组成，也可外请咨询人员，或是两者兼而有之。评审组应对组织过去和现在的职业健康安全信息状态进行收集、调查与分析，识别和获取现有的适用于组织的职业健康安全法律、法规和其他要求，进行危险源辨识和风险评价。这些结果将作为建立和评审组织的职业健康安全方针、制定职业健康安全目标和职业健康安全管理方案、确定体系的优先项、编制体系文件和建立体系的基础。初始状态评审一般包括如下内容：

（1）辨识组织工作场所中的危险源，进行风险评价及风险控制策划；

（2）明确适用于组织的职业健康安全法律、法规和其他要求；

（3）评价组织对于职业健康安全法律、法规的遵循情况；

（4）评审过去的事故经验和有关职业健康安全方面的评价、赔偿经验及失败结果；

（5）评价投入到职业健康安全管理的现存资源的作用和效率；

（6）识别现存体系与标准之间的差距。

5）体系策划与设计

体系策划阶段主要是依据初始状态评审的结论制定职业健康安全方针，制定组织的职业健康安全目标、指标和相应的职业健康安全管理方案，确定组织机构和职责，筹划各种运行程序等。

职业健康安全管理体系策划的主要内容包括：制定职业健康安全方针；安排组织机构，明确职责；制定职业健康安全目标；制定职业健康安全管理方案。一般可以把职业健康安全管理体系文件结构分成职业健康安全管理手册、职业健康安全管理体系程序文件和作业文件三个层次。

6) 职业健康安全管理体系文件编制

职业健康安全管理体系具有文件化管理的特征。编制体系文件是组织实施职业健康安全管理体系标准、建立与保持职业健康安全管理体系并保证其有效运行的重要基础工作，也是组织达到预定的职业健康安全目标、评价与改进体系，实现持续改进和风险控制必不可少的依据和见证。体系文件还需要在体系运行过程中定期或不定期地进行评审和修改，以保证它的完善和持续有效。

(1) 职业健康安全管理手册。

职业健康安全管理手册是职业健康安全管理体系文件的总体性描述。通过职业健康安全管理手册可以向社会及相关方展示组织的职业健康安全意图和宗旨；可以展示组织对遵守安全生产法规及其他要求的承诺；可以展示组织对风险控制和持续改进的承诺。职业健康安全管理手册对组织全体员工来说是法规性文件，必须严格遵照执行。

职业健康安全管理手册通常包括：

① 组织的职业健康安全方针；

② 职业健康安全目标要求；

③ 职业健康安全管理方案实施描述；

④ 组织结构及职业健康安全管理工作的职责和权限；

⑤ 依据职业健康安全管理体系标准的要求，并结合组织活动、产品或服务的特点，对标准中全部管理要素的实施要点进行描述；

⑥ 职业健康安全管理手册的审批、管理和修改的规定。

(2) 职业健康安全管理体系程序文件。

程序文件是职业健康安全管理体系中的第二层次文件。程序文件的标准定义是："为进行某些活动所规定的途径"，即为实施职业健康安全管理体系要素所规定的方法。程序文件是组织实施职业健康安全管理体系、规范组织的安全生产管理行为的主要管理文件，它的有效实施关系到组织对遵守安全生产法律、法规及其他要求的承诺；关系到对风险控制和持续改进的承诺；关系到能否按预期实现组织的职业健康安全方针；关系到组织能否按计划完成职业健康安全目标。程序文件也是职业健康安全管理手册的支撑性文件，更进一步明确了组织实施安全生产管理工作的程序、方法和要求。程序文件内容如下：

① 目的和适用范围，即简要说明该程序管理活动的目的和适用范围；

② 引用的标准及文件，包括国家、行业以及企业内部制定的与本程序实施相关联的文件，如其他程序文件等；

③ 定义，主要是程序文件中涉及的行业及企业常用的术语定义；

④ 职责，用于指明实施该程序文件的主管部门及相关部门职责、权限、接口及相互关系；

⑤ 具体工作程序；

⑥ 报告和记录格式。

(3) 作业文件。

作业文件是指管理手册、程序文件之外的文件，一般包括作业指导书(操作规范)、管理规定、监测活动准则及程序文件引用的表格。其编写的内容与格式与程序文件的要求基本相同。在编写之前应对原有的作业文件进行清理，摘其有用，删除无关。

2. 职业健康安全管理体系的运行

1) 体系试运行

体系试运行的目的是要在实践中检验体系的充分性、适用性和有效性。组织应加强运作力度，并努力发挥体系本身具有的各项功能，及时发现问题，找出问题的根源，纠正不符合之处并对体系给予修订，以尽快度过磨合期。

2) 内部审核和管理评审

职业健康安全管理体系的内部审核是体系运行中必不可少的环节。体系经过一段时间的试运行，组织应当具备检验职业健康安全管理体系是否符合职业健康安全管理体系标准要求的条件，应开展内部审核。职业健康安全管理者代表应亲自组织内审。如有必要，组织可聘请外部专家参与或主持审核。内审员在文件预审时，应重点关注和判断体系文件的完整性、符合性及一致性；在现场审核时，应重点关注体系功能的适用性和有效性，检查是否按体系文件的要求运作。

管理评审是职业健康安全管理体系整体运行的重要组成部分。管理者代表应收集各方面的信息供最高管理者评审。最高管理者应对试运行阶段的体系整体状态做出全面的评判，对体系的适用性、充分性和有效性做出评价。依据管理评审的结论，可以对是否需要调整、修改体系做出决定，也可以做出是否实施第三方认证的决定。

【案例 11-1】 据不完全统计，全国有 50 多万个厂矿存在不同程度的职业危害，实际接触有害作业的职工有 2 亿人以上。到 2013 年底，全国累积尘肺病患者达 120 万人，其中累积死亡人数达 20.9 万人。自 1990 年以来平均每年诊断尘肺病人 7000 人左右，在 1993 至 1996 年期间虽略有下降，但后几年又有上升趋势，根据卫生部通报新发尘肺病人以每年 1.52 万例的速度递增。

试从以上数据说明职业健康安全在建设工程中的必要性，针对不同的建设项目该如何有针对性地建立职业健康安全管理体系。

11.2　建设工程安全生产管理

11.2.1　建设工程安全生产管理制度体系

建立施工安全生产管理制度体系要贯彻"安全第一，预防为主"的方针。施工企业的主要安全生产管理制度包括：安全生产责任制度、安全生产许可证制度、政府安全生产监督检查制度、安全生产教育培训制度、安全措施计划制度、特种作业人员持证上岗制度、专项施工方案专家论证制度、严重危及施工安全的工艺、设备、材料淘汰制度、施工起重机械使用登记制度、安全检查制度、生产安全事故报告和调查处理制度、"三同时"制度、安全预评价制度、工伤和意外伤害保险制度。

脚手架安全.avi

1．安全生产责任制

安全生产责任制是最基本的安全管理制度，是所有安全生产管理制度的核心。它明确了建筑施工安全生产责任人、技术负责人等有关管理人员安全生产的责任，保障了职工在施工作业中的安全和健康。

安全责任制.mp4

安全生产责任制是根据"管生产必须管安全""安全生产人人有责"的原则，明确规定各级领导、各职能部门和各类人员在生产活动中应负的安全职责，有了安全生产责任制不仅从制度上固定下来，而且增强了各级管理人员的安全责任心，使安全管理纵向到底、横向到边、专管成线、群管成网，做到责任明确，协调配合，共同努力，真正把安全生产工作落到实处，实现安全管理目标。

2．安全生产许可证制度

安全生产许可证的有效期为 3 年。安全生产许可证有效期满需要延期的，企业应当于期满前 3 个月向原安全生产许可证颁发管理机关办理延期手续。

企业在安全生产许可证有效期内，严格遵守有关安全生产的法律法规，未发生死亡事故的，安全生产许可证有效期届满时，经原安全生产许可证颁发管理机关同意，不再审查，安全生产许可证有效期延期 3 年。

企业不得转让、冒用安全生产许可证或者使用伪造的安全生产许可证。企业取得安全生产许可证后，不得降低安全生产条件，并应当加强日常安全生产管理，接受安全生产许可证颁发管理机关的监督检查。任何单位或者个人对违反本条例规定的行为，有权向安全生产许可证颁发管理机关或者监察机关等有关部门举报。

3．安全生产教育培训制度

施工企业安全生产教育培训一般包括管理人员、特种作业人员和企业员工的安全教育。

1) 管理人员的安全教育

(1) 企业领导的安全教育。主要内容包括：国家有关安全生产的方针、政策、法律、法规及有关规章制度；安全生产管理职责、企业文化生产管理知识及安全文化；有关事故案例及事故应急处理措施等。

(2) 项目经理、技术负责人和技术干部的安全教育。主要内容包括：安全生产方针、政策和法律、法规；项目经理部安全生产责任；典型事故案例剖析；本系统安全及相应的安全技术知识等。

(3) 行政管理干部的安全教育。主要内容包括：安全生产方针、政策和法律、法规；基本的安全技术知识；本职的安全生产责任等。

(4) 企业安全管理人员的安全教育。主要内容包括：国家有关安全生产的方针、政策、法律、法规和安全生产标准；企业安全生产管理、安全技术、职业病知识、安全文件；员工伤亡事故和职业病统计报告及调查处理程序；有关事故案例及事故应急处理措施等。

(5) 班组长和安全员的安全教育。主要内容包括：安全生产法律、法规、安全技术及技能、职业病和安全文化的知识；本企业、本班组和工作岗位的危险因素、安全注意事项；本岗位安全生产职责；事故抢险与应急处理措施；典型事故案例等。

2) 特种作业人员的安全教育

由于特种作业较一般作业的危险性更大，所以，特种作业人员必须经过安全培训和严格考核。对特种作业人员的安全教育应注意以下三点：

(1) 特种作业人员上岗作业前，必须进行专门的安全技术和操作技能的培训教育，这种培训教育要实行理论教学与操作技术训练相结合的原则，重点放在提高其安全操作技术和预防事故的实际能力上。

(2) 培训后，经考核合格方可取得操作证，并准许独立作业。

(3) 取得操作证的特种作业人员，必须定期进行复审。特种作业操作证每 3 年复审 1 次。

特种作业人员在特种作业操作证有效期内，连续从事本工种 10 年以上，严格遵守有关安全生产法律法规的，经原考核发证机关或者从业所在地考核发证机关同意，特种作业操作证的复审时间可以延长至每 6 年 1 次。

3) 企业员工的安全教育

企业员工的安全教育主要有新员工上岗前的三级安全教育、改变工艺和变换岗位安全教育、经常性安全教育三种形式。

(1) 新员工上岗前的三级安全教育。

新员工上岗前的三级安全教育，通常是指进厂、进车间、进班组三级，对建设工程来说，具体指企业(公司)、项目(或工区、工程处、施工队)、班组三级。

企业新员工上岗前必须进行三级安全教育，企业新员工须按规定通过三级安全教育和实际操作训练，并经考核合格后方可上岗。

(2) 改变工艺和变换岗位时的安全教育。

① 企业(或工程项目)在实施新工艺、新技术或使用新设备、新材料时，必须对有关人员进行相应级别的安全教育，要按新的安全操作规程教育和培训参加操作的岗位员工和有关人员，使其了解新工艺、新设备、新产品的安全性能及安全技术，以适应新的岗位作业的安全要求。

② 当组织内部员工出现从一个岗位调到另一个岗位，或从某工种改变为另一工种，或因放长假离岗一年以上重新上岗的情况，企业必须进行相应的安全技术培训和教育，以使其掌握现岗位安全生产的特点和要求。

(3) 经常性安全教育。

无论何种教育都不可能是一劳永逸的，安全教育同样如此，必须坚持不懈、经常不断地进行，这就是经常性安全教育。在经常性安全教育中，安全思想、安全态度教育最重要。进行安全思想、安全态度教育，要通过采取多种多样形式的安全教育活动，激发员工搞好安全生产的热情、促使员工重视和真正实现安全生产。经常性安全教育的形式有：每天的班前班后会上说明安全注意事项；安全活动日；安全生产会议；事故现场会；张贴安全生产招贴画、宣传标语及标志等。

4. 专项施工方案论证制度

依据《建设工程安全生产管理条例》第二十六条的规定："施工单位应当在施工组织设计中编制安全技术措施和施工现场临时用电方案，对下列达到一定规模的危险性较大的分部分项工程编制专项施工方案，

专项施工方案
论证制度.mp4.

并附具安全验算结果，经施工单位技术负责人、总监理工程师签字后实施，由专职安全生产管理人员进行现场监督，包括基坑支护与降水工程；土方开挖工程；模板工程；起重吊装工程；脚手架工程；拆除、爆破工程；国务院建设行政主管部门或者其他有关部门规定的其他危险性较大的工程。

对前款所列工程中涉及深基坑、地下暗挖工程、高大模板工程的专项施工方案，施工单位还应当组织专家进行论证、审查。"

5. 安全检查制度

1) 安全检查的目的

安全检查制度是清除隐患、防止事故、改善劳动条件的重要手段，是企业安全生产管理工作的一项重要内容。通过安全检查可以发现企业及生产过程中的危险因素，以便有计划地采取措施，保证安全生产。

2) 安全检查的方式

检查方式有企业组织的定期安全检查，各级管理人员的日常巡回安全检查，专业性安全检查，季节性安全检查，节假日前后的安全检查，班组自检、互检、交接检查，不定期安全检查等。

3) 安全检查的内容

包括查思想、查制度、查管理、查隐患、查整改、查伤亡事故处理等。安全检查的重点是检查"三违"和安全责任制的落实。检查后应编写安全检查报告，报告应包括已达标项目、未达标项目、存在问题、原因分析、纠正和预防措施等内容。

4) 安全隐患的处理程序

对查出的安全隐患，不能立即整改的，要制定整改计划，定人、定措施、定经费、定完成日期；在未消除安全隐患前，必须采取可靠的防范措施，如有危及人身安全的紧急险情，应立即停工；并应按照"登记—整改，复查—销案"的程序处理安全隐患。

脚手架质量.avi

6. "三同时"制度

"三同时"制度是指凡是我国境内新建、改建、扩建的基本建设项目，技术改建项目(工程)和引进的建设项目，其安全生产设施必须符合国家规定的标准，必须与主体工程同时设计、同时施工、同时投入生产和使用。安全生产设施主要是指安全技术方面的设施、职业卫生方面的设施、生产辅助性设施。

"三同时"制度.mp4

7. 施工起重机械使用登记制度

《建设工程安全生产管理条例》第三十五条规定："施工单位应当自施工起重机械和整体提升脚手架、模板等自升式架设设施验收合格之日起三十日内，向建设行政主管部门或其他有关部门登记。登记标志应当置于或者附着于该设备的显著位置。"

这是对施工起重机械的使用进行监督和管理的一项重要制度，能够有效防止不合格机械和设施投入使用；同时，还有利于监管部门及时掌握施工起重机械和整体提升脚手架、模板等自升式架设设施的使用情况，以利于监督管理。

8. 严重危及施工安全的工艺、设备、材料淘汰制度

严重危及施工安全的工艺、设备、材料是指不符合生产安全要求，极有可能导致生产安全事故发生，致使人民生命和财产遭受重大损失的工艺、设备和材料。

《建设工程安全生产管理条例》第四十五条规定："国家对严重危及施工安全的工艺、设备、材料实行淘汰制度。具体目录由国务院建设行政主管部门会同国务院其他有关部门制定并公开。"淘汰制度的实施，一方面有利于保障安全生产，另一方面也体现了优胜劣汰的市场经济规律，有利于提高施工单位的工艺水平，促进设备更新。

对于已经公布的严重危及施工安全的工艺、设备和材料，建设单位和施工单位都应当严格遵守和执行，不得继续使用此类工艺和设备，也不得转让他人使用。

9. 生产安全事故报告和调查处理制度

《安全生产法》第八十条规定："生产经营单位发生生产安全事故后，事故现场有关人员应当立即报告本单位负责人，单位负责人接到事故报告后，应当迅速采取有效措施，组织抢救，防止事故扩大，减少人员伤亡和财产损失，并按照国家有关规定立即如实报告当地负有安全生产监督管理职责的部门，不得隐瞒不报、谎报或者迟报，不得故意破坏事故现场、毁灭有关证据。"

《特种设备安全监察条例》第六十六条规定："特种设备发生事故，事故发生单位应当迅速采取有效措施，组织抢救，防止事故扩大，减少人员伤亡和财产损失，并按照国家有关规定，及时并如实地向负有安全生产监督管理职责的部门和特种设备安全监督管理部门等有关部门报告。不得隐瞒不报、谎报或者拖延不报。"

10. 安全预评价制度

安全预评价是在建设工程项目前期，应用安全评价的原理和方法对工程项目的危险性、危害性进行预测性评价。

11. 工伤和意外伤害保险制度

工伤保险是属于法定的强制性保险，国家鼓励企业为从事危险作业的职工办理意外伤害保险，支付保险费。

12. 安全措施计划制度

安全措施计划是在企业进行生产活动前，就开始编制的安全措施计划，它可以有目的、有计划地改善劳动条件和安全卫生条件，是防止工伤事故和职业病的重要措施之一，对企业加强劳动保护，改善劳动条件，保障职工的安全和健康，促进企业生产经营的发展都起着积极作用。

13. 特种作业持证上岗制度

垂直运输机械作业人员、起重机械安装拆卸工、爆破作业人员、起重信号工、登高架设作业人员等特种作业人员，必须按照国家有关规定经过专门的安全作业培训，并取得特种作业操作证后，方可上岗

起重机安全事件.avi.

作业。

特种作业操作证书在全国范围内有效。特种作业操作证，每 3 年复审一次。连续从事本工种 10 年以上的，经用人单位进行知识更新教育后，复审时间可延长至每 6 年一次；离开特种作业岗位达 6 个月以上的特种作业人员，应当重新进行实际操作考核，经确认合格后方可上岗作业。

【案例 11-2】 1987 年江西上衫乡金矿成立，从 1984 年到 2007 年，乡里组织采金人员分五批在江西省职业病医院进行了检查。到目前为止，全乡共查出尘肺病患者 489 人。沈阳至本溪吴家岭隧道施工，400 名民工，196 人罹患矽肺，10 人死亡。试结合上述案例分析如何在工程进行中进行安全管理，并说明安全管理的重要性。

11.2.2 建设工程安全生产管理的措施

在建设工程中，安全隐患的发现可以来自于各参与方，包括建设单位、设计单位、监理单位、施工单位自身、供货商、工程监管部门等。各方对于事故安全隐患处理的义务和责任，以及相关的处理程序在《建设工程安全生产管理条例》中已有明确的界定。这里仅从施工单位角度谈其对事故安全隐患的处理方法。

应对现场事故的
方法.mp4

1. 事故安全隐患的处理方法

1) 当场指正，限期纠正，预防隐患发生

对于违章指挥和违章作业行为，检查人员应当场指出，并限期纠正，预防事故的发生。

2) 做好记录，及时整改，消除安全隐患

预留洞口盖板
拆除.avi

对检查中发现的各类安全事故隐患，应做好记录，分析安全隐患产生的原因，制定消除隐患的纠正措施，并报相关方审查批准后进行整改，及时消除隐患。对重大安全事故隐患排除前或者排除过程中无法保证安全的，责令从危险区域内撤出作业人员或者暂时停止施工，待隐患消除再行施工。

3) 分析统计，查找原因制定预防措施

对于反复发生的安全隐患，应通过分析统计，查找生产"通病"和"顽症"的原因(属于多个部位存在的同类型隐患，即"通病"；属于重复出现的隐患，即"顽症")，修订和完善安全管理措施，制定预防措施，从源头上消除安全事故隐患的发生。

4) 跟踪验证

检查单位应对受检单位的纠正和预防措施的实施过程和实施效果，进行跟踪验证，并保存验证记录。

2. 施工安全隐患的防范

1) 施工安全隐患防范的主要内容

施工安全隐患防范主要包括基坑支护和降水工程、土方开挖工程、人工挖扩孔桩工程、地下暗挖、顶管及水下作业工程、模板工程和支撑体系、起重吊装和安装拆卸工程、脚手架工程、拆除及爆破工程、现浇混凝土工程、钢结构、网架和索膜结构安装工程、预应力工程、建筑幕墙安装工程以及采用新技术、新工艺、新材料、新设备及尚无相关技术标准的危险性较大的分部分项工程等方面的防范。防范的主要内容包括掌握各工程的安全技术规范，归纳总结安全隐患的主要表现形式，及时发现可能造成安全事故的迹象，抓住安全控制的要点，制定相应的安全控制措施等方法。

2) 施工安全隐患防范的一般方法

安全隐患主要包括人、物、管理三个方面。人的不安全因素，主要是指个人在心理、生理和能力等方面的不安全因素，以及人在施工现场的不安全行为；物的不安全状态，主要是指设备设施、现场场地环境等方面的缺陷；管理上的不安全因素，主要是指对物、人、工作的管理不当。根据安全隐患的内容而采用的安全隐患防范的一般方法包括：①对施工人员进行安全意识的培训；②对施工机具进行有序监管，投入必要的资源进行保养维护；③建立施工现场的安全监督检查机制。

【案例 11-3】 2013 年 12 月 23 日 2 时 52 分，某施工现场井钻进至井深 4049.48m 时，因更换钻具需要，在仅进行了 35 分钟泥浆循环后(应循环 90 分钟)就开始起钻。操作人员在操作中没有遵守每提升 3 柱灌满泥浆 1 次的规定，最长达提升 9 柱才进行灌浆。12 时操作人员开始停止操作，并耗费 4 个多小时的时间检修机械故障，然后没有充分循环泥浆即继续起钻。21 时 55 分，录井员发现泥浆溢流，向司钻报告发生井涌，司钻发出井喷警报，井队采取多种措施未能控制局面。至 22 时 4 分左右，井喷完全失控，硫化氢气体大量逸出。22 时 30 分左右井队人员开始撤离现场，同时疏散了井场周边的居民。请结合本案例说明在施工进行过程中安全管理、规范操作的重要性。

11.3　建设工程环境管理

11.3.1　建设工程环境管理的概述

环境管理体系是一项内部管理工具，旨在帮助组织实现自身设定的环境表现水平，并不断地改进环境，不断达到更新更佳的高度。

环境管理体系来源于环境审计和全面质量管理这两个独立的管理手段。迫于遵守环境义务费用的不断升级，北美和欧洲发达国家的公司不得不在 20 世纪 70 年代研制了环境审计这一管理手段以发现其环境问题。环境管理体系的初期目标是保证公司遵守环境法规，其工作范围随后扩展到相对容易出现环境问题的部位实行的最佳管理实践的监督。

全面质量管理起初是用于减少和最终消除生产过程中导致不能达到生产规范要求的种种缺陷，以及提高生产效率等，但这一手段已经更多地用于环境问题上。

ISO14000 环境管理体系标准是创建绿色企业的有效工具，而且它是一个国际通用的标准，可以通过标准的认证，对企业持续地开展环境管

建设工程环境
管理原则.mp4

理工作以及对企业的可持续发展起到有效地推动作用。ISO14000 是一个适用于任何组织的标准，由于行业之间、组织之间具体情况的差异，使许多组织不能理解标准的这一特点。标准的这一广泛适用性正反映了该标准是一个基本标准，是一个管理的框架。每个组织首先要理解标准的精要，才能在此基础上实施标准。ISO 14000 是一个有关环境管理的标准，如何把握环境效益、社会效益和企业效益是一个难题。根据实践工作的经验，实施 ISO14001 的指导原则主要有以下几点。

1. 环境管理服务于社会的环境问题的改善

一般情况，一个组织的经营管理服务于组织自身发展的需要，但是环境管理工作的根本目标是满足社会环境保护和持续发展的需要。在许多情况下，环境保护和企业发展是一对尖锐的矛盾，企业为了生存和发展会选择后者而不顾及环境保护。随着全球环境状况的恶化，保护环境、改善环境迫在眉睫，公众的环境意识逐渐提高，政府的环境管理法律法规日趋严厉，因此，企业必须实施环境管理。

2. 领导的作用

企业的最高管理层的高度重视和强有力的领导是企业实施环境管理的保障，也是取得成功的关键。由于最高管理层是组织的决策层，决定和控制着组织的发展情况，同时为管理活动提供资金、人力等方面的保障，并在实施过程中起到协调和引导作用，所以领导的作用是重要的。在环境管理中，领导作用不能很好地发挥有两个主要表现：一是领导不能很好地了解环境问题，无法在这方面做出决策判断，只是把这一工作交给某个部门去做，这样的工作往往会发生较大的偏离；二是领导不力，不能较好地协调各部门的管理，使环境管理工作障碍很大，往往中途失败。出现上述问题的原因是领导素质较低，不胜任工作。

3. 全员参与环境管理工作

环境管理是一项管理工作，但并不意味着管理工作只是管理层的事。员工参与管理若能很好地把握，对管理是很有帮助的。在企业环境管理中发现，当管理者不与员工进行有效沟通，只是对员工下命令时，会造成员工对命令的不理解甚至抵触，使命令得不到有效执行。当命令得不到有效执行时，管理者更愿意把它归结为员工素质低，造成这一问题不能解决。

4. 实施过程控制

在一般的产品生产过程中，生产的结果是有形的产品，所以对结果的控制可以有两种情况：一种是直接对生产结果——产品的控制，一般采用的是检验的方法，把不合格品剔除；另一种情况是对生产过程进行控制，减少不合格品产生的可能性。第一种方式被广泛采用，可以有效控制产品质量，但企业的损失较大，因为次品要返工或报废，这是对资源的极大浪费。过程控制可以明显减少这类浪费并且保证质量。

环境管理也存在类似情况：末端治理和过程控制。末端治理是指在生产过程的末端，针对产生的污染物开发并实施有效的治理技术。末端治理在环境管理发展过程中是一个重要的阶段，它有利于消除污染事件，也在一定程度上减缓了生产活动对环境污染和破坏的趋势。但随着时间的推移、工业化进程的加速，末端治理的局限性也日益显露。首先，处理污染的设施投资大、运行费用高，使企业生产成本上升，经济效益下降；其次，末端治理往往不是彻底治理，而是污染物的转移，如烟气脱硫、除尘形成大量废渣，废水集中处理产生大量污泥等，所以不能根除污染；最后，末端治理未涉及资源的有效利用，不能制止自然资源的浪费。所以，要真正解决污染问题需要实施过程控制，减少污染的产生，从根本上解决环境问题。

5. 持续改进

持续改进是一个组织积极寻找改进的机会，是努力提高有效性和效率的重要手段。由于环境问题是一个不断发展、不断改进的问题，所以，环境管理的目标是持续改进的，这也符合可持续发展的原则。

企业采取措施，提高环境绩效比较容易，在环境得到改善后，保持现有的环境管理水平及环境管理绩效也能开展工作。但是，要提升管理绩效却比较难，原因在于管理者缺乏持续改进的意识。做一次"改进"是不够的，从企业的长期发展以及环境保护要求出发，企业需要的是"持续改进"。

环境管理体系是企业或其他管理组织的管理体系的一部分，用来制定和实施其环境方针，并管理其环境要素，包括为制定、实施、实现、评审和保持环境方针所需要的组织机构、计划活动、职责、惯例、程序、过程和资源。环境方针是由最高管理者就是企业或其他组织的活动、产品或其他服务中能与环境发生相互作用的要素(如噪音、废水废气以及固体废弃物的排放、浪费能源、产品及其他包装废弃后难以处理等)。环境绩效是企业或其他组织对其环境因素进行管理所取得的可测量结果。

11.3.2　建设工程环境管理体系的建立和运行

1. 建设工程环境管理体系的建立

环境管理体系的建立与职业健康安全管理体系建立如出一辙：

(1) 领导决策；

(2) 成立工作组；

(3) 人员培训；

(4) 初始状态评审；

(5) 体系策划与设计；

(6) 文件编制。

建设工程环境管
理体系组成.mp4

2. 环境管理体系的运行

1) 管理体系的运行

体系运行是指按照已建立体系的要求实施，其实施的重点是围绕培训意识和能力，信息交流，文件管理，执行控制程序，监测，不符合、纠正和预防措施，记录等活动推进体系的运行工作。上述运行活动简述如下：

(1) 培训意识和能力。由主管培训的部门根据体系、体系文件(培训意识和能力的程序文件)的要求，制定详细的培训计划，明确培训的职能部门、时间、内容、方法和考核要求。

(2) 信息交流。信息交流是确保各要素构成一个完整的、动态的、持续改进的体系和基础，应关注信息交流的内容和方式。

(3) 文件管理。包括对现有有效文件进行整理编号，方便查询索引；对适用的规范、规程等行业标准应及时购买补充，对适用的表格要及时发放；对在内容上有抵触的文件和过期的文件要及时作废并妥善处理。

(4) 执行控制程序。体系的运行离不开程序文件的指导，程序文件及其相关的作业文件在施工企业内部都具有法定效力，必须严格执行，才能保证体系正确运行。

(5) 监测。为保证体系正确有效地运行，必须严格监测体系的运行情况。监测中应明确监测的对象和监测的方法。

(6) 不符合、纠正和预防措施。体系在运行过程中，不符合的出现是不可避免的，包括事故也难免要发生，关键是相应的纠正与预防措施是否及时有效。

(7) 记录。在体系运行过程中应及时按文件要求进行记录，如实反映体系运行情况。

2) 管理体系的维持

(1) 内部审核。

内部审核是施工企业对其自身的管理体系进行的审核，是对体系是否正常进行以及是否达到了规定的目标所做的独立的检查和评价，是管理体系自我保证和自我监督的一种机制。内部审核要明确提出审核的方式方法和步骤，形成审核日程计划，并发至相关部门。

(2) 管理评审。

管理评审是由施工企业的最高管理者对管理体系的系统评价，判断企业的管理体系面对内部情况的变化和外部环境是否充分有效适应，由此决定是否对管理体系做出调整，包括方针、目标、机构和程序等。

(3) 合规性评价。

为了履行对合规性承诺，合规性评价分公司级和项目组级评价两个层次进行。项目组级评价，由项目经理组织有关人员对施工中应遵守的法律法规和其他要求的执行情况进行一次合规性评价。当某个阶段施工时间超过半年时，合规性评价不少于一次。项目工程结束时应针对整个项目工程进行系统的合规性评价。公司级评价每年进行一次，制定计划后由管理者代表组织企业相关部门和项目组，对公司应遵守的法律法规和其他要求的执行情况进行合规性评价。各级合规性评价后，对不能充分满足要求的相关活动或行为，通过管理方案或纠正措施等方式进行逐步改进。上述评价和改进的结果，应形成必要的记录和证据，作为管理评审的输入。

管理评审时，最高管理者应结合上述合规性评价的结果、企业的客观管理实际、相关法律法规和其他要求，系统评价体系运行过程中对适用法律法规和其他要求的遵守执行情况，并由相关部门或最高管理者提出改进要求。

11.4 案例分析

【案例】

某隧道施工队在通风系统的巷道未打通，瓦斯监控系统的传感器损坏，没有信号的情况下继续施工。某日，由于地面冲击，某工人在未断电的情况下检修照明保护装置，导致发生瓦斯爆炸。经查，发生事故时，值班负责人未在岗，工人未佩带自救器和瓦斯检测仪。事故造成 2 人死亡，多人受伤，经济损失 1000 多万元。请从安全管理的角度提供解决措施。

【答案】

(1) 安全生产监督管理部门应按照有关法律、法规，对施工现场的安全生产情况进行有效监督检查；

(2) 按照有关规定要求，加强安全管理，包括建立健全安全生产责任制及其他必要的安全规章制度、安全操作规程等，并教育、督促所有从业人员严格执行；

(3) 应当对有缺陷的生产设施进行整改，消除这一事故隐患；

(4) 按照有关规定要求，加强主要负责人、特种作业人员及所有从业人员的安全教育培训；

(5) 同时加大安全投入，为员工配备劳动防护用品；建立企业应急预案；提高员工的安全意识，避免违章操作；

(6) 为员工提供瓦斯浓度检测仪器，定期检测瓦斯超标情况；对瓦斯监控系统的传感器进行维修(对安全装置进行定期的维护保养，遵守《安全生产法》的有相关要求)。

本 章 小 结

通过本章内容的学习，可以让学生熟悉建设工程职业健康、安全与环境管理相关知识，并运用相关知识预防和解决工程中的相关问题。

实 训 练 习

一、单选题

1. 新员工上岗前的三级安全教育通常是指(　　)。
　　A. 进厂、进企业、进班组　　　　　　B. 进钢筋班组、进混凝土班组、进木工班组
　　C. 进厂、进企业、进项目部　　　　　D. 进厂、进车间、进班组

2. 新建、改建、扩建工程项目的安全设施，必须与主体工程(　　)。
　　A. 同时规划、同时批准、同时立项　　B. 同时参与、同时标识、同时发包
　　C. 同时设计、同时施工、同时使用　　D. 同时发布、同时销售、同时上市

3. 建设工程职业健康安全事故按事故后果严重程度分类，一次事故中死亡职工 1～2 人的事故属于(　　)。
　　A. 轻伤事故　　　B. 重伤事故　　　C. 死亡事故　　　D. 重大伤亡事故

4. 建设工程职业健康安全事故按事故后果严重程度分类，一次事故中死亡 3 人以上(含 3 人)的事故属于(　　)。
　　A. 轻伤事故　　　B. 重伤事故　　　C. 死亡事故　　　D. 重大伤亡事故

5. 建筑施工企业安全生产管理工作中，(　　)是清除隐患、防止事故、改善劳动条件的

重要手段。

A. 安全监察制度   B. 伤亡事故报告处理制度

C. "三同时"制度   D. 安全检查制度

二、多选题

1. 下列作业属于特种作业的有(   )。

   A. 电工作业   B. 起重机械操作   C. 钢筋调直作业

   D. 金属焊接作业   E. 登高架设脚手架

2. 编制安全措施计划的依据有: (   )。

   A. 国家发布的有关职业健康安全政策、法规和标准

   B. 在安全检查中发现的尚未解决的问题

   C. 造成伤亡事故和职业病的主要原因和所采取的措施

   D. 国内外关于保健问题研究的最新成果

   E. 安全技术革新项目和员工提出的合理化建议

3. 安全事故处理的"四不放过"原则包括(   )。

   A. 事故原因未查清不放过   B. 事故单位未处理不放过

   C. 责任人员未处理不放过   D. 整改措施未落实不放过

   E. 有关人员未受到教育不放过

4. 安全事故调查组的职责包括(   )。

   A. 查明事故造成的经济损失   B. 确定事故责任者

   C. 对事故责任者进行处罚   D. 提出事故防范措施建议

   E. 向安全生产行政主管部门报送安全事故统计报表

5. 在建设工程项目决策阶段,建设单位职业健康安全与环境管理的任务包括(   )。

   A. 提出生产安全事故防范的指导意见

   B. 办理有关安全的各种审批手续

   C. 提出保障施工作业人员安全和预防生产安全事故的措施建议

   D. 办理有关环境保护的各种审批手续

   E. 将保证安全施工的措施报有关管理部门备案

三、简答题

1. 简述建设工程施工职业健康安全管理的目的。

2. 简述职业健康安全管理体系的建立应当遵循的步骤。

3. 施工安全隐患防范的一般方法有哪些?

4. 环境管理体系的建立包含哪些内容?

第 11 章   课后答案.pdf

实训工作单一

班级		姓名		日期	
教学项目			现场学习职业健康安全管理		
学习项目	职业健康安全管理体系的建立、运行、管理措施	学习要求	1. 了解职业健康安全管理体系的重要性； 2. 掌握职业健康安全管理体系的建立、运行及管理措施		
相关知识		职业健康、安全、环保			
其他内容					

学习过程记录

评语			指导老师	

实训工作单二

班级		姓名		日期	
教学项目		现场学习安全管理与环境管理			
学习项目	1. 安全管理体系的建立、运行、管理措施 2. 环境管理的内容及建立、运行		学习要求	1. 掌握安全生产管理体系的建立、运行、管理措施； 2. 熟悉环境管理的内容及建立、运行	
相关知识		安全、环保			
其他内容		安全、环保其他方面的知识			
学习过程记录					
评语				指导老师	

第 12 章　建筑工程项目
资源管理教案.pdf

第 12 章　建筑工程项目资源管理 **12**

【学习目标】

- 了解建筑项目资源管理概述
- 熟悉建筑项目资源管理体系、问题及处理方法
- 了解建筑项目物资管理概述
- 熟悉建筑项目物资管理内容及处理方法

第 12 章　建筑工程
项目资源管理.pptx

【教学要求】

本章要点	掌握层次	相关知识点
项目资源管理概述	了解项目资源管理概述	项目资源管理
工程项目人力资源管理体系	1. 了解工程项目人员管理概述 2. 熟悉项目人力资源管理体系	项目人力资源管理
人员管理存在的问题及解决方法	掌握建筑工程项目人员管理存在的问题及解决方法	人员管理存在的问题及解决方法
工程项目材料管理	了解建筑工程项目材料管理概述	工程项目材料管理
建筑工程项目物资管理重要内容	掌握建筑工程项目物资管理主要内容	工程项目物资管理重要内容
物资管理存在的问题及解决方法	1. 了解物资管理存在的问题 2. 掌握物资管理问题的解决方法	物资管理存在的问题及解决方法

【项目案例导入】

项目经理是一个项目的领头羊、负责人，决定着整个项目的进度。某项目负责人陈伟

明在管理工程中缺乏沟通意识，与各个职能部门的人员不甚协调，不善于发现问题，解决问题，盲目前进。而且陈伟明最主要的问题是在协调与职能部门之间的关系和在人员分配及资源分配上不能兼顾大局，导致了人员空闲和资源的紧张。

【项目问题导入】

试结合本章内容分析项目资源管理中人员管理的重要性，另外可思考下除了人员管理之外还有哪些管理需要加强。

12.1　建筑工程项目人员的管理

12.1.1　建筑工程项目人员管理概述

1. 工程项目管理

工程项目管理是指从事工程项目管理的企业(以下简称工程项目管理企业)受业主委托，按照合同约定，代表业主对工程项目的组织进行全过程或若干阶段的管理和服务。工程项目管理企业不直接与该工程项目的总承包企业或勘察、设计、供货、施工等企业签订合同，但可以按合同约定，协助业主与工程项目的总承包企业或勘察、设计、供货、施工等企业签订合同，并受业主委托监督合同的履行。工程项目管理的具体方式、服务内容、权限、收费和责任等，由业主与工程项目管理企业在合同中约定。

工程项目管理.mp4

2. 工程项目管理和人力资源管理的联系

工程项目中人力资源管理起着非常重要的作用，人力资源的因素可以在工程项目的成本、质量和工期这三大要素间架起一座桥梁，为保证工程的低成本、快速度、高质量而发挥重要的整合作用。在西方管理学中，把项目管理划分为：范围管理、成本管理、质量管理、人力资源管理、采购管理等 9 个知识领域，其中人力资源管理对时间管理、成本管理、质量管理等其他领域，都起到协调和影响作用。因此，在工程管理中，明确工程人员的职责，选取恰当的管理模式，将有助于提高工程项目的运行效率。

3. 工程项目人力资源管理的特点

(1) 工程项目管理是一个复杂的系统工程，要在规定的时间内完成工程项目，节省工程成本，保证工程质量，就必须对项目进行管理。在管理过程中主要包括人、财、物的管理，而这三者都是与人联系在一起的，人力资源就成为最重要的资源，这就需要进行工程项目人力资源管理。

(2) 项目建设的短期性决定了项目人力资源管理会存在一定的难度，在项目管理过程中需针对这一特点对人力资源管理做出相应的调整。

(3) 项目人员相比企业较少，每个人承担的任务较广，甚至有一个部门一个人的情况出现，因此人员之间的合作搭配显得尤为重要，在人员管理机制上要求较高。

（4）项目周期短，人员素质较高，这样对项目人力资源管理绩效考核的要求偏物质性，项目人力资源管理要在考核体系中注重这一点。

12.1.2　工程项目人力资源管理

工程项目人力资源管理是在项目人力资源取得、开发、保持和利用等方面所进行的计划、组织、指挥和协调的活动，研究并解决项目中人与人关系的调整、人与事的配合，充分开发人力资源，挖掘人的潜力，调动人的生产劳动积极性，提高工作效率，最终实现工程项目目标。

工程项目人力资源
管理概念.mp4

1. 工程项目人力资源管理的基本内容

1）工程项目组织计划

工程项目组织计划是指为保证工程项目的良好发展，项目有关人员的职位设置构架。项目组织计划应进行定期审视，如果开始制定的计划不再适应项目的发展，就应该及时对其进行适当的修改，来保证整个项目的持续力。组织计划通常包括四方面的内容：角色和职责安排、人员管理计划、组织图表和有关说明。

人力资源管理的
内容.mp4

（1）角色和职责安排。

为了做好项目组织计划工作，首先要进行工作分析。工作分析是人力资源管理最为基础性的工作，在制定人力资源组织计划前，先对每一工作的职责、任务、工作环境、任职条件等进行审定，并对目前、近期及中远期的工作量进行预测分析。项目组织计划工作包括对项目角色、职责和其相互关系等内容进行识别、文件化和安排。项目经理的角色在大部分项目中总是很关键的，但绝不是不可改变的。项目角色和职责与项目范围的确定是紧密联系的。职责安排矩阵通常就用于这一目的。对于一个大型项目，项目职责安排矩阵可能在各种不同的层次上开发。

（2）人员配备管理计划。

人员管理的任务就是根据已确定的机构中的各个角色和职责的要求，以需配人，以岗定人。

① 人员需求。根据各工作单元工作任务及未来发展，确定人力资源在专业技能、质量、数量、时间、合作精神等方面的需求，并对各工作单元的人力资源需求情况进行汇总和协调，最后制定出人力资源需求计划。

② 人员配备。人员配备管理计划描述人力资源何时加入项目工作及何时脱离项目工作，以及如何加入和离开项目团队。根据项目的具体情况，人员配备管理计划可以是正式的也可以是非正式的，可以是详细的，也可以是框架式的。人员计划是整个项目计划的一部分。

（3）组织关系图表。

组织关系图就是通过某种图形形式来确定和形象体现项目组织内各组织单元或个人之间的相互工作关系。根据项目的需要，它可以是正式或非正式的，详细的或粗线条的。组织分解结构图是一种特殊的组织关系图，它展示了各组织单元负责的具体工作。

(4) 有关说明。

有关说明包括一些信息也常常作为支持细节而提供，主要包括：

① 组织的影响——在项目组织形式的选择确定过程中，决策者往往在正式或非正式地进行了一定的比选后，才确定了项目的组织形式。

② 工作描述——为了使项目团队在人力资源选择时有一清晰的目标，并为将来被安排在这一职位的人对其工作有一个明确的了解与把握，必须在组织计划的支持细节中对工作进行必要的描述。

2) 组织结构设置

工程建设项目部拥有一个好的组织结构设置，能让项目管理工作有序开展，部门间各司其职，相互配合。有利于工程建设项目的顺利实施。

组织结构是指对于工作任务如何进行分工、分组和协调合作。组织结构是表明组织各部分排列顺序、空间位置、聚散状态、联系方式以及各要素之间相互关系的一种模式，是整个管理系统的"框架"。组织结构是组织的全体成员为实现组织目标，在管理工作中进行分工协作，在职务范围、责任、权利方面所形成的结构体系。组织结构是组织在职、责、权方面的动态结构体系，其本质是为实现组织战略目标而采取的一种分工协作体系，组织结构必须随着组织的重大战略调整而调整。

组织结构是企业的流程运转、部门设置及职能规划等最基本的结构依据，常见的组织结构形式包括直线制、职能制、矩阵制等。工程项目常用的是矩阵型组织，在矩阵式组织结构中项目管理班子的成员要接受项目经理和职能部门经理的双重领导，在这种情况下应在组织层次、工作职责、管理权限、利益分配等方面处理好项目经理和职能部门经理之间的关系使项目团队能够有效地开展工作。

3) 项目人员管理机制

人员管理机制包括项目人员的获取，人员的培训等。

人员获取是指得到项目需要的人力资源，并将其安排到项目工作的过程。人员吸纳基本方法包括以下几点。

(1) 预安排。在一些情况下，人员可能被预先安排好了。这种情形常发生下述情况中。

① 项目是一个竞争性建议的结果，特别的人员已作为建议书的一部分被确定了。

② 项目是一个内部服务项目，人员安排在项目的有关批准文件中已被确定。

③ 项目委托方对相关的人员有特殊的要求。项目一些特殊的人员必须由委托方来安排。

(2) 商谈。在大多数项目中，项目团队的人员吸纳必须通过商谈来解决。①同公司内职能部门的负责人商谈，以确保项目能在必要的时间段内得到熟练的合适人员；②对于稀缺的或专业性很强的人力资源，在组成项目组织时不得不向其他项目团队商谈；③选拔作为一种特殊的商谈形式，在项目团队人员安排时也可能会被采用。选拔的优点是成本低，容易控制，情况好掌握，缺点是容易受行政，人际关系等的干扰，来源范围可能比较窄一些。

(3) 招聘。对于一个项目来说，招聘可用于取得特殊个人或组织提供的服务。项目组织为完成项目而临时缺少某类人员时也会采用招聘的方式。招聘可以是全社会招聘，也可以是内部招聘，其好处在于资源比较多，可供选择的余地大；缺点是成本高，需要解决的相关问题可能比较多,特别是外部招聘。

(4) 培训。培训很重要,在项目团队组建时我们会尽可能地争取适合的人力资源,但在一些情况下我们不得不采取一些替代措施。在这种情况下我们很容易遇到的问题就是人员的能力问题。在这里特别说明一下,除非这个员工根本没有任何能力,不然最好不要使用辞退的方式。培训在这里就属于一个很有效的解决问题的方式,帮助团队成员提升自身的能力。但是培训并不是只用在能力不足的弥补上,它也是一种很有效的奖励方式。

4) 项目人员工作绩效评价及薪酬体系建设

对工程项目团队成员考核的内容主要有工作效率、工作纪律、工作质量、工作成本四个方面的内容。通过考核,有利于加强成员的团队意识,时刻提醒团队成员要完成的任务。设计科学的薪酬体系也将有利于调动团队成员的积极性,提高工作效率,保证项目目标的实现。

2. 工程项目人力资源管理的过程

工程项目人力资源管理是指工程项目有关参与方为提高项目工作效率、高质量地完成客户委托的任务,从而科学合理地分配人力资源,实现人力资源与工作任务之间的优化配置,调动其积极性,以更好地完成客户的委托任务为目标,对工程项目人力资源进行计划、获取和发展的管理过程。工程项目人力资源管理的一般过程包括组织计划、人员获取、团队发展以及结束四个阶段,其中团队组织计划包括人员角色与职责分工、人员配备管理计划、制作组织图表等内容,人员获取包括人员来源分析、人员获取实施、团队成员确定等工作,团队的发展包括使项目团队保持工作能力的各种途径与技巧,以及必需的奖励、培训等工作。

管理的精髓在于有效的激励,根据现代组织行为学理论,激励的本质是员工去做某件事的意愿,这种意愿是以满足员工的个人需要为条件的。因此激励的核心在于对员工的内在需求的把握与满足。而需求意味着使特定的结构具有吸引力的一种生理或者心理上的缺乏。因此,了解项目团队中的人员需求,是进行人力资源管理的前提。

【案例 12-1】 某建筑施工公司领导认为,公司发展到了一定阶段,人员规模扩大,规章制度也相对完善,公司不能够一味地做硬性管理,而忽视了公司的软管理。另外,公司的执行力、施工工艺和方法创新都不够理想。所以,他希望通过企业人力资源管理来提高管理效率。试结合本章知识提出合理的人力资源管理方案。

3. 项目团队中的人员需求特征

1) 共同的团队精神的需求

一盘散沙的队伍,没有团队精神的队伍,只不过是在一起上班罢了,并没有形成一支团队。项目成员要组建成一支高效的团队,必须以共同的团队精神为前提。一个健康向上的团队文化是团队成员共同的需求。

2) 被尊重的需求

项目团队,尤其是一些大型的项目团队中,必不可少的包括许多专家和工程师等,这些知识工作者的知识特长是经过社会认同的,因此在项目团队中也同样要被彼此认同,受到尊重。可以说,被尊重的需求是大多知识员工的首要需求。

3) 自主性的需求

项目团队中的人员不同于公司里的普通操作员工，他们脑力劳动多于体力劳动，由于项目本身的独特性，他们的脑力劳动实际上是一种创造性劳动。因此，项目团队中的成员普遍具有自主性的需求，他们不习惯于被约束的太死板，往往需求自主的工作方式以及弹性的工作时间，这样更有利于创造性的发挥。

4) 沟通的需求

管理上有一个著名的双 50%现象，即经理人 50%以上的时间用在了沟通上，如开会、谈判、指示、评估；可是，工作中的 50%以上的障碍都是在沟通中产生的。由此可见有效沟通的重要性，尤其是对知识员工而言。知识员工沟通的需求来自于两方面的原因，首先是由于项目本身的要求，此外知识员工需要被尊重，被理解，而采用沟通的途径是一条明智的选择，否则长时期被压抑是不利于项目的正常运转的。

5) 公平发展的需求

项目团队里人员相互之间要感到公平。公平其实是一种内在的心理感受，当员工的收入(包括有形收入和无形收入)与他的所有付出的比值，和其他员工的收入与付出的比值相当时，他就会感到相对公平，积极努力地置身于工作中。否则就会产生不满，感到自己没有被重视，难以有发展的机会，就会有强烈的流动意愿，从而影响项目团队的凝聚力。

总体说来，项目团队中的人员的需求虽然有点类似于混合性的需求，但还是倾向于较高层次的尊重和自主需求的。因此，进行人力资源管理时要具有针对性，当然项目团队发展的不同时期的侧重点是不一样的。

4. 项目团队形成期的人力资源整合

项目团队形成初期的最重要的特征就是个体成员转化为团队成员。在这个时期，团队中的人员开始相互了解，但由于不清楚自己的职责和角色，项目并没有真正地展开。此时，项目经理扮演着非常重要的角色，在项目团队中处于主动地位。这一时期人力资源整合的关键是明确项目目标、角色定位以及充分授权等。

在项目团队形成初期，除了让团队成员明确项目目标以及角色定位以外，人力资源整合还需要强调的一点就是团队文化的构建和完善。文化管理是管理中的最高境界，是团队精神的阐述。项目团队中要努力塑造出这样一种文化氛围：团队成员是一个利益共生体，只有相互信任，相互合作，才能创造共赢。任何团队成员的道德风险损害的都是大家共同的利益。

5. 项目团队震荡期的人力资源协调和沟通

项目团队的震荡期是这样的一个时期：此时项目目标已经非常明确，团队成员也已开始运用自己的技能执行分配到的责任和任务，但随着工作的逐步推进，越来越多地发现现实状况与预想状况有很大的不一致，从而使项目成员产生挫折感、愤怒以及对立等影响项目进程的不满意情绪。这一时期是项目发展的必经阶段，同样也是项目发展的转折点，如果此时人力资源协调和沟通比较到位，团队成员能很快从不满意向满意转化，项目建设同样会带来新的发展契机；如果项目团队的不满不能得到及时解决，不满的因素会不断积累，直至爆发，势必将项目的成功置于危险之中。

那么当项目团队处于震荡期这样一个阶段的时候，我们必须牢牢把握的原则是：正视问题，分析原因，坦诚解决。

当然，作为项目经理，就要做到接受及容忍团队成员的任何不满，要创造一个理解和支持的工作环境，否则，团队成员有不满也不一定立即表现出来，而一旦爆发将造成难以挽回的局面。当团队员工表现出不满情绪的时候，我们不能回避或者视而不见，积极的态度去正视问题，表现出愿意就面临的问题广泛交换意见，并尽力通过大家的合作努力去解决问题的姿态。基于团队成员间沟通的重要性，有必要在项目团队中构建一个沟通反馈机制，从而提高沟通的效率。沟通反馈机制借助的平台可以是互联网。

在经历了震荡期的镇痛之后，项目团队进入了正规期以及表现期。这两个时期团队成员的不满已经明显降低了，大家都渴望实现项目目标。这个时候恰当地进行激励效果是明显的。美国哈佛大学心理学家威廉·詹姆斯在对员工的激励研究中发现：一般情况下，员工的能力可发挥 20%～30%，而受到充分激励后，其能力可发挥 80%～90%，由此可见有效激励的重要性。项目团队首先需要建立需求分析机制，认清不同团队个体的不同内驱力。

如前所述，虽然项目团队成员总体上是自尊和自主的需求占主导，但每个个体需求的侧重点是不一样的。需求分析应面向所有团队成员，然后在此基础上逐渐细化分类。有效需求分析机制的建立，可以帮助我们认清项目团队个体之间的不同的内驱力，从而实施有针对性地激励，达到预期的激励效果。

6. 工程项目人力资源管理强调高效快捷

高效快捷主要体现在项目团队成员的选拔和培训上，项目团队成员的选拔和培训通常是针对完成项目任务所需的知识和技能进行的，而且，项目团队成员也要具有挑战精神，敢于承担责任。对于项目团队成员的激励也要强调高效性和及时性，因此，工程项目人力资源管理中所使用的激励手段一般是以短期激励效果为主，如物质激励等。

7. 工程项目人力资源管理强调团队建设

工程项目目标的实现需要一个跨职能团队的共同努力才能完成，它是工程项目人力资源管理的中心任务。这不但要求工程项目人力资源管理中的项目团队成员尤其是项目经理的挑选和确定考虑项目团队建设的需要，而且要求在工作业绩的评价、员工激励和项目问题或冲突解决方式等方面要考虑项目团队建设的需要。高效团队的建设要明确责任，明确团队成员应承担哪些任务，任务完成后交付什么成果。团队成员责任要匹配相等的权限，给予成员一定的自主权和资源使用权，以便发挥主观能动性和创造性。制定科学的方法，检查和评估团队成员工作完成质量，确定其工作业绩。要采取适当的奖励和激励，充分调动团队成员的积极性和创造性。对于成员的冲突要进行有效的管理。要加强团队文化建设，培养团队的管理理念，经营目的，管理制度，价值观念，行为规范，道德风尚，社会责任，队伍形象建设。提高团队的凝聚力，要使团队对每个成员有吸引力和向心力，要使成员有归属感，有良好的实现自我价值和发展的条件。提高团队成员的士气，高士气的团队凝聚力大，没有离心倾向，具有解决内部矛盾和适应环境变化的能力，彼此理解，具有认同感和归属感。工程项目管理包括很多方面，人力资源管理是其重要的一项内容，现代企业不再将企业员工仅仅作为简单的劳动者对待了，只有利用科学的方法，合理的高效的团队管理知识，采取合理的激励手段，才能建设一支有凝聚力，有战斗力，有士气的项目管理工作人员队伍。

12.1.3 建筑工程项目人员管理存在的问题及解决方法

1. 工程项目管理中人力资源管理存在问题

1) 工程项目人力配置方案拟定弊端多

由于外部环境是在随时发生变化的，企业要根据战略的需要，随着环境的变化不断调整自身资源组织方式，以确保资源能集中投入于有利于积累项目的核心能力的方面，也就是管理目标、管理架构要经常进行调整。事业化的项目管理目标的缺乏导致无法对外部环境做出适应和调整的依据，造成管理机构的呆板，导致资源配置失当，从而影响项目的核心能力建设，久而久之，项目的资源被浪费耗尽，项目的进程也到了尽头。

人力资源管理存在
的问题.mp4

2) 工程项目中项目经理选拔不利

项目经理是项目的最高责任人和组织者，是决定项目能否成功完成的关键角色。在项目组织中，项目经理的工作目标是领导他人顺利完成项目全部工作，并使所有项目相关者满意，所以项目经理是项目管理的主体。项目经理应该始终关心的是最有利于团队和项目的发展，而不是最有利于自己的事情，这种组织利益高于一切的责任心有助于形成团队成员对他的尊重和信任。

3) 不要为了招聘而招聘

在项目开始时，人力资源的招聘工作都或多或少地表现出重形式而不重效果的倾向，他们或者看重应征人员的履历而不考虑项目自身的具体要求，或者提出的录取要求过于一厢情愿，甚至有的项目经理根本就不知道自己究竟需要什么样的人才。招聘作为人力资源获取的第一环节，是人员选拔的基础。项目经理应根据项目性质具体问题具体分析，而不是盲目地为了招聘而招聘。

2. 工程项目管理中人力资源管理解决对策

1) 优化人力资源配置

合理的人才结构是确保在适当的时候，为适当的职位配备适当数量和类型的工作人员，并使他们能够有效地完成促使组织实现总体目标的任务。确定合理的人力资源组合应注意：必须密切注意企业的发展态势，需要确定哪些岗位是核心的，哪些岗位涉及企业的技术秘密

人力资源管理的
解决方法.mp4

或商业秘密，在这些岗位上必须采用固定人员；流动岗位应根据企业的发展规模控制在一定的比例内，应在保证企业有需求时可以雇佣到足够数量的员工的情况下，进行合理配置。

2) 项目经理的基本素质至关重要

项目经理对项目具有重要的作用，人们对其知识结构、能力和素质的要求越来越高。实践证明，纯技术人员是不能胜任项目经理工作的，项目经理不仅应该具备一般领导的素质，还应该符合项目管理的特殊要求。按照项目和项目管理的特点，项目经理的基本素质是各种能力的综合，这些能力是项目经理有效地行使职责，充分发挥领导作用所应具备的主观条件。

3) 寻找最优秀的人才

项目获取人才的过程，实际上是指为达成组织目标，通过招聘、选拔和录用配置诸环节而拥有组织所需的、与工作相适应的合格人员的过程。作为一个统一体，招聘、选拔、录用、配置是不可分割的，共同承担着组织人员获取的重任。以招聘原则为指导，确定一套合理、有序的招聘程序，并且按照它来严格执行是十分重要的。

4) 有效分配工作

提升项目经理工作效率的最好办法是有效地分配工作。因此，项目经理必须克服事必躬亲的习惯，每一次合理分配工作，确保每个人都明白项目目标和自己工作的细节，将项目分配给有能力和积极性高的成员，经常检查分配工作的进展，不能让能干的员工满负荷工作，不断检查自己的工作，提醒自己管得太多对项目和自己都是损失。

5) 选择合适的领导风格

与项目组织一样，这里不存在普遍适用的、最好的领导风格，一切因项目的特点、成员的素质、领导者的个性和能力而有所不同，适应的就是最好的。为了确定最好的、适合项目和领导者自身的领导风格，项目经理在选择领导风格时应具有以下五点：自己的专业技能、经验和个性；团队成员的个性和素质；项目的特点；项目选择的组织形式；项目所处的环境。总之，从新时期工程项目面临的新挑战出发，人力资源管理在工程项目管理中起着关键作用，只有合理配置人力资源，才能实现工程项目的既定目标，有效地组织工程项目实施的全过程，在规定的时间内完成工程项目建设的全部任务，确保工程项目的质量，尽可能地节约工程项目建设费用，更好地规避风险或减少风险造成的损失，减少各种冲突，保障工程项目顺利实施，锻炼了队伍，培养了人才，对项目管理工作意义重大。

【案例 12-2】　某公司是安监、安防类企业，在业内处于领先地位，公司计划通过抓管理上台阶，做好上市的准备工作。公司重点要求构建人力资源管理制度，以便适应公司未来发展的需要。公司让人力资源部收集相关的准备资料，制定制度建设的工作方案。作为人力资源部经理，应该如何做？试结合本章内容进行思考。

12.2　建筑工程项目材料管理

12.2.1　建筑工程项目材料管理概述

1. 工程项目物资管理的目的

当我们承担了一项施工项目工程，这项项目工程的效益好坏，最终的利润与投资的比例大小、物资管理、节约材料费用、降低工程成本有着密切的关系。由于材料费在流动资金占用中和工程成本中所占的比重最大，故加强物资材料管理是提高施工项目工程经济效益的最主要途径。工程项目的物资管理，即施工项目工程生产、经营活动所需的各种物资计划、订购、保管、合理的使用管理工作，它是施工项目工程管理的重要内容。施工项目工程物资管理的任务，它不仅要按质、按量、按期齐备地供应，施

人力资源管理的解决方法.mp4

工生产中所需要的材料物资保证，使施工生产按计划正常进行，而且要十分注意节约物资材料消耗，减少物资材料库的储备和资金的占用，降低物资材料的采购、保管等费用。

2. 工程项目物资管理的工作标准

(1) 物资管理工作必须坚持"从生产出发，为生产服务"的观念，认真贯彻国家、企业经济管理的各项法规和制度，严格执行物资纪律，合理分配物资，及时、齐备、保质、保量、经济合理地组织供应，保证企业生产经营活动的正常进行。

(2) 加强物资科学管理。在物资计划、采购、供应、核算、统计等各个环节上都要有根据的办理业务，做到计划有依据，分配有道理，消耗有定额，用料有核销。

(3) 合理贮存和保管物资，定期清查仓库，合理调剂余缺，压缩库存，保证在库物资数量、质量完整无损，降低仓储费用。

(4) 熟悉中标合同及业主对物资供应方式的规定，工程部按时提供主材需用量、预算单价、技术标准，协助项目主管领导确定物资采购方案。

(5) 物资采购采取招(议)标方式，定价过程公开、透明。采购价格低于或等于市场价。

(6) 物资消耗实际使用数量小于或等于设计数量，各类台账齐备、记录完整、信息反馈及时，物资不超耗，不浪费。

(7) 进场物资质量符合工程质量要求，不出现不合格品进入工程施工的现象。现场材料堆码整齐、抽验频次及仓储方式符合要求。管理有序，始终保持受控状态。

(8) 采购、供应有计划，消耗有控制。债权债务分解及时，工程成本反映真实。

(9) 工完料清扣、付款手续完结，原始票据完整，查询方便。

12.2.2 建筑工程物资管理重要内容

1. 物资管理策划

(1) 工程开工前，物设部应根据工程部提供的主要物资分工号设计用量、预算单价、技术要求等，对物资管理工作实行策划，确定采购模式、现场管理具体方案，结果进入《项目管理实施规划》经批准后实施。图纸不全时，工程部可先提供标书预算数量。

(2) 根据施工组织安排合理设置满足现场要求的临时仓储设施，如水泥库、火工品库、油库、杂料机具库等，将各项制度和仓管人员岗位职责按项目部统一部署置放于醒目位置。

(3) 熟悉中标合同及业主对物资供应方式的规定，调查周边资源及市场情况，收集潜在供方资料，协助项目部主管领导确定本项目物资采购方案，成立招标委员会、《合格供方》评定小组。

物资管理的
策划.mp4

2. 供方评定

(1) 供方调查、评定内容。

① 法人营业执照、特定产品的认证证书。

② 合格产品的证明，如产品质量证明书、样品实验报告等；对环

供方调查、评定
内容.avi

境、职业健康安全的说明或方案。

③ 企业信誉、装运能力、供货能力及供货时间。

④ 产品在局内或其他用户使用的情况和效果。

⑤ 响应物资采购招标的投标人的投标文件。

(2) 委托劳务队自行采购的，应在物资合格供方名单范围内选择，超出范围的要先按规定程序调查、评定，再进行采购。对供方供应的不合格品采取拒收、退货、终止合同或取消合格供方资格等方法处置。

供方的评定、调查
内容.mp4

(3) 物设部每年对供方供货质量进行一次综合评价。重点评价其供货质量、服务质量及调查内容中需年检的证据。评价结果填写《供方供货质量分析表》，提出继续订货或终止订货的建议，经项目部主管领导批准后更新合格供方名单，上报公司物设部存档并重新在项目公布。

(4) 一般辅助材料，可由持有上岗证的物资人员在市场上采购，采购的物资必须满足以下要求：

① 有注册商标、生产厂名、厂址、合格证或合格标记；

② 符合质量、环境、职业健康安全的相关标准；

③ 名称、规格、型号等无误；

④ 包装完整，外观完好。

3. 物资计划

(1) 所有物资采购必须实行计划管理。施工过程中，工程部必须于每月根据生产计划安排编制计算下月物资需用计划并交于物设部，双方签字确认。遇变更设计、计划调整时及时书面通知物设部。

(2) 物资计划是物资工作的纲领，包括物资申请计划、采购计划等。编制物资计划要从实际出发，根据施工任务、进度安排、承包合同、概预算规定、物资消耗定额、供应模式、资源分布、价格动态等情况，进行综合分析，统筹安排，周密编制。在编制计划的过程中要充分考虑动员库存，修旧利废，加工改制，反对粗估冒算。

(3) 物资计划编制的程序与分工。

① 物资计划的内容包括：a. 物资计划表；b. 主要物资用量核算表；c. 计划编制说明。

② 各单位的物资计划由物资人员负责编制，其中主要物资由工程部提出分工点、分部位的需用量计算表。

③ 机械配件计划由各单位物设部门根据机械人员提出单机、单车和修程定额核算的需用量编制。

④ 编制程序：劳务队编制月(旬)物资需用计划于月(旬)前两日报到项目物设部；项目物设部根据物资需用计划编制月、季度物资采购(申请)计划。

⑤ 对用料单位报送的物资需用计划，受理部门应在月(旬)初两日，季初三日前批复。

(4) 物资计划在报出或执行前，必须由各单位主管领导主持组织计划、工程、财务、物设等部门严肃认真地审查批准方能有效。

4. 市场采购管理

(1) 须经市场采购供应的工程材料，按照"把住源头、净化渠道"的原则由项目经理部及以上的物资部门负责，其他部门和个人无权参与直接订货和采购，明确物资集中采购供应管理中各个环节的责任及责任人，把好物资采购、运输、供应、验收等关口，杜绝不合格物资进入施工现场，各级领导要做好监督检查工作。采购和实物点收应分岗负责，采购人员要及时、完整地填写《采购点收单》。

(2) 采购物资的程序应按市场调查→合格供方评定→采购→合格供方供货质量跟踪分析的程序进行，保证产品质量、环境、职业健康安全指标达到规定标准和最佳采购成本的实现。

5. 招标采购

(1) 凡是对工程质量、安全、造价有直接影响的主要物资、有利于降低采购成本的大宗物资以及能发挥整体采购优势的专项物资都必须严格实施招标采购。通过集中招标采购，加大管理控制力度，实现合理定价、质量保证的目的。

(2) 未列入招标采购目录的物资和不适合招标采购的物资，根据物资采购计划中所列的数量、质量、技术条件、标准、供货期、拟定的合格供方范围及限定的价格等要求，通过其他方式进行采购。

(3) 物资采购前应做好市场调查和预测工作，不能盲目采购。在对质量、价格、运距和售后服务等方面综合比较的情况下，择优采购，采购中坚持"质量优良、降低成本"原则。

(4) 施工合同规定由甲方供料的，应按合同执行。如部分材料需由市场采购时，有关采购物资的品种、规格、质量标准、数量、价格等应按合同规定报知甲方，并有签认手续，以备结账、清算及调差。

6. 采购合同管理

(1) 各类物资采购活动应采用书面形式订立合同，合同条款完整。合同文本要采用示范文本格式并符合《中华人民共和国合同法》的有关规定。

(2) 签订合同时，确认所采购物资的品名、规格型号、质量要求、职业健康要求、环境保护要求、供货期及价格等与物资采购计划中的要求相一致。

合同管理相关
要求.mp4

(3) 合同由项目经理与对方有主体资格的单位和法人代表或被授权人签字盖章后生效，加强对签订合同授权人的资格、授权程序的管理和控制。

(4) 加强对合同的管理。要求对合同签订的过程、合同的合法性和完整性进行评审和总结，按要求由各项目物设部归档管理。

(5) 合同签订后，供需双方遵循诚实信用的原则，全面履行合同规定的权利和义务。需变更、解除合同或发生合同纠纷时，应根据《中华人民共和国合同法》的有关规定妥善进行处理。

(6) 物资采购合同主体双方必须签订并履行诚信承诺，保证在经营活动中合同双方及合同责任人不存在经济利益相关联关系。

7. 物资进货供应管理

(1) 物资验收、发放。

① 物设部根据物资申请计划及现场进度，向供应商发出供货通知，物资人员对产品合

格证明进行验证，分工号配送，劳务队有权代签收人签字确认，按规定进行堆码、标识。物资人员登记物资收料记录，当日填试验委托单，附产品合格证原件交试验部门取样抽验，物设部留复印件，并对其编号。

② 经审查，产品质量证明文件、技术数据和有关技术标准一致，试验结果合格后，标明代表数量、去向，加盖"合格品"图章，并及时将产品质量证明文件分解到试验部门和用料单位，同时做好记录；未经检验或检验不合格的物资，应隔离存放并进行标识，确保不投入使用。遇有不合格情况，同时报告项目总工和经理进行处理。合格产品按合同规定汇总编制发料单，劳务队负责人核对签认，登记分工号物资供应台账。

(2) 钢材、水泥以及有可能直接影响最终产品质量的物资，必做验证的物资，采用了新材料、新技术的产品，法规中规定的物资，均需实行可追溯管理。此类物资经过抽验并投入使用后，通过在物资动态账面标明产品质量证明文件和抽验单编号的方式，进行可追溯管理。

【案例 12-3】　某施工企业的材料管理制度如下：

(1) 建立良好的项目材料管理程序，使项目材料管理合理化，建全小型机械工器具管理台账，明确材料使用节超措施，完善材料分包使用管理责任范围等。

(2) 加强项目材料计划审批，大中型材料根据生产需求，由工长提前 7 天报用料计划，交预算审核签字，经项目经理批准，材料人员核实物资的名称、型号、计划数量，报公司采购。实施中造成的各种损失，查找具体当事人的责任。

(3) 实行材料合同标准化管理，采购订货合同按照公司文本合同签订，符合合同法规定程序。建全采购合同台账，大中型合同由经理部各部门审核签字生效，先签合同后供应的原则，每月按时结清财务手续。

(4) 加强材料验收管理。

试结合本书内容思考材料管理在实际施工中如何进行？为什么要对材料进行严格管理与把关？

12.2.3　建筑工程项目物资管理存在的问题及解决方法

1. 工程项目物资管理的现状及存在的问题

物资管理的现状随着我国加入 WTO，国际国内建筑市场将逐步融合，这既给大型建筑施工企业带来了难得的历史发展机遇，同时又带来了新的挑战，使得建筑市场竞争更加激烈。建筑施工企业要维持自身的生存和发展，就必须坚持加强企业管理、节能降耗、内部挖潜，通过降低成本，最终实现经济效益的最大化。随着企业规模的不断扩张，专业物资管理人员极度缺乏，建筑施工企业现场物资管理水平急剧滑坡。物资管理模式普遍粗放，管理制度虽然逐步健全，但执行力度不够，随意性大，并未真正实现物资管理程序化、规范化、制度化。比如，经济批量采购、定(限)额领发料、ABC 分类库存控制等传统的行之有效的管理思想在逐渐淡化。

施工项目物资管理中存在的问题。

施工项目物资管理
的问题.mp4

(1) 物资缺乏计划性。物资管理的目的是及时、齐备、质量完好、经济合理地保证生产建设所需的物资，做好"供、用、省"三方面(供应及时、使用合理、费用节省)，达到"三无"(无断、无囤、无呆废物资)。但是，施工现场往往会出现无计划和计划不严谨的通病，主要体现在：①计划不周密，缺少配套性。往往体现出计划人业务不熟悉，缺东落西，常用配件规格型号计划准确性差。②计划随意，缺乏科学性。没有深入生产现场和当地市场进行考察和调研，直接收集资料，或因计划不周造成停工待料或盲目计划造成积压。③物资计划缺乏严肃性，没有确切的编制依据。口头报计划现象比较普遍，造成采购事故责任不清。④施工单位上报计划比较零散。物资计划没从节约采购成本角度出发考虑经济批量订购，增大了采购成本，并没全面考虑企业的经济效益和计划的可行性。⑤未对计划物资验收的技术规范、检测标准进行详尽的补充说明。采购与现场缺少信息沟通，物资退货率频次增高，增大了供应商的采购成本。

(2) 物资定(限)额发料工作执行较差。定(限)额发料是物资管理工作的重点和难点，现场管理中没有执行好定(限)额领发料。有的单位虽然使用定(限)额发料单，但没有真正填写相应的定(限)额量用于控制发料，奖罚制度执行就难以兑现。

在工程项目开工前期没有确定本工程所采用的物资消耗定额，或组织技术、物资等相关部门根据工程预算定额、施工组织设计及历史消耗水平等有关资料制定本项目内部物资消耗定额，并进行动态调整。主要原因是：施工技术部门不能提供有效定额数据，大部分提供总量，不能按照分工号、工序提供定额量，物资部门没有执行好物资的定(限)额发放，放任自流致使工地物资浪费流失严重。

(3) 工地现场物资浪费严重。由于盲目采购大量积压，保管不妥，损坏变质，大材小用，优材劣用等现象而造成物资损失和浪费仍然相当严重，在降低工程成本方面，还大有潜力可挖。能采用替代节约的未进行功能代用，能重复使用的未进行回收，在盲目抢进度的时候往往都忽视。

(4) 采购管理混乱，制度和监督体系不健全，存在管理漏洞。未能执行"统一采购和公开采购"，采管不分，采购监督体制不健全，采购过程个人行为因素比较多，采购价格水分重，没有运行好有效的监督体制。采购责任不明确，采购资金没有保障，信誉资源和信誉采购没有得到充分地利用和实施。因付款不及时、履约能力差形成信任危机，同时也增大了采购成本。为此，采购带来的商业纠纷也逐渐增多。由于验收制度不健全，验收物资过程中存在管理漏洞，人为地增大了工程成本。

(5) 未引进现代化的管理方法。大多数施工项目中物资管理都缺乏现代的管理思想和方法，比如 ABC 分类库存控制等传统的管理思想在逐渐淡化，采购批量随意，采购周期随意，未执行经济批量采购、定(限)额领发料。

2. 加强物资管理的基本对策

1) 加强物资计划管理

物资计划是物资管理工作的龙头，应该说，计划管理好坏能够反映出物资管理水平。物资计划的编制，要严格按照施工和技术部门提供的月度施工计划和库存情况编制月度主材计划。当施工计划到达后，首先要认真分析，看其计算的数据有无误差，看其构成工程主体

施工现场物资管理
问题的对应措施.mp4

的物资有无漏项、看其是否按工号细目和分项目编制物资需用量，然后再结合库存编制物资申请计划。在分析施工计划时，发现有计算数据错误、编制物资内容不细和漏项等情况，物资部门应及时与技术部门核对更正，避免损失。

为适应工地施工的变化，物资人员平时应多看图纸，多到现场，勤跑多问，以便及时调整计划，努力实现与施工生产保持协调，做到既不影响施工生产用料，又不造成物资的积压。对辅助性物资计划，要依据历史消耗水平，结合当月施工需要进行编制。在采购上紧跟生产需求，合理储备，减少资金占用。

计划必须经本单位工程、设备、财务部门审核会签，主管领导批准。计划未经逐级审批同意的，严禁实施。严禁无计划购料和超计划采购。

2) 严格施工现场物资管理工作流程

(1) 加强物资消耗定额管理。物资消耗定额是企业重要的技术经济指标之一，是指导生产部门生产以及各相关部门采购、发料、报价、成本核算的重要依据。是企业管理和成本控制的重要内容。在领发过程中加强管理，严格执行用料计划和消耗定额，可以促使大家精打细算，防止浪费、滥用。执行物资定(限)额发料制度是核算责任成本的重要内容，按工号分组，限额发料，发现超耗，应认真分析原因，及时纠正，以确定工程建设消耗合理的物资。

同时，为便于出库管理和核算，所有物资出库必须使用派料单。派料单注有工号、施工里程、物资规格型号、数量、审批人。当本月施工任务有变动时，工程部要及时调整减少或增加消耗数量，并要填写"定(限)额物资数量调整通知单"，经单位负责人签字后报项目部物资部门。

(2) 规范各项制度，加强对系统管理的监督力度。加强对物资管理过程的全面监督，增大管理过程的透明度，以降低工程物资成本、分清项目物资超耗责任、找出节超原因为目的，对物资管理工作实行"全员监督、全方位监督、全过程监督"。实行"采管分离、多方监督、集中供应、分层管理"的物资管理模式，成立项目物资监察领导小组，对物资管理系统进行过程控制，避免出现管理漏洞，直接降低工程成本。加大招标力度，规范招标程序。

具备招标条件的物资严格执行招标采购。不具备招标采购的物资采购时实行物资采购会签制度，加大市场调查的力度和调查频次，参与调查的人员对调查内容进行会签，作为对采购价格的监督依据。加强物资管理应合理配备物管人员，不能因为降低管理费用而减少不能减少的物资人员。工地物资管理因人员配备不足造成的损失、由物资消耗失控带来的损失远远大于多一个管理人员的工费。严格物资验收制度，防止进料过程中的缺斤、少尺、短方、丢件等现象。

严格把握物资进货验收关，所有物资必须实行多人多部门现场共同收料，使用部门物资负责人建立台账控制车数和进料时间。严格按照相关检验标准验收。仓库应配备足量的计重、计量器具，定期检验验证，保证器具的质量完好，并建立严格的保养制度。严格执行用料计划，实行严格的审批制度，发料时检查领料凭证，核对批准人。坚持"三检查""三核对"制度，坚持"先进先发"的原则，坚持回收利旧制度，经复核无误后与领料人办清交接手续。如不符合规定，仓库有权拒绝发料。

严格月末盘点制度，月末在进行核算前必须事先组织全面盘点，结算实际消耗数量。

对于领出未消耗，或未进入成本的工程物资一定要办理"假退料"手续，以便冲减当月成本。办理"假退料"手续的物资，在次月使用时要再次填制领料单。仓库必须分清工号统计物资消耗，以便于进行核算。对盘盈盘亏等账物不需要追究责任。

3）建立检测中心，明确检验标准

为实现集中检测、集中管理、集中配送的目的，成立了集中检测配送中心，抽调验收和质检专业人员进行专职验收工作，配备了专门的检测设备，对主要材料配件全部发货到检测中心，由检测中心按检测标准进行验收。

4）加强技术证件和合格证的管理

所有采购的配件和主要材料必须要有合格证。其所要求的应有的资料必须齐全，不齐全的坚决不能入场。

3. 加强物资成本核算

项目可控成本中物资比重占了大头，一个盈利的项目必定是非常注重加强物资管理工作的，对其进行过程控制，学会算细账，先算后干，干中算，算中干。通过物资月中成本核算，分析物资节超原因，制定相应预防的措施，改进相应的成本控制方法，消除造成成本超耗的因素，使成本超耗得以控制。物资成本核算更是领导进行决策和加强管理的依据，物资成本分析形成文件，用以持续指导物资成本核算。

成本分析的方法是按照量价分离的原则，用对比法分析成本盈亏，主要有：完成实际工程量与预算工程量的对比分析、实际消耗量与计划消耗量的对比分析、合同价格与实际采购价格的对比分析。月成本核算时，依据技术部门提供的主要物资应耗量对应当月物资定额发料的实耗量，进行物资数量节超核算。主要物资金额节超核算。主要物资金额节超的核算以应耗量乘以合同单价，对应实际消耗的金额进行核算；一般物资以完成产值的一定比例，对应一般物资实际消耗金额进行核算。要求将各作业面物资都要按工序、工号分开，物资部门细化节超核算，真正了解节约在哪里，超在哪里，有针对性地抓住重点开展工作。

12.3 案 例 分 析

【背景】

某施工企业虽然是一家刚起步不久的建筑企业，但是企业负责人经营有善，目前此企业发展势头正猛，常常是手上有项目，但是人员却补充不上来，尤其是经验丰富的技术人员、管理人员等。请提供几种人员补充的方法，并介绍优缺点

【答案】

(1) 预安排。在一些情况下，人员可能被预先安排好了。

(2) 商谈。在大多数项目中，项目团队的人员吸纳必须通过商谈来解决。①同公司内职能部门的负责人商谈，以确保项目能在必要的时间段内得到熟练的合适人员；②对于稀缺的或专业性很强的人力资源，在组成项目组织时不得不同其他项目团队商谈；③选拔作为一种特殊的商谈形式，在项目团队人员安排时也可能会被采用。优点是成本低，容易控制，情况好掌握。缺点是容易受行政，人际关系等的干扰，来源范围可能比较窄一些。

(3) 招聘。对于一个项目来说，招聘可用于取得特殊个人或组织提供的服务。项目组织为完成项目时缺少某类人员时也会采用招聘的方式。优点是招聘可以全社会招聘，也可以是内部招聘，其好处在于资源比较多，可供选择的余地大。缺点是成本高，需要解决的相关问题可能比较多，特别是外部招聘。

本 章 小 结

通过本章的学习，学生了解了建设工程项目人员、材料管理概述，掌握了工程项目人力资源管理体系及建设工程项目人员管理存在的问题及解决方法；掌握了建设工程物资管理重要内容及物资管理存在的问题和解决方法。此外，还了解了项目管理资源的种类，知道每种管理资源在工程项目的作用和意义，同时为实际问题提供一个思想点和切入点。

实 训 练 习

一、单选题

1. 材料采购应遵循"三比一算"的原则，其中"三比一算"是指(　　)。
　　A. 比质量、比数量、比运距、算成本
　　B. 比质量、比价格、比运距、算成本
　　C. 比质量、比运距、比服务态度、算成本
　　D. 比质量、比数量、比服务态度、算成本

2. 材料验收程序正确的是(　　)。
　　A. 核对资料→验收准备→检验实物→办理入库手续
　　B. 验收准备→核对资料→检验实物→办理入库手续
　　C. 检验实物→验收准备→核对资料→办理入库手续
　　D. 验收准备→核对资料→办理入库手续→检验实物

3. 材料出库程序是(　　)。
　　A. 发放准备→核对凭证→备料→点交→复核→清理
　　B. 发放准备→核对凭证→备料→复核→点交→清理
　　C. 发放准备→核对凭证→复核→备料→点交→清理
　　D. 发放准备→核对凭证→备料→复核→点交→清理

4. 现场工程用料发放的依据是(　　)。
　　A. 施工图预算　　　　　　　　　B. 限额领料
　　C. 项目材料主管的调拨单　　　　D. 施工预算

5. 按单位工程实行限额领料的优点是(　　)。
　　A. 以班组为对象，管理范围小，易于控制，便于管理
　　B. 以作业队为对象，有利于工种的配合和工序的衔接，便于调动各方面的积极性
　　C. 可提高项目独立核算的能力，有利于产品最终效果的实现

D. 以班组为对象，管理范围大，难于控制，不便于管理

二、多选题

1. 定额材料消耗指标，按其使用性质、用途和用量大小划分为三类。即( )。

A. 主要材料　　　B. 辅助材料　　　C. 零星材料

D. 周转材料　　　E. 低值易耗品

2. 在整个施工过程中，材料消耗的去向，一般来说包括( )三部分。

A. 净用量　　　B. 工艺损耗　　　C. 管理损耗

D. 场外运输损耗　E. 保管损耗

3. 建筑安装工程材料的采购方式有( )。

A. 招标方式　　　B. 询价方式　　　C. 直接订购方式

D. 加工订货方式　E. 联合开发

4. 建筑工程物资采购合同履约过程中，对价格发生变化履行的规则是( )。

A. 执行政府定价或者政府指导价的，在合同约定的履约期限内价格调整时，按交付时的价格计价

B. 逾期交付标的物的，遇价格上涨时，按原价格执行

C. 逾期交付标的物的，遇价格下降时，按新价格执行

D. 逾期交付标的物或者逾期支付款的，遇价格下降时，按新价格执行

E. 逾期交付标的物或者逾期支付款的，遇价格上涨时，按新价格执行

5. 材料验收工作要把好"三关"，做到"三不收"。其中"三不收"是指( )。

A. 凭证手续不全不收　　　　B. 规格数量不符的不收

C. 质量不合格的不收　　　　D. 价格不合理的不收

E. 运距过远的不收

三、简答题

1. 物资设备管理制度中，对企业自行采购材料有何要求？

2. 简述物资采购成本管理的基本要求。

3. 简述现场物资管理的主要任务。

4. 现场物资管理，对主要材料发放有何要求？

第 12 章　课后答案.pdf

实训工作单

班级		姓名		日期	
教学项目			项目资源管理实施方案		
任务	人员管理、材料管理		要求	1. 了解人员管理的重要性及管理方案； 2. 掌握材料管理的主要内容	
相关知识			项目其他方面的管理协调		
其他内容					
学习过程记录					
评语				指导老师	

第 13 章 建设工程项目
信息管理教案.pdf

第 13 章　建设工程项目信息管理 13

第 13 章　建设工程
项目信息管理.pptx

【学习目标】

- 了解建设工程项目信息管理的基本概念
- 熟悉建筑工程项目信息管理系统
- 掌握建设工程项目信息管理系统的应用
- 了解基于 BIM 的工程项目管理信息系统

【教学要求】

本章要点	掌握层次	相关知识点
项目信息管理概述	了解项目信息管理相关概述	项目信息管理
项目信息管理方法及信息收集	1. 掌握项目信息管理方法 2. 掌握项目信息收集方法	项目信息管理方法
项目信息管理的应用	了解项目信息管理的应用	项目信息管理应用
基于 BIM 的工程项目管理	熟悉 BIM 相关知识	BIM

【项目案例导入】

　　信息化与网络化是海尔现代物流最基本的特征。2000 年以来，海尔斥巨资采用了 SAP 公司提供的 ERP 系统(企业资源管理系统)和 BBP 系统(原材料网上采购系统)以保证在接到订单的那一刻起，所有与这个订单有关系的部门和个人都能同步运行起来。

【项目问题导入】

不仅仅是企业，现在建设工程项目也需要信息管理，信息管理已经是现在项目必不可少的手段，请结合下文了解信息管理在工程建设中的重要作用。

13.1　建设工程项目信息管理概述

13.1.1　建设工程项目信息管理概念

我国从工业发达国家引进项目管理的概念及理论历时 20 余年，并在工程实践中取得不少成绩。但是，至今多数业主和施工方的信息管理水平仍然很落后，其落后在于尚未正确理解信息管理的内涵和意义。应用信息管理提高建筑业生产效率，提升建筑行业管理和项目管理的水平和能力，是 21 世纪建筑业发展的重要课题。因此，要利用先进的管理手段，为项目建设发挥更大经济效益、工作效益，建立能够实现多项目管理的电子信息化管理系统。

信息管理指的是信息传输合理的组织和控制。项目的信息管理是通过对各个系统各项工作和各种数据的管理，使项目的信息能方便和有效地获取、存储、存档、处理和交流。

建设工程项目的信息管理是指在工程实施中对项目信息进行组织和控制，合理的组织和控制工程信息的传输，能够有效地获取、存储、处理和交流工程项目信息，这对工程项目的实施和管理有着重要的意义。目前，信息管理是建筑行业最薄弱的管理环节，多数建设单位和施工企业项目信息管理的组织和控制基本上还是传统的组织和控制方式，传统的信息管理方式存在许多的不足之处，据文献资料介绍，工程项目存在的问题中有 60%与信息交流有关，有 10%以上项目费用的增加与信息交流有关。由此可见信息处理与交流的重要性。

建设工程项目信息管理概念.mp4

建设工程项目的信息包括管理信息、组织信息、经济信息、技术信息和法规信息，信息管理工作贯穿于项目的全寿命期，即贯穿于项目的决策阶段、设计阶段、实施阶段和运营阶段。如何更有效地组织和控制工程项目的信息是摆在广大建筑行业管理者面前的重要课题。项目的信息管理是通过对各个系统、各项工作和各种数据的管理，使项目的信息能方便和有效地获取、存储、存档、处理和交流。项目信息管理的目的旨在通过有效的项目信息的组织和控制来为项目建设的增值服务。

13.1.2　建设工程项目信息管理意义

工程管理信息化有利于提高建设工程项目的经济效益和社会效益，以达到为建设项目增值的目的。

工程管理信息资源的开发和信息资源的充分利用，可吸取类似项

建设工程信息管理的意义.mp4

目的正反两方面的经验和教训，许多有价值的组织信息、管理信息、经济信息、技术信息和法规信息将有助于项目决策多种方案的选择，有利于项目实施期的项目目标控制，也有利于项目建成后的运行。

通过信息技术在工程管理中的开发和应用能实现：

(1) 信息存储数字化的相对集中，有利于项目信息的检索和查询，有利于数据和文件版本的统一，并有利于项目的文档管理；

(2) 信息处理和变换的程序化，有利于提高数据处理的准确性，并可提高数据处理的效率；

(3) 信息传输的数字化和电子化，可提高数据传输的抗干扰能力，使数据传输不受距离限制并可提高数据传输的保真度和保密性。

建设工程项目管理是基于互联网的信息处理平台，利用该信息平台，通过电子邮件、互联网传递使建设项目和承包商、材料供应商等各项目参与方达到信息沟通，有效克服招投标过程中信息的不公开状态，同时增加了透明度，从而规范了市场不正当竞争行为，提高了工作效率，降低了工作成本，使招投标的竞争在更广范围、更高层次上进行。而在材料设备采购方面，网上交易提高了供方与购方的工作效率，降低交易成本，对双方长期合作经营关系起主导作用，对不正当竞争行为进行有利控制，促进建筑市场的健康发展。

13.1.3　建设工程项目信息管理方法及信息收集

1. 建设工程项目中的信息

建设工程项目的实施过程中产生大量的信息。这些信息按照一定的规律产生、转换、变化和被使用，并被传送到相应的单位，从而形成项目实施过程中的信息流。尽管建设工程项目中的信息很多，建设工程信息可按其内容属性进行分类，内容如下：

建设工程的信息.mp4

(1) 组织类工程信息，如工程建设的组织信息，项目参与方的组织信息，参与工程项目建设有关的组织信息及专家信息等；

(2) 管理类工程信息，如与投资控制、进度控制、质量控制、合同管理、安全管理和信息管理有关的信息等；

(3) 经济类工程信息，如建设物资市场信息，项目融资信息等；

(4) 技术类工程信息，如与设计、施工、物资有关的技术信息等；

(5) 法规类信息，如各项法律法规、政策信息等。

2. 建设工程项目信息的编码方法

为了有效方便地存储、处理、使用信息，必须对建设工程项目信息进行编码，信息编码可根据信息分类进行，内容如下：

(1) 对项目参与方进行编码；

(2) 对项目组织结构进行编码；

(3) 对管理信息进行编码，如投资控制、进度控制、质量控制、合同管理、安全管理、信息管理等；

(4) 对技术信息进行编码；

(5) 对经济信息进行编码；

(6) 对法律法规信息编码；

(7) 对项目的往来函件进行编码；

(8) 对工程档案进行编码。

3. 日常建设工程项目对信息的基本要求

(1) 不同的时间，不同的事件，信息对不同的建设工程项目管理人员和项目参与者存在差异性。

建设工程对信息的
要求.mp4

(2) 反映实际情况是建设工程项目管理对项目实施的计划、组织、控制、协调。在其中产生和使用的信息，一定要能反映项目的实际情况，这是进行正确、有效管理的前提。

(3) 及时提供信息，如果过时，则会失去它应有的作用和价值。它会使决策失去时机，造成不应有的损失。只有及时地提供信息，管理者才能及时地控制项目的实施过程。

(4) 简单、便于理解信息要方便使用者了解情况、分析问题，其表达形式应符合人们日常接受信息的习惯。

4. 建设工程项目信息的收集

1) 项目决策阶段的信息收集

在建设工程项目决策阶段，信息收集应从以下几个方面进行：

(1) 有关相关市场方面的信息；

(2) 有关项目资源方面的信息；

(3) 有关自然环境方面的信息。

建设工程信息收集的
阶段.mp4

这些信息的收集目的主要是为帮助业主在工作决策中避免失误，进一步开展调查和投资机会研究，编写可行性报告，进行投资估算和项目经济评价。

2) 设计阶段的信息收集

在建设工程项目设计阶段，信息收集应从以下几个方面进行：

(1) 同类项目相关信息。如建设规模、结构形式、工艺和设备的选型、地基处理方式和实际效果等。

(2) 有关拟建项目所在地信息。

(3) 勘察设计单位相关信息。如同类项目完成情况和实际效果、完成该项目的能力、人员和设备投入情况、专业配套能力、质量管理体系完善情况、收费情况、设计文件质量、合同履约情况等。

(4) 设计进展相关信息。如设计进度计划、设计合同履行情况、不同专业之间设计交接情况、规范和标准的执行情况、设计概算和施工图预算结果、各设计工序对投资的控制、超限额的原因等。设计阶段信息收集的范围广泛，不确定因素较多，难度较大，要求信息收集者要有较高的技术水平和一定的相关经验。

3) 施工招投标阶段的信息收集

在建设工程项目施工招投标阶段，信息收集应从以下几个方面进行：

(1) 拟建项目相关信息。如工程地质勘察报告、施工图设计与施工图预算、本工程适用的标准和规范以及有别于其他同类工程的技术要求等。

(2) 有关建设市场信息。如工程造价的市场变化规律及当地的材料、构件、设备、劳动力差异；当地有关施工招投标的管理规定、管理机构及管理程序；当地施工招标代理机构的能力、特点等。

(3) 施工投标单位相关信息。如施工投标单位的管理水平、施工质量、设备和机具情况、以前承建项目的情况、市场信誉等。在施工招投标阶段，要求信息收集人员要熟悉施工图设计文件和施工图预算，熟悉法律、法规、招投标管理程序和合同示范文本，这样才能为业主决策提供依据。

4) 施工阶段的信息收集

在建设工程项目施工阶段，信息收集应从以下几个方面进行：

(1) 施工准备相关信息：如施工项目经理部的组成和人员素质、进场设备的型号和性能、质量保证体系与施工组织设计、分包单位的资质与人员素质；建设场地的准备和施工手续的办理情况；施工图会审和交底记录、施工单位提交的开工报告及实际准备情况；监理规划、监理实施细则等。

(2) 施工实施相关信息。如原材料、构配件、建筑设备等工程物资的进场、检验、加工、保管和使用情况；施工项目经理部的管理程序和规范、规程、标准、施工组织设计、施工合同的执行情况；原材料、地基验槽及处理、工序交接、隐蔽工程检验等资料的记录和管理情况；工程验收与设备试运转情况；工程质量、进度、投资控制措施及其执行情况；工程索赔及其处理情况等。

(3) 竣工保修相关信息。如监理工作总结及监理过程中各种控制与审批文件、有关质量问题和质量事故处理的相关记录；建筑安装工程和市政基础设施工程的施工资料和竣工图；竣工总结、竣工验收备案表等竣工验收资料；工程保修协议等。

在施工阶段，信息的来源较多、较杂，因此，应建立规范的信息管理系统，确定合理的信息流程，建立必要的信息秩序，规范业主、监理单位、施工单位的信息管理行为，按照《建设工程文件归档整理规范》的要求，按照科学的方法，不断完善资料的收集、汇总和归类整理。

5. 建设工程项目信息的加工、整理

建设工程项目信息的加工、整理主要是把建设各方得到的信息利用科学的方法进行选择、汇总后，形成不同形式的信息，供给各类管理人员使用。建设工程项目信息的加工、整理要从鉴别开始，对于监理单位，特别是施工单位提供的信息，要从信息采集系统的规范性，采集手段的可靠性等方面入手。进行选择、核对和汇总，对动态信息要更新及时，对于施工中产生的信息，要按照单位工程、分部工程、分项工程的程序紧密联系在一起，而每一个单位工程、分部工程、分项工程的信息又被质量、进度和造价三个方面分别组织。

6. 建设工程项目信息的存储

建设工程信息
存储.mp4

一般来说，建设工程项目信息的存储需要建立统一的信息库，各类信息以文件的形式组织在一起，组织的方法可由单位自行拟定，但必须采取科学的方法进行规范。当前，依据我国的实际情况，建设工程项目信息可以按照下列方式组织：

(1) 按照工程组成进行组织，同一工程按照质量、进度、造价、合同进行分类，各类信息根据具体情况进一步细化；

(2) 文件名规范化，以定长的字符串作为文件名；

(3) 建设各方协调统一存储方式，国家技术标准规定有统一的代码时，尽量采用统一代码。

7. 建设工程项目信息管理的方法

信息的电子化、数字化是信息收集和处理的发展方向，其核心手段就是基于网络的信息处理平台。基于网络的信息处理平台由一系列的计算机硬件系统、软件系统及传输系统组成。使用基于网络的信息处理平台，彻底改变传统点对点的落后信息交流处理方式，使工程信息得以集中存储、快速交流和资源共享。

建设工程项目信息管理的主要内容如下：

(1) 通过局域网、城域网、广域网进行信息交流处理；

(2) 通过电子邮件的方式收集和发布信息；

(3) 通过基于互联网的专门网站进行信息交流处理；

(4) 通过基于互联网的项目信息门户(PIP)进行信息交流处理；

(5) 召开网络会议；

(6) 通过基于互联网的远程教育与培训收集工程项目信息等。

8. 我国建设工程项目信息管理现状

(1) 建设工程项目的信息量大而杂，存在大量的错误信息，而有用信息得不到及时传递和应用。业主与承包商的数据不连续、不集中。施工、监理、项目部数据独立，存在"信息孤岛"现象，各部门的信息传送成本较高。其成因是由于建设工程参与单位众多、工序复杂动态性强、资料档案繁多，时间跨度大，以及没有建立项目信息门户。

(2) 很多的工程项目没有建立信息管理体系，信息管理由其他职能部门代管，责权不明，信息化管理与控制体系缺失这样一个状态。很多的工程项目没有建立稳定的信息数据库或建立的信息数据库编码不规范，造成信息易丢失，使用不便利。其成因分析是由于对工程项目信息化管理的重要性认识不足，出于对投资或者成本的考虑，而忽略了信息管理机制的建立。

(3) 以纸张作为信息的载体进行存储和传输，纸张消耗量大，资源浪费严重。其原因分析是传统的信息处理模式没有随着信息技术的发展而及时更新。

(4) 具备计算机应用能力、建设工程项目信息管理能力和拥有专业工程技术的复合型人才比较缺失，建设工程项目信息化管理得不到有效的发展。分析其原因是长期以来我国对计算机知识和管理知识的培训相互脱钩，分开进行，缺乏对复合型人才的教育培训，人才过于单一化。

由此，针对我国建设项目信息管理存在的问题，项目单位要加大对信息化管理的理论研究，加强建设工程项目信息管理的实践工作，形成一套符合中国国情的信息管理系统；同时，建设工程项目管理要建立信息管理体系，建立专门的信息管理机构；另外，要加强人才的培养，对建设工程项目管理人才进行工程专业技术、项目管理知识、计算机应用能力和信息化技术等综合能力的培训，使其能适应现代化的项目管理工作。

【案例 13-1】　江铃国际集团信息管理系统集团以总部为中心，各下属单位集中建账，两个区域之间采用互联网进行传递数据，总部对整个集团的财务信息可以一目了然，方便地实现了账、证、表数据的高度集成，保证了集团公司集中式的管理。实现异地实时查询与统计分析，充分发挥领导的监控职能。试结合本节分析企业(项目或公司)信息管理的必要性。

13.2　建设工程项目信息管理系统

13.2.1　建设工程项目信息管理系统概述

随着科学技术的发展，现代工程项目管理涉及的内容越来越广泛。它包括了实施工程项目过程中人力、物力、财力和时间资源合理分配的全过程，涵盖了项目管理、成本预算、工程报价、全面质量、合同文件的管理以及人事、劳资、财务、材料设备、计划统计等办公室自动化的一系列工作。如果仍沿用传统的人工管理模式去进行管理就显得力不从心。而依托先进的工程管理系统，可以为用户提供市场预测、招标投标、工程规划、方案优选、设计进度与质量成本控制、工程设计与图档管理、设备订货与施工管理及系统维护、运行、支持方面的一条龙服务。

工程项目管理系统对计划、调度和控制的快速实施过程主要体现在以下两个方面：其一，快速估价项目进度，让管理者随时看到项目的某一部分发生变化对整个项目计划产生的影响；其二，当不可见因素引发新增任务或导致原计划任务拖后时，帮助管理者实现项目和分项目之间的及时沟通，获得合理的资源调整方案，从而保证工期的实现。

为了保证系统功能的实现，对管理系统的总体要求是：①能存储工程项目的有关信息，包括相关标准、设计图、工程要求、数据等；②实时采集工程项目进度、质量、费用等数据；③由项目指挥人员根据系统动态情况，实时调整工程项目进度；④为管理工作提供及时、准确、全面的决策信息。

1. 工程管理信息系统

工程管理信息系统由以下几部分组成。

(1) 操作系统软件平台：它是硬件之上的最底层系统软件，其性能直接影响系统的运行效率、安全和开放性。

(2) 支撑软件层：该层是操作系统应用软件的支撑工具，需要两部分软件的支持：①用于对现场产生的实时数据及设计施工的技术经济数据

工程管理系统
组成.mp4

(包括建筑物、设计标准、规范、质量控制因素等)进行加工整理的数据库管理系统。②为项目管理层提供的图形处理系统(如土石方工程、混凝土工程等)，需要通过网上的图形工作站来实现。

(3) 项目管理层：该层直接面向施工主体项目，一般分为设备管理子系统、材料管理子系统、机电安装管理子系统、进度调度管理子系统、文档管理子系统等。

(4) 高层项目管理：该层是整个系统的最高层。主要功能是综合处理项目管理层的基层信息，协调项目管理层中各模块间的管理调度功能，对施工现场的总体进度、工程质量、造价成本、投资四个重要因素实施管理、控制及调度。

2. 系统软件的功能设置

(1) 项目计划管理利用项目管理软件，可在项目开发过程中快速地为大规模和复杂的项目做计划、排进度(或修改进度)、绘制项目进展信息图表，使项目决策者和参与者共同在项目动态环境中把握项目进程。

(2) 项目进程管理项目开发过程中，常因各种原因导致项目无法按计划进程进行。这时如何预测未来进展状况、迅速调整进度计划、合理安排工作衔接，都是项目主管必须考虑的事项。采用微软的 Project 软件所提供的项目进度甘特图、资源合理分配方案等，即可帮助项目主管控制好项目进程。

(3) 资源管理包括人员、材料、设备、工作量的管理。方法是利用项目管理软件建立所有资源的数据(包括资源名称、性质、所有者、使用费用等)，使之与项目进程管理共同发挥作用来保证项目的如期完成。微软的 Project 软件为用户设置了"资源工作表"，供用户建立资源数据和分配资源用。

(4) 成本核算，建设单位、设计单位、施工单位和政府管理部门，都十分重视工程成本的控制，都希望利用计算机作为辅助手段进行工程的成本估算和造价管理。建设单位关心的是减少投资，降低造价；设计单位关心的是降低设计方案的造价标准，提高设计方案的竞争力，满足建设单位的投资预算要求；施工单位则依靠降低报价提高竞标的中标机会，同时尽可能地节约施工过程中的人工、材料和机械费用，降低工程建造成本。

13.2.2 建设工程项目信息管理系统应用

工程承包市场的竞争是成本、进度、质量的竞争；是信誉、品牌、人才的竞争；是技术、资金、管理的竞争。如何及时有效捕捉各类项目信息，迅速对项目信息做出反应，充分、正确掌握在建项目的计划、进度、质量控制和资源配置使用状况，实现实时远程全方位监督和控

建设工程项目信息
管理系统应用.avi

制，对提高工程承包公司整体项目管理水平、降低项目成本，提高企业竞争能力，预防和防范各种经营风险具有现实和重大的意义。

1. 工程项目管理

工程项目管理是多个组织在项目全寿命期内不同阶段所进行的项目管理的集成，是一个复杂的系统工程。工程项目管理中各参与方(包括业主方、设计方、施工方、供货方及投

资人、开发商和政府部门)对项目的管理各成体系，缺乏相应的沟通机制，形成了工程项目建设中的"信息孤岛"现象。而项目信息是各方在各阶段实施动态控制与决策的前提。项目信息是否准确和全面，对项目各目标的实现会产生较大的影响。为实施有效的工程项目管理，就应对项目建设所需的、在各建设阶段中由各参与方产生的各种时间维度、管理维度的信息进行集成，建立一个先进的、高效的工程管理信息系统。

2. 工程管理信息系统

工程管理信息系统是一个较为广泛的概念，在英文中也有着多种名称，随着工程管理理论的发展，工程管理信息系统又被赋予了许多新的内涵，如项目控制信息系统 PCIS，项目集成管理信息系统 PIMIS。国际上对工程管理信息系统普遍认可的定义是：工程管理信息系统是处理项目信息的人机系统。它通过收集、存储及分析项目实施过程中的有关数据，辅助工程项目的管理人员和决策者规划、决策和检查，其核心是辅助对项目目标的控制。它与一般管理信息系统的差别在于，工程管理信息系统是针对工程项目中的投资、进度、质量目标的规划与控制，是以工程管理系统为辅助工作对象。

工程管理信息系统作为国际管理的基本手段，其作用在于：

(1) 利用计算机数据存储技术、集中存储管理与项目有关的信息，并动态地进行查询和更新；

(2) 利用计算机准确、及时地完成工程项目管理所需信息的处理；

(3) 通过工程管理信息系统可以按决策需要，方便、迅速地生成大量的控制报表，提供高质量的决策信息支持。

3. 工程管理信息系统的功能

随着信息技术的发展及其与工程项目管理思想、方法的不断互动，工程管理信息系统的功能也在不断发生变化，在工程项目管理中也发挥出更为巨大的作用，高性能的工程管理信息系统已经成为工程公司核心竞争能力的重要组成部分。工程管理信息系统应实现的基本功能是相同的，一般认为工程管理信息系统的基本功能构成应包括投资控制、进度控制、质量控制及合同管理四个子系统，各个子系统应实现的基本功能如下：

工程管理系统的
功能.mp4

1) 投资控制子系统

(1) 投资分配分析；

(2) 编制项目概算和预算；

(3) 投资分配与项目概算的对比分析；

(4) 项目概算与预算的对比分析；

(5) 合同价与投资分配、概算、预算的对比分析；

(6) 实际投资与概算、预算、合同价的对比分析；

(7) 项目投资变化趋势预测；

(8) 项目结算与预算、合同价的对比分析；

(9) 项目投资的各类数据查询；

(10) 提供多种(不同管理平面)项目投资报表。

2) 进度控制子系统

(1) 编制双代号网络计划(CPM)和单代号搭接网络计划(MPM);

(2) 编制多阶网络(多平面群体网络)计划(MSM);

(3) 工程实际进度的统计分析;

(4) 实际进度与计划进度的动态比较;

(5) 工程进度变化趋势预测;

(6) 计划进度的定期调整;

(7) 工程进度各类数据的查询;

(8) 提供多种(不同管理平面)工程进度报表;

(9) 绘制网络图;

(10) 绘制横道图。

3) 质量控制子系统

(1) 项目建设的质量要求和质量标准的制订;

(2) 分项工程、分部工程和单位工程的验收记录和统计分析;

(3) 工程材料验收记录;

(4) 工程设计质量的鉴定记录;

(5) 安全事故的处理记录;

(6) 提供多种工程质量报表。

4) 合同管理子系统

(1) 提供和选择标准的合同文本;

(2) 合同文件、资料的管理;

(3) 合同执行情况的跟踪和处理过程的管理;

(4) 涉外合同的外汇折算;

(5) 经济法规库(国内外经济法规)的查询;

(6) 提供各种合同管理报表。

【案例 13-2】 天瑞集团是以铸造业为主体,同时集水泥、旅游、发电等领域于一体的综合性大型企业集团。随着公司规模的不断扩大,下属企业多,位置相对分散,业务范围广。集团的蓬勃发展对内部管理也提出了更高的要求。其中,以改革和完善财务及业务管理体制为起点,实现企业全面信息化管理,成为天瑞集团加强管理的关键环节。由此,集团领导高瞻远瞩,决定抓住时机,建设一套先进、实用、可靠的管理信息系统,以适应天瑞集团的总体发展战略。试分析工程项目信息管理系统如何在具体工程中应用?

4. 工程项目管理信息系统的应用模式

购买比较成熟的商品化软件,这些商品软件一般以一个子系统的功能为主,兼顾实现其他子系统功能。如 PRIMAVERA 公司的 P3 软件,其建立统一的项目管理框架,分层次、按等级将项目的众多要素和接口关系有序组织形成整体,并以进度计划为主线,实现各管理业务的集成化管理系统,分别在动态进度与投资控制,合同及费用管理,文档管理,沟通管理,质量管理和安全管理方面发挥了重要作用,并在此基础上实现大系统的统筹和协调。下面具体谈谈利用 P3 软件在项目进度计划实施与动态控制方面所做的工作。

1) 进度计划的编制

(1) 建立工程的统一代码系统。

在计划编制前，首先要建立相对完整的统一编码体系，制定一套相互协调、符合逻辑的编码系统以及恰当的编码原则是 P3 应用和项目管理的需要。确定作业分解结构确定组织分解结构确定资源编码。

(2) 计划编制。

各项目通常要编制四个层次的进度计划。

① 项目总进度计划：用横道图方式反映整个项目的主要装置和单项工程的综合进度关系，约束其下各层次的进度计划，是供项目决策层使用的计划，一般每月发布一次；

② 装置主进度计划：分别按装置编制反映施工中的里程碑和主要活动的进度计划，其内容及进度上要符合项目总进度计划的要求，对下要约束各层次的计划，供决策层与管理层使用；

③ 单元进度计划：该计划应与项目的工作分解结构一致，供管理层与操作层使用；

④ 详细执行计划：对资源分配做出具体详细的计划，供操作层使用。

以上四个层次的进度计划是根据进度综合控制的要求提出的，在项目实施过程中还需要编制其他计划，如项目年度计划、月进度计划、三周滚动计划等。

(3) 计划审查。

为了增强计划可行性及合理性，需对生成的施工进度计划进行全面、细致的审查，主要包括以下几个方面的内容：作业分解及其编码是否合理、适用；能否满足各级管理部门的需要；工序划分是否便于进度统计与分析；施工进度计划是否符合各控制点及合同规定的时间要求；主要资源能否及时到位；逻辑关系是否正确、合理。

(4) 加载资源。

加载资源就是定义完成各作业所需的物质条件。工程中的重点目标是控制施工进度，所以工程量就成了分析进度进展的主要资源。

(5) 落实责任人。

落实责任人是完成任务的手段之一，明确每个责任人的责任和义务有利于避免在关键问题上出现推诿与扯皮现象。每道作业都加载了监理和施工负责人，他们参与了进度的跟踪检测。

(6) 建立目标计划。

目标计划就是经过平衡、调整、优化、审查并审批的进度计划，可作为阶段工作检查的标准。主要用于分析工程在进展过程中是否偏离了原定计划目标，偏离多少，据此进一步分析原因，指定相应纠偏措施等。

2) 计划跟踪与工程进度控制

在项目管理中应周密详细地计划，并按计划布置各项工作的实施，定期反馈工程实际情况，使计划部门的"龙头"作用得以体现，P3 软件的特点也在于对工程进度的全过程进行动态跟踪和控制。

5. 根据所承担项目实际情况开发的专有系统

一般由专业的工程管理咨询公司开发，基本上可以满足项目实施阶段的各种目标控制需要，经过适当改进这些专有系统也可以用于其他项目中。但这种模式对工程管理咨询公司的实力和开发人员知识背景有较高要求。

6. 购买商品软件与自行开发相结合

将多个专用系统集成起来，也可以满足项目目标控制的需要，这也是一种比较常见的模式，很多工程管理咨询公司都是采用这种模式。

无论采用哪种模式，都需要结合工程管理公司所承担的项目实际情况和工程管理公司的综合能力，包括其人员构成、资金实力和公司在相关工程领域的知识积累的程度。

13.3　基于 BIM 的工程项目管理信息系统设计设想

13.3.1　基于 BIM 的工程项目管理信息系统整体构想

随着全球化、知识化和信息化时代的来临，信息日益成为主导全球经济的基础。在现代信息技术的影响下，现代建设项目管理已经转变为对项目信息的管理。传统的信息沟通方式已远远不能满足现代大型工程项目建设的需要，实践中许许多多的索赔与争议事件归根结底都是由于信息错误传达或不完备造成的。如何为工程项目的建设营造一个集成化的沟通和相互协调的环境，并提高工程项目的建设效益，已成为国内外工程管理领域的一个非常重要而迫切的研究课题。

目前在信息系统理论研究方面，国内绝大多数研究将焦点集中在整个系统构架的理论研究上。我国建筑业的信息化，充其量是为建设项目管理的过程提供了一些工具，而没有为我国建设项目管理带来根本性的变革。国外项目管理信息系统集成化程度较高，但也只是几个建设过程信息的集成、功能的集成，并不是完全意义上集成化的项目管理信息系统，近年来，作为建筑信息技术新的发展方向，BIM 从一个理想概念成长为如今的应用工具，给整个建筑行业带来了多方面的机遇与挑战。

1. 建筑信息模型

建筑信息模型(BIM)是指在开放的工业标准下设施的物理和功能特征，及其相关项目生命周期信息的可计算或可运算的表现形式。BIM以三维数字技术为基础，通过一个共同的标准，目前主要是 IFC，集成了建设工程项目各种相关信息的工程数据模型。作为一项新的计算机软件技术，BIM 从 CAD 扩展到了更多的软件程序领域，如工程造价、进度安排，还蕴藏着服务于设备管理等方面的潜能。BIM 给建筑行业的软件应用增添了更多的智能工具，实现了更多的职能工序。设计师通过运用新式工具，改变了以往方案设计的思维方式；承建方由于得到新型的图纸信息，改变了传统的操作流程；管理者则因使用统筹信息的新技术，改变其前前后后工作日

建筑信息模型.mp4

程、人事安排等一系列任务的分配方法。

在实际应用上，BIM 的信息技术可以帮助所有工程参与者提高决策效率和正确性。比如，建筑设计可以从三维来考虑推敲建筑内外的方案；施工单位可取其墙上参数化的混凝土类型、配筋等信息，进行水泥等材料的备料及下料；物业单位则可以用之进行可视化物业管理等。基于 BIM 的项目系统能够在网络环境中保持信息即时更新，并能够提供访问、增加、变更、删除等操作，使建筑师、工程师、施工人员、业主、最终用户等所有项目系统相关用户可以清楚全面地了解项目此时的状态。这些信息在建筑设计、施工过程和后期运行管理过程中，促使加快决策进度、提高决策质量、降低项目成本。

2. 基于 BIM 构建的工程项目管理信息系统的优势分析

传统的建设工程项目管理信息系统，由于工程管理涉及的单位和部门众多，信息输入只能停留在本部门或者单体工程的界面，常常出现滞后现象，难以进行及时整体工程的相互传输，阻碍了整个工程的信息汇总，必然形成信息孤岛现象。基于 BIM 构建的工程项目管理信息系统除了具有传统管理信息系统的特征优势外，还能满足以下要求。

1) 集成管理要求

随着工程总承包模式的不断推广和运用，人们越来越强调项目的集成化管理，同时对管理信息系统的要求也越来越高。如：将项目的目标设计、可行性研究、决策、设计和计划、供应、实施控制、运行管理等综合起来，形成一体化的管理过程；将项目管理的各种职能，如成本管理、进度管理、质量管理、合同管理、信息管理等综合起来，形成一个有机的整体。

2) 全寿命周期管理要求

全寿命管理理念就是要求工程项目的建设和管理要在考虑工程项目全寿命过程的平台上进行，在工程项目全寿命期内综合考虑工程项目建设的各种问题，使得工程项目的总体目标达到最优。反映在管理信息系统建设上，就是说管理信息系统的建设不仅仅是为了工程项目实施过程，同时应考虑管理信息系统在工程竣工后纳入企业运行阶段的应用，这样既可以满足业主实际工作的需要，又为业主、最终用户、承包商、分包商、监理机构、施工方等提供了一些后期总结数据。

13.3.2 基于 BIM 的工程项目管理信息系统的架构及功能

1. 工程项目管理信息系统架构

系统采用 B/S(Browser/Server)结构，用户通过 Web 浏览器，访问广域网即可实现信息的共享。大多数事务通过服务器端加以实现，终端和服务器以及终端之间通过网络的连接，数据可以得到及时的传输和集成加工。这样的系统架构分为 3 层：即操作层、应用层和数据服务层。

第 1 层是操作层，也叫用户界面，供终端用户群(业主、设计单位、总承包方、分包方、施工方、最终用户等)通过网络提供的浏览器，用

工程项目管理信息
系统框架.mp4

户群在网络许可范围内(专线、VPN,甚至整个广域网),通过网络协议,经过身份识别,并进行相应操作权限赋权后进入系统,进行相关操作。

第 2 层是应用层,将管理信息系统应用程序加载于应用服务器上,通过中间件接收用户访问指令,再将处理结果反馈给用户。

第 3 层是数据服务层,通过中间件的连接,负责将涉及数据处理的指令进行翻译和处理,如读取、查询、删除、新增等操作。

数据流同步触发器是一个实现 BIM 的重要组件。在系统数据库进行实现的时候,该触发器是加载在数据库所有数据表空间上的一个应用程序。利用该组件,当前端应用程序发出任何操作指令(如检索、增加、删除等),同步触发器就可以将各数据库进行集成后,反馈给相应操作用户。在普通信息管理系统中,因为没有利用该组件对所有数据库的数据进行集成,所以系统无法提供各数据。

2. 工程项目管理信息系统模块及其功能

基于项目集成化和全生命周期管理的理念,工程项目管理信息系统共分为 9 大模块。

(1) 项目前期管理模块。主要是对前期策划所形成的文件进行保存和维护,并提供查询的功能。

(2) 项目策划管理模块。在这个模块当中,最重要的是编码体系和 WBS。编码体系一旦定下来,是不可以更改的。每一项工作的编码都是唯一的,一个编码就代表了一项工作。在项目管理过程中,网络分析,成本管理,数据的储存、分析、统计都依靠编码来识别,编码设计对项目的整个计划及管理系统的运行效率都有很大的影响。

(3) 招标投标管理模块。对工程招投标而言,只要模拟相关招投标法规定的程序即可。另外,对招标投标的管理应该根据工期计划和采购计划,来合理安排招标的工作。

(4) 进度管理模块。该模块的主要组成部分有工期目标和施工总进度计划,单位工程施工进度计划,分部(项)工程施工进度计划,季度、月(旬)作业计划等。此外,该模块还应能提供进度控制的分析方法,如网络计划法、S 曲线法、香蕉曲线法等。

(5) 投资控制管理模块。项目总投资确定以后就需按各子项目、按项目实施的各个分阶段进行投资分配,编制建设概算和预算,确定计划投资,进而在工程进展的过程中,控制每个子项目、每一阶段的实际投资支出,确保项目投资目标实现。投资控制模块就是为实现这一目标而设立的。投资控制模块可用于制定投资计划,提供实际投资支出的信息,将实际投资与计划投资的动态跟踪比较,进行项目投资趋势分析,为项目管理人员采取决策措施提供依据,同时还应具备提供 S 曲线法、香蕉曲线法等投资控制的分析方法。

(6) 质量管理模块。质量管理是一个质量保证体系,包括设计质量、施工质量和设备质量,是通过以验收为核心流程的规范管理,它主要通过各种质量文档的分类管理来实现。质量控制模块是用于对设计质量、施工质量和设备安装质量等的控制和管理,它的功能是提供有关工程质量的信息。另外,还提供质量控制的分析方法,如排列图法、因果分析图法等。

(7) 合同管理模块。工程合同管理是对工程项目中相关合同的策划、签订、履行、变更、索赔和争议解决的管理。合同的控制信息包括:合同当事人、标的、数量和质量、工期、价款或酬金、履行的地点、期限和方式、违约责任、风险分担、争议解决等,可通过不同归口进行相应的操作。其中，变更管理分模块是合同管理模块中的重要部分。

(8) 物资设备管理模块。针对工程项目不同阶段和状态，对具体的物资和设备进行输入输出调用的管理，并采用相关的分析方法，如 ABC 法等。

(9) 后期运行评价管理模块。主要是反映项目运行以后的状况，也对反映工程项目整体管理工作的数据进行汇总，为业主、最终用户、承包商、分包商、监理机构、施工方等提供了一些后期总结数据。

13.3.3　基于 BIM 的工程项目管理信息系统的运行

基于 BIM 模型的工程项目管理信息系统的运作，就是用户通过局域网(乃至整个互联网范围内)，向系统服务器发送查询、信息变更等操作请求。由系统根据该用户所有权限的定义，按操作方式、用户权限等的差异，从系统数据库服务器中集成其所需，从项目前期至检索的时点的所有相关工程项目信息。以文字和 2D 或 3D 图纸的形式，由系统应用服务器进行界面组织，集成反馈给用户，供用户进行相关操作。基于 BIM 模型的信息管理系统在项目全寿命期内的具体运作如下。

1. 项目前期、策划阶段

此阶段主要利用项目前期管理模块和项目策划管理模块，可以在系统形成一个 3D 模型，前期参与各方可以对该三维模型进行各方面的模拟试验，进而做出可行性判断，设计方案的修正。由于数据的集成共用，最终可以得出理想、设计精准的项目 3D 模型、前期文档、平面设计图纸等一系列的成果。

2. 项目招投标阶段

此阶段主要利用招标投标管理模块，可以进行一些基于网络的开放性操作。将项目前期形成的若干成果进行适度公布，并组织公开招投标。招标单位可以在一定程度上，规避投标单位由于对项目理解误差造成的费用和时间的损失，还可以避免一些串谋、权力寻租等行为的发生；投标单位也可以从这些开放性的集成文件里，做出合理、准确的标案，而且各方都可以基于一个公正合理的平台进行竞标。当最终标案经过系统公示产生后，将招投标文件输入系统，形成产生项目合同依据的有效电子文档，并以此产生项目的总承包等一系列合同文件。

3. 项目施工阶段

此阶段利用质量、进度、投资控制模块，对所有系统模块(此时系统所有模块才全部参与运作)进行有效控制。在该过程中，随着项目的进展，将产生各种合同文件、物资采购及调用记录、合同及项目设计等的变更记录以及施工进度，投资分析图等一系列系统文件。在有效的系统使用范围内，项目参与各方可以随时调用权限范围内的项目集成信息，可以有效避免因为项目文件过多而造成的信息不对称的发生。

项目运营阶段。在运营管理阶段主要利用后期运行及评估模块，可以及时提供有关建筑物使用情况、入住维修记录、财务状况等集成信息。利用系统提供的这些实时数据，物业管理承包方，最终用户等还可对项目做出准确的运营决策。

【**案例 13-3**】 基于 BIM 的 4D 项目管理技术是将建筑物及其施工现场 3D 模型与施工进度相链接，并与施工资源、质量、安全、成本信息集成到一体，形成 4D 施工信息模型，实现工程项目的动态、集成和可视化管理。当前被业内认可并广为应用的是清华大学本课题组研发的基于 BIM 的工程项目 4D 动态管理系统(简称 4DBIM-GCPSU)，该系统实现了基于 BIM 和网络的施工进度、人力、材料、设备、成本、安全、质量和场地布置的 4D 动态集成管理以及施工过程的 4D 可视化模拟，并成功应用于国家体育场、青岛海湾大桥、广州西塔、等多个大型工程项目。目前，通过进一步扩展信息模型、管理功能和应用范围，系统不仅用于建筑工程，而且并已推广到桥梁、风电、地铁隧道、高速公路和设备安装等工程领域。系统正在上海国际金融中心、昆明新机场设备安装、邢汾高速公路等多个大型工程项目推广应用。试结合本章内容分析 BIM 在以后工程中的发展趋势及其所起到的作用。

BIM 是建筑工程信息化历史上的一个革新。通过建立基于 BIM 的工程项目管理信息系统，使计算机可以表达项目的所有信息，信息化的建筑设计才能得以真正实现。系统可以实现项目基本信息管理、进度管理、质量管理、资金管理的整合，通过管理和利用项目统计数据，挖掘数据的潜力，发挥其决策支持功能；系统可以为行业规划与决策提供多维的信息支持，突破项目信息管理的传统方式。随着 BIM 的发展，不仅仅是现有技术的进步和更新换代，也将促使生产组织模式和管理方式的转型，并长远地影响人们对于项目的思维模式。

本 章 小 结

通过本章的学习让学生了解了建设项目信息管理的概念，掌握项目信息管理系统，并通过信息管理的学习学会解决工程实际问题，同时了解最新前沿技术 BIM，带给学生这方面的启迪。

实 训 练 习

一、单选题

1. 我国在建设工程项目管理中，当前最薄弱的工作领域是(　　)。

　　A. 质量管理　　　　B. 安全管理　　　　C. 成本管理　　　D. 信息管理

2. 信息管理部门负责编制信息管理手册,在项目(　　)进行信息管理手册的必要的修改和补充，并检查和督促其执行。

　　A. 实施过程中　　　　　　　　　　B. 可行性研究阶段

　　C. 竣工验收时　　　　　　　　　　D. 开工时

3. 项目管理班子中各个工作部门的管理工作都与(　　)有关。

　　A. 信息处理　　　　　　　　　　　B. 施工预算

　　C. 工程网络计划　　　　　　　　　D. 信息编码

4. 建设工程项目的信息管理是通过对各个系统、各项工作和各种数据的管理，使项目的(　　)能方便和有效地获取、存储、存档、处理和交流。

  A. 成本   B. 图纸   C. 信息   D. 数据

5. 建设工程项目的信息管理的目的旨在通过有效的项目信息传输的(　　)为项目建设的增值服务。

  A. 组织   B. 控制   C. 畅通   D. 组织和控制

6. 信息管理指的是(　　)。

  A. 信息的存档和处理   B. 信息传输的合理的组织和控制

  C. 信息的处理和交流   D. 信息合理的收集和存贮

二、多选题

1. 建设工程项目的信息管理是通过对(　　)的管理，使项目的信息能方便和有效地获取、存储、存档、处理和交流。

  A. 各个系统   B. 各个人员   C. 各种材料

  D. 各项工作   E. 各种数据

2. 建设项目信息管理部门的工作任务主要包括(　　)等。

  A. 负责编制信息管理手册，并在项目实施中进行修改和补充

  B. 负责协调和组织项目管理班子的各项工作

  C. 负责信息处理工作平台的建立和运行维护

  D. 负责工程档案管理

  E. 负责项目现场管理

3. "信息存储数字化和存储相对集中"有利于(　　)。

  A. 项目信息的检索和查询   B. 提高数据传输的抗干扰能力和保密性

  C. 数据和文件版本的统一   D. 项目的文档管理

  E. 提高数据处理的精确性

4. 施工文件档案管理的内容主要包括四大部分，分别是(　　)。

  A. 工程施工技术管理资料   B. 工程合同文档资料

  C. 工程质量控制资料   D. 竣工图

  E. 工程施工质量验收资料

5. 施工文件档案卷内的文字材料按事项、专业顺序排列。同一事项的请示与批复、同一文件的印本与定稿、主件与附件不能分开，排列顺序有(　　)。

  A. 批复在前、请示在后   B. 请示在前、批复在后

  C. 印本在前、定稿在后   D. 定稿在前、印本在后

  E. 主组件在前、附件在后

三、简答题

1. 简述建设工程项目信息编码的方法。

2. 简述建设工程信息管理的基本要求。

3. 简述建设工程信息管理的作用。

4. 简述信息管理的4个管理职能。

第13章　课后答案.pdf

实训工作单一

班级		姓名		日期	
教学项目		现场学习工程项目信息化管理			
任务	了解项目信息化的建立、运行及其分析	要求		掌握信息化管理系统的建立、管理分析等基本能力	
相关知识		项目信息化管理系统			
其他内容					
学习过程记录					
评语				指导老师	

实训工作单二

班级		姓名		日期	
教学项目		学习 BIM 相关知识			
任务	BIM 工程项目管理信息系统的含义、架构、功能及运行	要求	1. 了解 BIM 工程项目管理信息系统的含义； 2. 掌握 BIM 工程项目管理信息系统的架构、功能及运行；3.学习建筑中常用的 BIM 软件(如 revit 等)		
相关知识		BIM 相关其他知识			
其他内容		BIM 模型建立及相关软件			
学习过程记录					
评语				指导老师	

参 考 文 献

[1] 全国一级建造师技业资格考试用书编写委员会，建设工程项目管理[M]. 北京：中国建筑工业出版社，2010.

[2] 冯广渊. 建筑施工技术[M]. 北京：冶金工业出版社，1987.

[3] 方承训，郭立民. 建筑施工[M]. 北京：中国建筑工业出版社，1997.

[4] 姚谨英. 建筑施工技术[M]. 北京：中国建筑工业出版社，2000.

[5] 洪波. 建设工程施工合同管理及索赔研究[D]. 合肥工业大学，2005.

[6] 杭卓珺. 工程量清单计价模式下的合同管理[D]. 武汉理工大学，2004.

[7] 侯化坤. 国际工程合同管理与索赔[D]. 西安建筑科技大学，2004.

[8] 胡季英，张德群，关柯. 建设工程合同管理的信息化[J]. 哈尔滨工业大学建设经济管理研究所，2002(1).

[9] 邓思聪. 议代建制项目管理模式与特点[J]. 科技信息(科学教研)，2007(14).

[10] 费宛嘉. 初探"代建制"项目管理模式[J]. 洛阳工业高等专科学校学报，2007(4).

[11] 林啸江. 政府投资项目管理的新模式：项目代建制研究[D]. 暨南大学，2005.